Records of
Ministry of Ecology and Environment
Press Conferences
2022

生态环境部
新闻发布会实录
—— 2022 ——

生态环境部　编

中国环境出版集团·北京

本书编写组

组　长：翟　青

副组长：刘友宾

成　员：凌　越　杨立群　仝　宁
　　　　郭琳琳　张　涵　于晗潇
　　　　杜宣逸　李　欣

前言

　　2022 年，生态环境部持续深入推进新闻发布工作，大力宣传习近平生态文明思想，积极传递权威、准确的生态环境保护声音，及时回应社会关注的热点问题，极大地促进了社会公众了解、掌握我国生态环境保护相关政策举措，提高了公众环境意识，为全民共同参与生态环境保护营造了良好的舆论氛围。

　　在过去的一年里，生态环境部黄润秋部长出席了中宣部"中国这十年"新闻发布会，以及联合国《生物多样性公约》第十五次缔约方大会（COP15）第二阶段会议的 4 场新闻发布会。翟青副部长出席了党的二十大新闻中心举行的记者招待会、国新办中央生态环境保护督察进展成效新闻发布会；邱启文副部长出席了国新办《关于加强入河入海排污口监督管理工作的实施意见》国务院政策例行吹风会；叶民副部长出席了中宣部"中国这十年"第三场新闻发布会。

　　与此同时，生态环境部还举办了 11 场例行新闻发布会，通报重点工作，回应热点问题，分别围绕水生态环境保护、高质量发展、固体废物与化学品环境管理、土壤环境保护、生态环境状况、海洋生态环境保护、深化环评"放管服"改革、科技助力生态环境保护、依法加强生态环境保护、应对气候变化、生物多样性保护等主题，介绍相关工作。

本书对以上新闻发布会内容进行了集纳和整理，共分为5个部分，第一部分，收录了生态环境部黄润秋部长出席中宣部"中国这十年"新闻发布会实录；第二部分，收录了黄润秋部长出席COP15第二阶段会议新闻发布会实录；第三部分，收录了翟青副部长出席党的二十大记者招待会实录、国新办中央生态环境保护督察进展成效新闻发布会实录，邱启文副部长出席国新办《关于加强入河入海排污口监督管理工作的实施意见》国务院政策例行吹风会实录，叶民副部长出席中宣部"中国这十年"第三场新闻发布会摘录；第四部分，收录了绿色冬奥新闻发布会实录；第五部分，收录了生态环境部全年11场例行新闻发布会实录。

希望本书能够对生态环保工作者、生态环境新闻工作者以及关心支持生态环保工作的社会各界读者有所借鉴。

由于编者水平有限，不妥之处，敬请批评指正。

本书编写组

2023 年 1 月

目　录

"中国这十年"新闻发布会实录

COP15 第二阶段新闻发布会实录

党的二十大新闻中心记者招待会及
国新办新闻发布会实录

绿色冬奥新闻发布会实录

例行新闻发布会实录

"贯彻新发展理念，建设人与自然和谐共生的美丽中国"

新闻发布会实录

2022 年 9 月 15 日

生态环境部部长黄润秋

发布会现场

中宣部对外新闻局局长、新闻发言人陈文俊：女士们、先生们，上午好！欢迎出席中宣部新闻发布会。今天我们举行"中国这十年"系列主题新闻发布会的第32场，我们很高兴请到生态环境部部长黄润秋先生，介绍"贯彻新发展理念，建设人与自然和谐共生的美丽中国"等方面的情况，并回答各位关心的问题。

下面，请黄部长做介绍。

生态环境部部长黄润秋：非常感谢主持人、各位记者朋友，大家上午好。在党的二十大即将召开之际，我非常高兴利用这个机会向各位记者朋友介绍党的十八大以来这十年我们国家生态文明建设和生态环境保护所取得的历史性成就。实际上，这些年我们与各位记者朋友一起见证了污染防治攻坚战以及生态文明建设的历史进程，你们也用自己的方式讲好了中国生态环境保护故事，为生态文明建设做出了你们的贡献。在这里，我代表生态环境部向大家表示衷心的感谢。

党的十八大以来这十年，是党和国家事业取得历史新成就、发生历史性变革的十年，生态环境领域同样如此，这十年是生态文明建设和生态环境保护认识最深、力度最大、举措最实、推进最快、成效最显著的十年。党中央以前所未有的力度抓生态文明建设，从思想、法律、体制、组织、作风上全面发力，开展了一系列根本性、开创性、长远性工作，推动生态文明建设和生态环境保护发生了历史性、转折性、全局性的变化，全党、全国推动绿色发展的自觉性和主动性显著增强，创造了举世瞩目的生态奇迹和绿色发展奇迹，走出了一条生产发展、生活富裕、生态良好的文明发展道路，美丽中国建设迈出重大步伐。

从思想引领来看，习近平总书记站在中华民族永续发展的高度，大力推动生态文明理论创新、实践创新和制度创新，创造性提出了一系列新理念、新思想、新战略，形成了习近平生态文明思想，为生态文明建设和生态环境保护工作提供了根本遵循和行动指南。

从战略部署来看，我们把"美丽中国"纳入社会主义现代化强国目标，把"生态文明"纳入"五位一体"的总体布局，把"人与自然和谐共生"纳入新时代坚持和发展中国特色社会主义的基本方略，把"绿色"纳入新发展理念，把"污染防治"纳入三大攻坚战。

可以说，生态文明建设的谋篇布局更加完善、更加系统，也更加成熟。

从改革举措来看，这些年我们改革生态环境和自然资源的管理体制，建立和实施了中央生态环境保护督察、生态文明目标评价考核和责任追究、河（湖）长制、生态保护红线、排污许可、生态环境损害赔偿等一系列制度。这十年间，我们还制（修）订了 30 余部相关的法律法规，越织越密的制度体系为生态文明建设提供了强有力的保障。

从生态环境质量来看，2021 年全国地级及以上城市细颗粒物（$PM_{2.5}$）平均浓度比 2015 年下降了 34.8%，全国地表水Ⅰ～Ⅲ类断面比例达到了 84.9%。土壤污染风险得到有效管控，我们实施了禁止洋垃圾入境，实现了固体废物"零进口"的目标。另外，自然保护地面积占全国陆域国土面积的 18%，300 多种珍稀濒危野生动植物野外种群得到了很好的恢复，生动地展现了一幅"人与自然和谐共生"的美景。

从绿色低碳来看，这十年，全国单位国内生产总值二氧化碳排放量下降了 34.4%，煤炭在一次能源消费中的占比也从 68.5% 降到了 56%。可再生能源开发利用规模、新能源汽车产销量都稳居世界第一。我们去年上线了全球最大的碳排放权交易市场，绿色越来越成为高质量发展的底色。

从国际影响来看，我们为推动《巴黎协定》的达成、签署、生效和实施做出历史性贡献。我们宣布二氧化碳排放力争于 2030 年前达到峰值，努力争取 2060 年前实现碳中和。去年，我们在昆明召开了联合国《生物多样性公约》第十五次缔约方大会（COP15）的第一阶段会议，发布了《昆明宣言》。我们还积极推动了绿色"一带一路"建设。中国已经成为全球生态文明建设的重要参与者、贡献者和引领者。

各位记者朋友，我国已经进入了新发展阶段，习近平总书记强调，在全面建设社会主义现代化国家新征程上，全党、全国要保持加强生态文明建设的战略定力，着力推动经济社会发展全面绿色转型，努力建设人与自然和谐共生的美丽中国，为共建清洁美丽世界做出更大贡献！

下一步，生态环境部将坚持以习近平生态文明思想为指导，坚决贯彻党中央、国务院决策部署，协同推进降碳、减污、扩绿、增长，以生态环境高水平保护推动经济高质量发展、创造高品质生活。同时，去年7月，经党中央批准，生态环境部成立了习近平生态文明思想研究中心，我们将把这个中心打造成习近平生态文明思想的理论研究、宣传和阐释高地。我们也欢迎各位记者朋友积极支持和参与我们中心的工作。

我们希望通过努力，让绿色成为美丽中国更加坚实、更加厚重、更加亮丽的底色，用实际行动迎接党的二十大胜利召开。谢谢。

陈文俊：谢谢黄部长。下面请各位提问，提问之前，请通报自己所在的新闻机构。

中央广播电视总台央视记者：党的十八大以来，我们国家从"坚决向污染宣战"，到全面部署"坚决打好污染防治攻坚战"，再到"深入打好污染防治攻坚战"，请问黄部长，我们在生态环境保护工作当中取得了哪些进展？发生了哪些重大变化？下一步还会有哪些重要的举措？谢谢。

黄润秋：非常感谢这位记者朋友的提问。生态环境是关系党的使命宗旨的重大政治问题，也是关系民生的重大社会问题。党的十八大以来，以习近平同志为核心的党中央，以前所未有的力度推动生态文明建设，其中一个标志性的举措就是部署开展坚决打好污染防治攻坚战。习近平总书记亲自为我们举旗定向，撑腰鼓劲，强调"不管有多么艰难，都不可犹豫、不能退缩，要以壮士断腕的决心、背水一战的勇气、攻城拔寨的拼劲，坚决打好污染防治攻坚战"！我们牢记嘱托，咬定青山不放松，大力推动污染防治攻坚战各项工作取得了很好的成效。应该说，污染防治攻坚战各项阶段性目标任务全面圆满超额完成，生态环境也得到了显著的改善。

我想在座的各位记者朋友都深有体会，这些年，我们身边的蓝天白云渐成常态、绿水青山随处可见，老百姓生态环境的幸福感、获得感和安全感都显著增强。根据国家统计局去年的调查统计，人民群众对生态环境的满意度超过90%。具体来讲，我认为污染防治攻坚战主要取得的成效可以用"三大变化"来概括。

第一，空气质量发生了历史性的变化。全国 $PM_{2.5}$ 的平均浓度从 2015 年的 46 $\mu g/m^3$ 降到了 2020 年的 33 $\mu g/m^3$，进一步降到了去年的 30 $\mu g/m^3$，历史性达到了世界卫生组织第一阶段过渡值。另外，优良天数比例去年达到了 87.5%，比 2015 年增长了 6.3 个百分点，我们已经成为世界上空气质量改善最快的国家。根据美国彭博新闻社的报道，2013—2020年这七年，中国空气质量改善的幅度相当于美国《清洁空气法》启动实施以来三十多年的改善幅度。

第二，水环境质量发生了转折性的变化。这十年，我们Ⅰ～Ⅲ类优良水体断面比例提升了23.3个百分点，达到了84.9%，我们已经接近发达国家水平。我们地级及以上城市的黑臭水体基本得到了消除，人民群众的饮用水安全也得到了有效的保障。

第三，土壤环境质量发生了基础性的变化。这些年我们出台了第一部土壤污染防治的基础性法律《中华人民共和国土壤污染防治法》，这是一部很重要的法律。我们开展了全国农用地和建设用地的土壤污染详查，实施土壤污染风险管控。应该说，土壤污染加重的趋势得到了有效遏制。

刚才这位记者朋友提到"十四五"以后的想法，党中央明确要深入打好污染防治攻坚战，去年11月，中共中央、国务院出台了《关于深入打好污染防治攻坚战的意见》。我想污染防治攻坚战从"十三五"时期的"坚决打好"到"十四五"时期的"深入打好"，这不仅仅是用词的变化，从内涵上说，它意味着我们遇到的矛盾问题层次更深、难度更大、范围更广，要求的标准也更高。所以，"十四五"时期我们仍然要坚持保持力度，延展深度，拓展广度，用更高的标准深入打好污染防治攻坚战。具体来说有以下三个方面的考虑：

第一，在战略层面上，必须保持污染防治攻坚战的战略定力，坚持方向不变、力度不减。我们当下的生态环境质量改善尽管幅度很大，但还是一个中低水平上的提升，距离人民群众对美好生态环境的需要还有差距，我们还有很大的接续奋斗的空间。当然在这个过程中，我们也要把污染防治攻坚战的各项工作放到经济社会发展的大局中去考量，坚持稳中求进的工作总基调，统筹好新冠肺炎疫情（以下简称疫情）防控、经济社会发展和生态环境保护的各项工作，守牢生态环境安全底线。

第二，从战术层面上，要坚持精准治污、科学治污、依法治污。我们提出"五个精准"，就是问题、时间、区域、对象、措施五个精准。我们提出要坚持用法律的武器治理环境污染，用法治的手段保护生态环境。

另外，我们要坚持系统治理、源头治理、综合治理，要统筹好降碳、减污、扩绿、增长，这方面"五个统筹"很重要。一是要统筹减污降碳协同增效，这不仅是中国经济高质量发展的需要，也是环境治理向深里走，生态环境质量从源头上、根本上改变的需要。二是要坚持 $PM_{2.5}$ 与臭氧（O_3）协同治理，因为这两者具有相同的前体物，可以使 $PM_{2.5}$ 和 O_3 协同降低。这两年我们做了一些努力，也取得了初步成效，2021 年 $PM_{2.5}$ 和 O_3 初步实现了协同降低。三是要统筹好水资源、水环境、水生态，一个良好的水体除了有好的水环境质量，还应该有好的水生态系统，要有水、有草、有鱼，这方面我们还有相当的差距，特别是在水生态的修复和保护方面、生物多样性方面，我们还要努力。四是要统筹城镇和乡村，农村的环境治理仍然是我们的短板和弱项，尤其是农村的面源污染、垃圾污水、黑臭水体等。五是要统筹好传统污染物和新污染物，尤其要建立新化学物质风险防控体系。

第三，在行动层面，我们已经围绕污染防治攻坚战谋划了八大标志性战役，现在已经陆续推出。一是在蓝天保卫战方面，将聚焦基本消除重污染天气、臭氧治理和柴油货车治理三大攻坚战。二是在碧水保卫战方面，我们将围绕基本消除黑臭水体、重点海域治理以及长江、黄河治理攻坚战。三是在净土保卫战方面，我们将聚焦农村黑臭水体和生活污水，开展农业农村污染治理攻坚战。

总之，"十四五"时期我们将以更大力度解决人民群众身边突出的生态环境问题，以实际成效取信于民！谢谢。

封面新闻记者：黄部长您好，水生态环境保护工作对提高人民群众生活质量、促进经济高质量发展具有重要的意义。请问近十年来我国水生态环境状况发生哪些变化？下一步还有哪些打算？谢谢。

黄润秋：感谢这位记者朋友的提问。前面我已经说到了水环境情况，水是我们环境最基本的要素之一，"水清岸绿、鱼翔浅底"，这是人民群众对美好生态环境的殷殷期盼，也是我们生态环境保护工作者努力奋斗的目标。党的十八大以来，我们按照党中央、国务院的决策部署，以最坚定的决心和最有力的举措开展水污染防治行动，推动我国水生态环境保护发生了重大转折性变化。我觉得这个转折性变化可以从三个方面来概括。

第一，水生态环境保护治理体系不断完善。我们修订了《中华人民共和国水污染防治法》，制（修）订了《中华人民共和国长江保护法》等一系列法律法规，还制定了20多部相关的污染物排放标准，夯实了水生态环境保护的法治基础。抓住机构改革的机遇，在七大流域设立了水生态环境监督管理机构，强化了水生态环境保护的统一监管。"十四五"国控断面总数从1 940个增加到了3 641个，实现了十大流域、地级及以上城市、重要水体省（市）界、重要水功能区"四个全覆盖"。我们推动建立了跨省流域的横向生态补偿机制，这些年，安徽、浙江等18个省级行政区在新安江、赤水河等13个流域探索开展了跨省流域上下游的横向生态保护补偿，上下游、左右岸协同共治的良好局面正在形成。

第二，碧水保卫战成效显著。在长江保护修复攻坚方面，各地累计排查发现长江入河排污口6万多个，围绕"三磷"①治理、劣Ⅴ类国控断面整治等立行立改了1.6万多个违法问题，长江干流连续两年全线达到Ⅱ类水质标准。在黄河生态保护治理攻坚方面，我们已经完成黄河上游及部分中游河段1.7万余个排污口的排查，实现了黄河干流全线达到或优于Ⅲ类水体的标准。在提升城市水环境方面，这些年我们和相关部门一起做了大量的工作，开展了城市黑臭水体整治环境保护专项行动，基本消除了295个地级及以上城市建成区的黑臭水体。过去，黑臭水体在城市里是老百姓反映的突出问题，现在城市河道成了一道道亮丽的风景线。"十三五"期间，地级及以上城市新建污水管网达到9.9万km，相当于绕地球赤道2圈多。

---

① "三磷"指磷矿、磷化工企业和磷石膏库。

1 200 多家省级及以上工业园区实现污水集中处理。在保障饮用水安全方面，我们开展了全国集中式饮用水水源地环境保护专项行动，累计完成了 2 804 个水源地 1 万多个问题的排查整治，让群众的"水缸子"更加安全。

第三，河湖生态保护修复取得积极进展。我们加强了河湖岸线的保护修复，在长江保护修复攻坚战中，我们腾退的长江岸线达到 162 km，滩岸复绿达到 1 213 万 m²，长江岸线的面貌得到了显著改善。针对太湖、巢湖、滇池、洱海等富营养湖泊，我们加快了湖泊周边的产业结构调整，推进退圩还湖，严格实施氮磷管控和农业面源污染治理，有效遏制了填湖造地、侵占湖泊水域岸线及违法采砂采矿等行为。

正像我们前面提到的，经过努力，过去十年我国水环境质量发生了转折性的变化。各地也涌现出了一大批水污染治理的典型。比如，华北平原最大的淡水湖泊白洋淀，水质过去长期是劣 V 类，雄安新区设立以后，河北省坚决贯彻落实习近平总书记"一定要把白洋淀修复好、保护好"的重要指示精神，坚持补水、治污、防洪"三位一体"统筹规划、协调推进。2021 年，白洋淀淀区以及入淀河流水质全部达到 III 类标准，实现了从劣 V 类到 III 类的跨越性突破。大家可以看看这幅图，无论是水质还是湖岸的生态景观，白洋淀都成为一道人水和谐的亮丽风景线。白洋淀里多年没有见到的鳑鲏鱼等土著鱼类也逐渐得到恢复，野生鸟类增加到 237 种，鱼虾成群、水鸟翔集的生态美景再次显现，华北平原的明珠重放异彩。2021 年，全国有 18 个案例入选第一批美丽河湖的优秀案例，取得了很好的示范效应。

进入新发展阶段，我们将着力推动水生态环境保护由水污染防治为主向水资源、水生态、水环境"三水统筹"转变，尤其是加大水生态系统的保护和修复力度，补齐短板、提高质效，不断把水生态环境保护工作推向深入，为美丽中国建设奠定坚实的基础。谢谢。

《南方都市报》N 视频记者： 近年来，我国空气污染治理成效明显，以前朋友圈经常有看到晒蓝天的，这几年空气好了，蓝天成为常态，人们渐渐也就晒得少了。请问黄部长，短短几年时间发生这么大的变化，是怎么做到的？采取了哪些关键性举措？未来一段时期，我国空气环境质量改善的空间在哪里？谢谢。

黄润秋： 感谢这位记者朋友的提问。说到晒蓝天，我可以给大家展示一张图片，但不是白天，是晚上。这是一张以故宫午门为背景的夜晚天空星轨图，这张图怎么拍的呢？大家可以看到，夜空中繁星闪烁，在天空中划出一道道明亮的迹线，叫"星轨"。要拍出这样的照片，一定要空气质量非常好、透明度非常高。所以，这张图是北京这些年空气质量改善的一个真实写照。从数据上看，2013年北京的 $PM_{2.5}$ 平均浓度是多少？89.5 $\mu g/m^3$。2021 年北京 $PM_{2.5}$ 平均浓度是 33 $\mu g/m^3$，降低了 63.1%，下降了近 2/3。北京的重污染天数也从 2013 年的 58 天降到了去年的 8 天，今年到目前为止只有 2 天。所以说，从"APEC 蓝"到"阅兵蓝"再到今年的"冬奥蓝"，如今蓝天白云在北京几乎是常态，不再是奢侈品。

北京的变化只是我们国家空气质量变化的一个缩影，实际上在京津冀、长三角、珠三角，乃至全国各地，这十年空气质量都显著改善。十年来，74个重点城市$PM_{2.5}$平均浓度下降了56%，也超过一半，重污染天数减少了87%；2021年，全国地级及以上城市重污染天数比2015年减少了51%。我国是第一个治理$PM_{2.5}$的发展中国家，也被誉为全球治理大气污染速度最快的国家。

为什么我国空气质量能有这么大改善？我理解，根本在于党中央、国务院的高度重视、科学决策。这些年国家先后出台了《大气污染防治行动计划》（"大气十条"）、《打赢蓝天保卫战三年行动计划》，持续推进大气污染治理。当然，这也与我们各个地区、各个部门紧密协作，社会各界包括记者朋友们一起"同呼吸、共奋斗"是分不开的。说到关键举措，我认为大力调整"四个结构"至关重要。

一是大力调整能源结构，加快能源清洁低碳转型。这十年，我国能源消费增量有2/3来自清洁能源，全国燃煤锅炉和窑炉从50万台减少到现在的10万台。我们大力实施了北方地区冬季的清洁取暖，2 700多万户农村居民告别了过去烟熏火燎的冬季取暖方式。不仅居民生活质量和幸福指数明显提升，而且也显著改善了空气质量，因为我们少烧了6 000万t以上的散煤。

二是大力调整产业结构，促进产业发展提质增效。这十年，我们淘汰落后和化解过剩产能钢铁3亿t、水泥4亿t、平板玻璃1.5亿t重量箱。建立世界最大清洁煤电体系，有10.3亿kW煤电机组完成了超低排放改造。我们大力推进钢铁全流程超低排放改造，6.3

亿 t 粗钢产能目前正在或者已经完成了超低排放改造。

三是大力调整交通运输结构，发展绿色交通体系。这十年，我们淘汰老旧和高排放机动车辆超过 3 000 万辆。目前，我国新能源车保有量稳居世界第一。机动车排放标准和油品质量标准也都实现了从国四排放标准[①]到国六排放标准[②]的"三级跳"，油品质量、机动车污染物排放强度都达到了国际先进水平。

四是大力优化城市环境治理结构，把扬尘治理纳入重点领域。我们扭转了过去施工工地砂石、骨料开采等"暴土扬尘"的局面，城市降尘量明显下降。建立网格化监管制度，打通"最后一公里"，过去春天烧荒、夏天露天烧烤、秋天烧秸秆、冬天烧散煤、一年四季烧垃圾的"五烧"顽疾得到了有效遏制，市容、市貌发生了显著改善，科技在其中发挥了很关键的作用。全国 2 000 多名科技人员参加了大气重污染成因与治理攻关，我们还开发了国家级预测预报模式，对 $PM_{2.5}$ 的污染过程预测准确率达到了 90%，这样一些技术支撑，都为我们打赢蓝天保卫战提供了重要支撑。

我们深感，我国大气环境质量同人民群众的期盼、美丽中国建设目标还有差距。下一步，我们将继续以实现减污降碳协同增效为总抓手，加强 $PM_{2.5}$ 和 O_3 的协同控制，突出抓好多污染物协同治理和区域联防联控，扎实推进产业、能源、交通绿色低碳转型，深入打好蓝天保卫战，推动空气质量持续改善。谢谢。

---

① 国四排放标准指国家第四阶段机动车污染物排放标准。
② 国六排放标准指国家第六阶段机动车污染物排放标准。

英国独立电视台记者：这个夏天，中国和世界其他地方比如印度和巴基斯坦都遭受了气候变化导致的极端天气困扰，中国在面临这些极端气候变化的时候，还会完成自己设定的去碳化目标吗？谢谢。

黄润秋：非常感谢这位记者朋友的提问，这是一个很好的问题，也是一个非常应时的问题。确实，今年夏天，中国各地遭受到了旷日持久的高温热浪，刚才您也提到了，不仅中国，欧洲、巴基斯坦等很多国家和地区今年也都遇到了高温天气、干旱、洪水这样一些灾害性的天气。这让我们都感受到了气候变化的影响就在我们身边，也凸显了应对气候变化的紧迫性。

中国政府高度重视应对气候变化工作。党的十八大以来这十年，在习近平生态文明思想的指引下，我们将应对气候变化摆在了国家治理更加突出的位置，实施积极应对气候变化的国家战略，不断提高碳排放强度的削减幅度，不断强化自主贡献目标（NDC），推动经济社会发展走上了全面绿色转型的轨道，取得了明显的成效。

2020年9月，习近平主席在第七十五届联合国大会一般性辩论上郑重宣示：我国二氧化碳排放力争于2030年前达到峰值，努力争取2060年前实现碳中和（以下简称"双碳"目标）。这意味着我们国家作为世界上最大的发展中国家，将用全球历史上最短的时间、最高的碳排放强度降幅实现从碳达峰到碳中和，这是非常难的，因为我们能源结构偏煤，产业结构也偏重。所以，实现这个目标，对我们是巨大的挑战。但这也充分彰显了我们积极应对气候变化、走绿色低碳发展道路的决心，为全球气候治理注入了强大的政治推动力。

习近平总书记强调，实现"双碳"目标，不是别人让我们做，而是我们自己必须要做。十年来，我国碳排放强度下降了 34.4%，扭转了二氧化碳排放快速增长的态势，绿色日益成为经济社会高质量发展的鲜明底色。刚才您提到的我们的决心，我想我可以用我们工作的力度来回答您的提问，这十年，我们做了哪些事呢？

一是稳步推进能源结构调整。十年来，我国煤炭消费占一次能源消费比重由 68.5% 降到去年的 56%，非化石能源消费占比提高了 6.9 个百分点，达到了 16.6%。可再生能源发电装机增长了 2.1 倍，突破了 10 亿 kW，风、光、水、生物质发电装机容量都是稳居世界第一的。

二是不断优化升级产业结构。我们大力发展绿色低碳产业，持续严格控制高耗能、高排放（"两高"）项目的盲目扩张，依法依规淘汰落后产能，加快化解过剩产能。十年来，我们以年均 3% 的能源消费增速支撑了年均 6.5% 的经济增长，能耗强度累计下降了 26.2%，是全球降低最快的国家之一，相当于少用了 14 亿 t 标准煤，少排放了 29.4 亿 t 二氧化碳。战略性新兴产业快速发展，新能源汽车销量 2021 年达到 352 万辆，也是位居全球第一的。

三是持续提高碳汇能力和适应气候变化能力。十年来，我国森林面积增长了 7.1%，达到 2.27 亿 hm^2，成为全球"增绿"的主力军；森林碳汇增长 7.3%，达到每年 8.39 亿 t 二氧化碳当量，相当于抵消了我国一年的汽车碳排放量。我们发布适应气候变化国家战略，持续开展适应型城市的建设试点，农业、基础设施等关键领域抵御气候风险的能力不断增强。

四是大力推进全国的碳排放权交易市场建设。2021年7月16日，全国碳排放权交易市场正式启动上线交易，第一个履约周期纳入发电行业重点排放单位 2 162 家，一上线就成为全球覆盖温室气体排放量最大的碳排放权交易市场。截至昨天（9 月 14 日），碳排放配额累计成交量 1.95 亿 t，累计成交额 85.59 亿元，通过有效发挥市场机制的激励约束作用，控制温室气体排放，推动绿色低碳发展。

五是为推动全球气候治理做出中国贡献。我们秉持人类命运共同体的理念，建设性参与气候变化多边进程，为《巴黎协定》的达成、生效和顺利实施做出了历史性的贡献。我们持续深化应对气候变化"南南合作"，截至上个月底，累计安排超过 12 亿元人民币，签署43 份合作文件，培训超过 2 000 名发展中国家相关人员。

实现碳达峰、碳中和是着力解决资源环境约束突出问题、实现中华民族永续发展的必然选择，所以，我们实现"双碳"目标的态度是坚定的。这也是构建人类命运共同体的庄严承诺，中国言必行、行必果，我们将全面落实已经制订的碳达峰、碳中和"1+N"政策体系，积极参与和引领全球气候治理，为建设美丽中国、应对全球气候变化做出新的更大贡献。谢谢。

《每日经济新闻》记者：这些年来，我们能切身感受到祖国的绿水青山变多了，一些珍稀动植物也频频现身，这充分体现了我国生态保护的成效。请问黄部长，这些年我国在生态保护方面开展了哪些工作？另外谈到生态，就不得不提到 COP15，中国作为 COP15

主席国在第二阶段将发挥怎样的作用？期待达成什么目标？谢谢。

黄润秋：感谢这位记者朋友的提问。优美的自然生态是人与自然和谐共生的基础，党的十八大以来，以习近平同志为核心的党中央把生态保护摆在生态文明建设的重要位置，多次强调要推进山水林田湖草沙一体化保护和系统治理，提升生态系统的质量和稳定性，守好自然生态安全的边界。十年来，在这个领域里我们主要做了五个方面的工作，取得了显著的成效。

第一，这十年是我国生态环境保护制度得到系统性完善的十年。在法律法规方面，我们制（修）订了《中华人民共和国生物安全法》《中华人民共和国森林法》《中华人民共和国野生动物保护法》《中华人民共和国湿地保护法》等20多部法律法规，生态保护的法治保障更加有力。在制度举措方面，我们首创设立了生态保护红线制度，把超过25%的国土面积划为生态保护红线。我们建立了以国家公园为主体的自然保护地体系，正式设立了三江源等第一批5个国家公园，有效保护了90%的陆地生态系统类型和74%的国家重点保护野生动植物种群。通过实施长江十年禁渔，被老百姓叫作"微笑天使"的长江江豚等珍稀水生生物物种得到了初步恢复，洞庭湖2021年监测到的水生生物物种就比2018年增加了30种。

第二，这十年是我国生态保护监管力度最大的十年。通过中央生态环境保护督察，一批突出的生态环境破坏问题得到了有效解决。比如说，祁连山由曾经的"千疮百孔"到现在的"满山苍绿"，由乱到治，大见成效。秦岭北麓由"无序开发"到"有序退出"再到现在的生态修复，发生了历史性变化。我们联合有关部门连续五年组织开展了"绿盾"自然保护地强化监督，推动国家级自然保护区5 000多个问题得到整改。

第三，这十年是我国生态安全屏障有效巩固的十年。我们坚持山水林田湖草沙一体化保护和系统治理，稳步推进了25个山水林田湖草生态保护修复工程的试点，实施生物多样性保护重大工程和濒危物种的拯救工程，划定了35个生物多样性保护优先区域。过去曾经被认为已经灭绝的彩鹮再次出现，大家可以看到这张图就是彩鹮，这是难得一见的，在我们大自然里又出现了。上面这张图是海南的长臂猿，是极度濒危的，也迎来了新的成员。它们的种群都在不断地扩大，"失踪"百年的极度濒危植物尖齿卫矛也再次被发现，112种特有珍稀濒危野生动植物实现了野外回归。

第四，这十年是"绿水青山"向"金山银山"转化实践创新发展的十年。我们将生态文明示范建设作为践行习近平生态文明思想的重要平台和实践载体，先后组织命名了5批共362个国家生态文明建设示范市县、136个"绿水青山就是金山银山"实践创新基地。引导各地积极探索生态优先、绿色发展的高质量发展新路子。在江苏徐州有一个贾汪区，这个区通过大力实施采煤塌陷区治理、荒山绿化、水系治理，实现了从"一城煤灰半城土"到"一城青山半城湖"的华丽转身。

第五，这十年是我国深度参与全球生物多样性治理的十年。我们积极履行《生物多样性公约》及其议定书，过去十年，我们的生物多样性保护目标执行情况好于全球平均水平。去年 10 月，作为公约缔约方大会的主席国，我们在昆明成功举行了 COP15 第一阶段会议，习近平主席出席会议并发表了主旨讲话，宣布设立生物多样性基金等东道国举措，会议还通过了《昆明宣言》。这次会议主题是"生态文明：共建地球生命共同体"，这个主题已向全世界阐释了我国推进全球生态文明建设的理念、主张和行动，为推进全球生态文明建设和生物多样性保护贡献了中国智慧、中国方案和中国力量。

刚才这位记者朋友提到 COP15 第二阶段，我想社会各界都很关注，综合考虑国内外疫情防控形势，我们把第二阶段会议移到了《生物多样性公约》秘书处所在地——加拿大蒙特利尔市，时间是 12 月 7—19 日，虽然地点发生了变化，但是 COP15 的大会主题不变，仍是"生态文明：共建地球生命共同体"。会标不变，中国仍然作为 COP15 主席国领导大会的各项议程，我们的目标是努力推动达成兼具雄心和务实平衡的"2020 年后全球生物多样性框架"（以下简称"框架"），为推进全球生物多样性进程、构建地球生命共同体贡献我们的力量。谢谢。

《中国日报》记者：黄部长您好，我们知道土壤是生命赖以生存的重要基础，动植物的繁育、老百姓的衣食生活都离不开良好的土壤环境的支撑。我想请问一下，目前我国土壤环境的状况如何？还存在哪些问题？下一步我们治理的方向是什么？谢谢。

黄润秋：感谢这位记者朋友的提问。土壤是万物之本、生命之源，做好土壤污染防治事关重大。党的十八大以来，我们会同各地区、各部门扎实推进净土保卫战，全国土壤污染加重趋势得到有效遏制，土壤环境质量总体保持稳定，土壤污染风险得到了基本管控。总体来说，我们取得了以下三个方面的进展。

第一，摸清了家底。我们会同有关部门完成了全国土壤污染状况的详查，建成涵盖 8 万个点位的国家土壤环境监测网络，实现了土壤环境质量监测点位所有县（市、区）全覆盖，查明了农用地土壤污染面积、分布和对农产品质量的影响，掌握了重点行业企业用地污染地块分布及其环境风险，相关数据也和多个部门实现了共享应用。

第二，建立了体系。我国出台了《中华人民共和国土壤污染防治法》，这是我国第一部在土壤污染防治领域的基础性法律，确立了"预防为主、保护优先、分类管理、风险管控"的土壤污染防治原则，构建了土壤污染防治的法规制度体系，保障人民群众"吃得放心、住得安心"。我们会同相关部门先后发布了污染地块、农用地、工矿用地土壤环境管理办法等部门规章，制定了农用地、建设用地土壤污染风险管控的系列标准规范。

第三，管控了风险。"十三五"以来，我们首先在强化源头预防方面，联合相关部门持续开展了农用地土壤镉等重金属污染源头防治行动，将 1.8 万多家企业纳入土壤污染重点监管单位。在受污染耕地安全利用方面，我们通过调整种植结构降低农产品超标风险，对严格管控类耕地，我们采取退出食用农产品种植、退耕还林这样的一些措施管控风险。在建设用地安全利用方面，我们依法依规对全国 4 万多个地块开展土壤污染状况调查评估，累计将 1 500 多个地块列入建设用地土壤污染风险管控和修复名录，严格准入管理，没有达到风险管控、修复目标的不得作为住宅、公共管理和公共服务用地（"一住两公"用地）。一些地区对腾退工业地块采用了土壤污染风险管控与园林造景相结合的方法，规划建成了城市绿地，既确保了安全利用，又做到了拓展生态空间、还绿于民，确保实现了经济效益、社会效益、生态效益三者的有效统一。

这里我举一个例子，上海桃浦工业区是 1954 年建成的一个化学工业区，曾经土壤和地下水污染很重，这些年对腾退的污染地块进行有效的治理和修复，这个园区现在已经成为上海市中心很漂亮的绿地了，发生了脱胎换骨的变化，成为上海老工业基地转型升级和生态修复的标杆。

当然，我们也清醒地认识到，虽然当前我国土壤环境质量发生了基础性变化，但土壤污染防治工作的底子依然薄弱，下一步，我们将会同有关部门着力做好四方面工作。一是坚持预防为主，强化土壤污染重点监管单位的监管执法，防止新增土壤污染。二是紧盯耕地污染突出区域，开展污染成因排查，落实分类管理制度，不断提高安全利用水平。三是严格建设用地准入管理，围绕"一住两公"用地加强联动监管，坚决杜绝违规开发利用。四是全面推进新污染物治理行动方案各项任务的落实、落细，大力增强新污染物治理能力。谢谢。

海报新闻记者：黄部长您好，每年夏天很多人会选择到海边度假，海水质量、海洋环境也是大家普遍关注的一个重点。请问，党的十八大以来，我国在海洋生态环境保护方面开展了哪些工作，取得了什么样的成效？下一步，还将重点开展哪些工作？谢谢。

黄润秋：感谢这位记者朋友的提问。海洋是高质量发展的战略要地，保护好海洋环境对于促进沿海地区高质量发展、构建人海和谐的关系具有重要意义。习近平总书记强调，要高度重视海洋生态文明建设，加强海洋环境污染防治，保护海洋生物多样性，实现海洋资源有序开发利用，为子孙后代留下一片碧海蓝天。党的十八大以来，我国海洋生态环境保护取得的主要成就，可以用"四个新"概括：

一是陆海统筹治理体系形成新格局。2018 年，海洋环境保护职责整合到了生态环境部，打通了陆地和海洋，我们坚决贯彻党和国家机构改革精神，分海区设立三个流域海域生态环境监管机构，与有关部门建立海洋生态环境监测评价、监管执法、保护治理等方面协作机制，11 个沿海省（自治区、直辖市）和相关的市（县）级生态环境部门也重新组建海洋生态环境保护机构，形成陆海统筹、上下协同、齐抓共管的工作新格局。

二是海洋生态环境质量得到新提升。我们深入推进近岸海域污染防治工作，海洋环境质量显著改善，十年来，国控入海河流 Ⅰ～Ⅲ 类水质断面比例上升了 25 个百分点，达到 71.7%。劣Ⅴ类水质断面比例减少 24 个百分点，降到了 0.4%。全国近岸海域水质优良比例提升约 17.6 个百分点，达到 81.3%。我们着力打好渤海综合治理攻坚战，30项有明确时间节点的任务全部高质量完成，渤海生态环境质量得到明显提升。我们持续推进美丽海湾建设，水清滩净、鱼鸥翔集、人海和谐的美丽海湾不断显现。山东青岛市灵山湾将30 km的海岸线打造成市民临海亲海的城市"会客厅"，实现了华丽蜕变。

三是海洋生态环境管护效能实现新跨越。机构改革以来，我们推动陆海统筹的监测网络优化整合，逐步构建了以1 359个国控监测点位为基础的海洋生态环境监测网络。我们进一步完善海洋环境监管体系，各沿海省（自治区、直辖市）全面开展入海排污口的排查整治，已在渤海排查排污口近1.9万个，各地还持续加强海水养殖生态环境监管和海洋垃圾的治理监管。福建宁德集中开展海上养殖绿色转型，将传统泡沫网箱升级为环保塑胶网箱，大幅减少渔业垃圾，过去的"海漂垃圾场"改造成了美丽的"海上田园"。

我们会同有关部门不断加强海洋生态保护和修复，截至目前，11个沿海省（自治区、直辖市）海洋生态保护红线已经全部划定，全国共设立了海洋自然保护地145个，总面积约791万 hm^2。"十三五"期间，我们累计整治修复岸线1 200 km、滨海湿地2.3万 hm^2。2021年，纳入监测的24个典型海洋生态系统已经基本消除了"不健康"状态。

四是海洋生态环境监督执法形成新机制。我们进一步压实了海洋生态环境治理责任，2015年以来，中央生态环境保护督察先后发现了150多个海洋生态环境的突出问题，督促地方抓好整改落实。我们不断加强海洋生态环境执法力度，近年来，联合中国海警局等多个部门开展了"碧海"等专项监督执法行动，对海洋生态环境相关违法违规行为形成强有力的震慑。

"十四五"时期，我们将会同有关部门和沿海地方，以美丽海湾建设为主线，以海洋生态环境质量改善为核心，深入打好重点海域综合治理攻坚战，着力推进"一湾一策"的海湾综合治理和美丽海湾建设，持续提升陆海统筹的生态环境治理能力，以海洋生态环境高水平保护推动沿海地区经济高质量发展。谢谢。

陈文俊：最后一个问题。

红星新闻记者：黄部长您好，最近十年，一个最直观的感受是生态环境保护工作越来越受到重视，十年间，环境保护长出了"牙齿"，生态环境部门也改变了以往单打独斗的局面。请问这十年我国生态环境法律和制度体系建设方面发生了哪些变化，有哪些标志性的成就？谢谢。

黄润秋：非常感谢这位记者朋友的提问。习近平总书记多次强调，建设生态文明，重在建章立制。用最严格制度最严密法治保护生态环境。这也是习近平生态文明思想的核心要义。在习近平生态文明思想和习近平法治思想的科学指引下，这十年，我国生态环境法律和制度建设进入了立法力度最大、制度出台最密集、监管执法尺度最严的时期，主要有以下三个方面：

第一，这十年是立法力度最大的十年。我国生态环境立法实现了从量到质的全面提升。首先，作为生态环境领域的基础性、综合性法律——《中华人民共和国环境保护法》经过全面修订，于2015年生效实施，这部法律确立了按日连续处罚、查封扣押、移送行政拘留等制度，被称作史上最严的环境保护法。其次，全国人大常委会①制（修）订了25部生态环境相关的法律，涵盖了大气、水、土壤、固体废物、噪声等污染防治领域，以及长江、湿地、黑土地等重要生态系统和要素。生态环境领域现行法律达到了30余部，初步形成了覆盖全面、务实管用、严格严厉的中国特色社会主义生态环境保护法律体系。此外，"生态文明"写入《中华人民共和国宪法》，《中华人民共和国民法典》将绿色原则确立为民事活动的基本原则，《中华人民共和国刑法》及其修正案对污染环境和破坏资源犯罪做出明确的界定，这些都是这十年环境领域法治建设的突出亮点。

第二，这十年是生态文明制度出台最密集的十年。2015年，党中央、国务院出台了《关于加快推进生态文明建设的意见》《生态文明体制改革总体方案》，这是两个顶层设计的文件。之后，一系列创新性制度陆续出台，比如中央生态环境保护督察、环保垂改、排污许可制度等，生态环境执法队伍也正式列入了国家综合行政执法序列并实现了统一着装。生态文明的"四梁八柱"性质的制度体系基本形成，为推进生态文明建设和生态环境保护提供了重要制度保障。

特别是中央生态环境保护督察制度发挥了极为重要的作用。今年7月国务院新闻发布会专题介绍了中央生态环境保护督察制度的进展成效，这里我想再做一些简单补充。

中央生态环境保护督察是习近平总书记亲自谋划、亲自部署、

① 全国人大常委会指中华人民共和国全国人民代表大会常务委员会。

亲自推动的党和国家重大的体制创新和重大的改革举措。这一制度的建立和实施，推动了习近平生态文明思想的落实落地，压实了生态环保"党政同责""一岗双责"，解决了一大批突出生态环境问题，促进了经济高质量发展，也成为检验广大领导干部生态环保责任担当的"试金石"。两轮督察公开曝光了262个典型案例，受理转办的群众生态环境信访举报28.7万件，已办结或者阶段办结了28.6万件，第一轮督察共问责了1.8万人，可以说取得了很好的政治效果、经济效果、环境效果和社会效果。

第三，这十年是监管执法力度最严、法律制度实施效果最显著的十年。我这里有一组数据，能够充分说明这一点。2021年，全国环境行政处罚案件是《中华人民共和国环境保护法》（2014年4月修订）实施前的1.6倍。2013—2021年，人民法院审理的以污染环境罪定罪的案件年均超过了2 000件，而2013年之前每年也就几十件，少的时候仅一二十件。再就是《中华人民共和国环境保护法》（2014年4月修订）实施以来，按日连续处罚、查封扣押、限产停产、移送行政拘留和涉嫌环境污染犯罪五类案件共计17万余件。

在执法过程中，我们充分运用了现代遥感、大数据这样一些现代信息科技手段，以及走航车、无人机、无人船这样一些现代化执法装备，构建了"空天地"一体化的问题发现机制，精准识别问题和线索，大大提高了对恶意排污行为的发现能力。我这里也有一张照片给大家展示一下，大家可以看到这是一些企业利用暗管从地下向江里排污，一般情况下是很难发现的，但是在我们的红外成像仪下，这种方式的排污无处遁形、暴露无遗,这些企业得到了应有的严肃惩处。同时我们持续优化执法方式,提高执法效能,实施监督执法正面清单制度,对守法企业"无事不扰",对恶意违法企业精准打击、严惩重罚。

下一步,我们将继续以习近平生态文明思想和习近平法治思想为指引,持续完善生态环境法律和制度体系,推进精准治污、科学治污、依法治污,同时加大对企业的指导帮扶力度,助力高质量发展。谢谢大家。

陈文俊:谢谢黄部长,谢谢各位媒体朋友的参与,今天的新闻发布会就到这里,再见。

COP15 第二阶段

新闻发布会

实录

COP15 DI ER JIEDUAN
XINWEN FABUHUI SHILU

COP15 第二阶段会议
第一场新闻发布会答问实录

2022 年 12 月 6 日

COP15 主席、生态环境部部长黄润秋

COP15主席、生态环境部部长黄润秋（左三）在回答记者问题

黄润秋：各位媒体朋友，大家上午好。首先向媒体记者朋友们表示衷心的感谢。你们是推进全球生物多样性治理的重要力量。我以大会主席的名义对你们的到来表示热烈欢迎，并祝愿你们会议期间工作愉快！

今天，来自全世界几乎所有国家的缔约方代表、利益攸关方代表，无论距离远近，无论国家大小，无论种族肤色，我们克服种种困难，相聚到蒙特利尔，共同推动实现尽快扭转全球生物多样性丧失的局面，这是我们今天聚集在一起的根本目的。

生物多样性是地球生命共同体的血脉和根基，是人类赖以生存和发展的基础。生态兴则文明兴，生态衰则文明衰。然而，当前我们的地球生态系统正面临前所未有的危机，根据生物多样性和生态系统服务政府间科学政策平台（IPBES）2019 年的评估，人类活动已经改变了 75% 的陆地环境，66% 的海洋环境受到影响，超过 85% 的湿地已经丧失，全球 1/4 的物种正遭受灭绝的威胁。世界自然保护联盟（IUCN）2020 年的评估显示，全球有 41% 的两栖类动物、26% 的哺乳类动物和 14% 的鸟类处于受威胁状态，全球生物多样性受威胁的形势还在持续恶化。

此时此刻，我们再一次站在了生物多样性保护的十字路口。我相信各缔约方和利益攸关方同我一样，都迫切希望采取紧急行动，以人类的勇气、智慧和理智，寻找一条正确路径，寻求一个有效答案，以有力应对全球生物多样性危机的挑战，尽快扭转生物多样性丧失的局面。

中国自担任 COP15 主席国以来，克服疫情影响，一直以最高的政治意愿和最强有力的行动，推动 COP15 大会进程，以实际行动回应国际社会的期待。2020 年 9 月，习近平主席出席联合国生物多样性峰会，表达了中国政府对举办 COP15 的坚定支持和对国际社会的诚挚欢迎。去年 10 月，COP15 第一阶段会议在中国昆明成功召开，习近平主席等 9 个国家领导人和联合国秘书长在峰会上发表主旨讲话，为推动全球生物多样性保护注入了强大的政治推动力。大会通过了《昆明宣言》，为第二阶段会议奠定了坚实的政治基础。

今年 6 月，经中国政府、《生物多样性公约》秘书处、加拿大政府协商，COP15 主席团决定第二阶段会议在蒙特利尔举行。对于中国而言，会址调整无疑是一个艰难的决定，但这也充分彰显了中国政府致力于推动全球生物多样性治理进程的坚定决心。

中国作为 COP15 主席国，将继续不遗余力地发挥领导力，尽最大努力推动和协调各方达成最大共识，在第二阶段会议上通过"框架"。在这里我想特别感谢加拿大政府对承办第二阶段会议的大力支持，感谢《生物多样性公约》秘书处所做的大量务实工作，也感谢主席团成员，各缔约方、各利益攸关方参会代表，正是在你们的努力和支持下，我们才能克服困难和挑战，共同迎来 COP15 第二阶段会议召开的历史性时刻。

现在会议各项议程及筹备工作已准备就绪，参会各方都表现出了推动"框架"达成的强烈意愿。我们在期待，世界也在期待。万事俱备，只欠东风。让我们携起手来，团结一心，共同努力，谱写全球生物多样性保护的新篇章，推动共建地球生命共同体，共建万物和谐的美丽家园。

谢谢大家！

新华社记者：请问作为 COP15 主席国，中国在推进 COP15 会议进程上开展了哪些工作？取得了哪些成果？第二阶段会议您有哪些期待？

黄润秋：中国自担任主席国以来，一直以最高的政治意愿和最强有力的务实行动推动 COP15 进程，为 COP15 大会的召开做了大量的工作。

一是在高层政治推动方面。除了刚才我在开场致辞时已经提到的，习近平主席在 2020 年 9 月联合国生物多样性峰会和 2021 年 10 月的 COP15 第一阶段会议领导人峰会上的两次重要讲话，为推动 COP15 注入强大的政治推动力外，在刚刚结束的二十国集团（G20）峰会上，包括习近平主席在内的 G20 领导人共同发表联合宣言，呼吁在 COP15 第二阶段会议上通过富有雄心、平衡、务实、有效、强有力且具变革性的"框架"。

二是发挥主席国领导力，协调各方相向而行。自第一阶段会议以来，充分利用联合国可持续发展高级别政治论坛、二十国集团环境与气候部长联席会议、COP27 等重要场合和时机，与各国高级别代表就推动第二阶段会议成功召开进行沟通协调，有效提振了全球的政治势头。主持召开了近 40 次《生物多样性公约》主席团会议，100 多场不同层级的双边和多边工作协调会、讨论会，推动各方凝聚更多共识。我们还与《生物多样性公约》秘书处、加拿大政府建立了三方工作机制，协力推动大会筹备各项工作。

三是广泛动员社会力量，推动 COP15 进程。2018 年，在 COP14 大会上，中国、埃及、《生物多样性公约》秘书处共同发起了"沙姆沙伊赫到昆明"人与自然行动议程倡议，旨在收集并展示包括社会组织、企业等非国家利益攸关方在生物多样性方面做出的具体承诺和贡献。截至目前，有超过 10% 的承诺和贡献是中国非政府组织（NGO）、企业等利益攸关方做出的。其中，部分中国 NGO 和企业承诺在未来十年投资 25.5 亿元，促进 10 万 km^2 保护地提高保护效率，并鼓励和引导 100 多家机构参与承诺行动。

关于第二阶段会议，我期待各缔约方和利益攸关方拿出最大诚意，展示最大的灵活性，寻求最大公约数，推动"框架"达成。

《中国日报》记者： 请问主席，目前谈判存在哪些困难和挑战？您将如何发挥领导力，推动各方弥合分歧，形成合力，推动"框架"的达成？

黄润秋： 毫无疑问，"框架"是本次会议最重要的成果，具有历史性和标志性意义。但我们也看到，对于有196个缔约方参与的多边谈判进程，分歧是在所难免的，目前谈判存在的困难和挑战主要有以下几个方面：

一是在三大目标的平衡方面。保护、可持续利用、惠益分享是《生物多样性公约》的三大目标，如何寻求三者的协调，以确保达成兼具雄心和务实平衡的"框架"，目前还是一个挑战。

二是在资金资源调动方面。实现"框架"目标，资金需求还有较大缺口，资金机制还存在分歧。

三是在遗传资源数码序列信息（DSI）方面。虽然各方围绕DSI获取及其惠益分享的讨论已取得很大进展，但还存在诸多技术和政策问题需要解决。

此外，在执行情况审查机制、监测和评估"框架"等方面，各方还存在一些分歧，也还需要我们开展大量工作。

作为大会主席，以上这些困难和挑战我都可以充分理解。各谈判方都付出了艰辛的努力，昨天刚刚结束的工作组第五次会议，参会代表都是每天半夜才离开会场，都很辛苦，很敬业，很投入。中国有句谚语，叫"磨刀不误砍柴工"。会议在不少议题上取得了进展，形成了提交第二阶段会议的"框架"案文，为接下来的磋商奠定了很好的基础。

下一阶段，作为主席，除了大会的一般性程序安排以外，我将进一步推动以下四个方面工作：一是主办高级别会议，围绕达成"框架"开展部长级沟通协调，谋求高层推动，达成共识。目前已经有来自150多个缔约方的约170位部长级代表和约30位大使以及约70个国际组织和机构负责人确认参会。二是对于关键议题，还将通过部长级协调会、主席之友等形式，以透明、公正、缔约方驱动的方式，开展有针对性的对话磋商。三是确保各利益攸关方的广泛参与，包括社会公众、NGO、私营部门、青年团体、土著居民，广泛听取他们的意见，助力"框架"达成。四是根据谈判进程不断优化调整会议议程安排，以有利于聚焦重点议题、加速谈判进程。

COP15 第二阶段会议

第二场新闻发布会答问实录

2022 年 12 月 13 日

COP15 主席、生态环境部部长黄润秋（左三）在回答记者问题

黄润秋：各位媒体朋友，大家好。作为大会主席，我对大家的到来表示热烈欢迎，感谢大家对 COP15 和生物多样性保护工作的关注和支持。

下面，我简要通报大会的进展情况。上一周，大会各项议程全面铺开，各缔约方密集磋商，各利益攸关方全面参与，会议取得积极进展。10 日下午，我们召开了第一次盘点大会，顺利实现了第一个"里程碑"目标，这为大会的成功提振了信心、增添了希望。一是在大会整体进展方面，审议通过了 23 份会议决定，超过会议全部决定的 1/3。二是在备受关注的"框架"谈判方面，达成了部分清洁案文。三是在一些关键核心议题方面，大家进一步深入交换了立场和看法。在这里我要感谢《生物多样性公约》秘书处、加拿大、各缔约方的辛勤工作和努力付出。

但我也注意到，大会留给我们的时间仅剩一半，达成兼具雄心与务实平衡的"框架"仍面临许多困难与挑战，特别是谈判中的关键难点、复杂议题都在后面，包括如何使"框架"目标兼顾雄心和务实平衡，可行可达；包括各方还存在分歧的资金资源调动，DSI，规划、监测、报告和审查，能力建设等议题。各缔约方还需拿出更大的勇气、智慧和决心，充分展现诚意、灵活性和包容性，缩小差距、弥合分歧、相向而行，推动达成最终目标。

虽然还面临方方面面的困难，但通过这些天与各缔约方、各位代表的密切合作，尤其看到大家夜以继日的努力工作，我深刻体会到了大家所表现出的敬业、专业、谦虚、合作和奉献精神，以及对我作为主席的充分信赖和支持。在东道国加拿大、《生物多样性公约》秘书处和各缔约方的支持下，我对会议达成"框架"、取得成功抱有充分信心。

接下来的一周，包括其中的高级别会议，非常关键和重要，将决定我们的会议进展和成效。作为大会主席，我与各方商议，为推进"框架"达成制订了清晰的路线图，将接下来的工作划分为几个阶段，在每个阶段的关键节点都有针对性措施和阶段性里程碑。

谢谢大家！

央视新闻记者：主席先生，现在会议进程过半，刚才您提到，下一步为会议后半程推动达成"框架"已经制订了清晰的路线图，能否请您介绍一下路线图的具体内容？

黄润秋：非常感谢您的提问。作为大会主席，我和我的团队包括《生物多样性公约》秘书处，都非常关心谈判和磋商的路线图问题，因为我们面临的是需要大量谈判磋商的议题，同时我们的时间有限，要把时间和议题妥善安排好、统筹好，有序推进谈判的进程，这需要我们有一个清晰的路线图。

这段时间我和《生物多样性公约》秘书处、我的支撑团队一起研究路线图的具体化，当然我们一直在思考并在不断地调整和优化路线图，总体来说，路线图的设计考虑两个维度。

一方面是议题的数量和难度，公约和两个议定书共有 53 个需要做出决定的议题，这里面最具有标志性的框架又包括 29 个议题。议题非常多，如何合理安排这些议题，需要我们对这些议题做出难易

43

程度的判别，进行优先程度的分级。我们把容易解决的放在前面，可以树立对谈判的信心。这是从议题的数量和难度来考虑。

另一方面是从时间来考虑，我们就两周时间，时间很有限，我们把时间分为四个阶段，每个阶段的关键节点都有针对性措施和阶段性"里程碑"目标。

第一个阶段，大会开幕到12月10日的第一次进程盘点，会议通过了约1/3重要但争议较少的一批议题决议，以提振信心并减少后续会议议题数量。目前，第一个"里程碑"目标已经完成。

第二个阶段，即12月12—14日，对"框架"关键议题形成升级版草案，仅留下需要高层政治推动的议题以及和其他议题相互关联的议题。这个阶段将召开各代表团团长盘点会议，传递达成"框架"的紧迫性。

第三个阶段，即12月15—17日的高级别会议阶段，我们将通过高级别会议凝聚共识，解决一些突出的关键难点议题。我们预期到12月17日全会进行第二次进程盘点时，除少数关键议题外，"框架"已高度完善，资源调动和DSI的决定草案接近完成，除了构成最后"一揽子"方案的议题，所有议题的谈判都已完成。

第四个阶段，即12月18日至会议结束，我作为主席将设立部长之友小组，在极个别的核心议题磋商中再次发挥关键作用，促成"框架"和相关的"一揽子"议题得以解决。

目前，我与我的团队正在就路线图的一些具体细节与各方进一步沟通完善。我相信在各方的支持下，严格按照路线图去落实，一定可以实现我们预期的目标。

法国新闻社记者：在中国眼中，COP15 最终需确保达成哪些目标和承诺才会被视作成功？

黄润秋：非常感谢您的提问。我认为一个成功的 COP15 最重要的标志性成果是达成"框架"。那什么样的框架才能被视作成功？我认为不仅要看我们谈成了多少，关键要看我们今后能实现多少，这两方面我们都得考虑。

作为主席国，我们希望本次大会达成的所有目标和承诺是各方能够接受的，是能够经得起时间检验的，这样在 2030 年进行盘点的时候，无论是发达国家还是发展中国家，都能切身感觉到目标和承诺已实现。这样的目标和承诺才能算作真正的成功。

要实现这一点，关键在于兼顾"框架"的雄心和务实平衡，具体表现在以下几个方面：一是能否建立与"框架"目标相适应的资源调动体系，包括资金、技术、能力等方面的资源。二是能否确保"框架"得到有效执行，包括规划、报告、国别审查、全球审查、广泛参与及为发展中国家提供必要支持六方面要素。未来两年中方将继续发挥主席国领导力，在执行机制方面发挥表率作用。三是能否调动广大缔约方和利益攸关方全面参与，平衡生物多样性的保护和可持续利用。

我们认为，只有满足这些方面，才能遏制并扭转生物多样性丧失的严峻形势，走上通往人与自然和谐共生的美好未来。

中国新闻社记者：我们了解到，12 月 15—17 日大会将召开高级别会议,可否请您介绍一下相关情况? 高级别会议的目标是什么?

黄润秋:谢谢您的提问。高级别会议将于 12 月 15—17 日举行。中国作为主席国,具体组织和承办这次会议。为此,我们已经做了大量的前期筹备工作,为了保证缔约方的充分参与,我们还为小岛屿国家和最不发达国家环境部部长出席高级别会议提供了资助。截至目前,已经有 155 个缔约方、2 个观察员国的 167 位部长级代表确认出席高级别会议。同时,71 个国际组织和机构的高级代表也确认参会。118 位部长和 35 位国际组织负责人已经确认在高级别会议上发言。部长们的到来能够支持和推动"框架"和相关决定最后阶段的谈判,确保会议取得圆满成功。我对此充满期待。

召开部长级高级别会议对大会的成功具有重要意义。首先,通过部长们的发言和承诺,可以释放出各国在保护生物多样性、扭转全球生物多样性丧失等方面政治意愿的强烈信号,有助于我们凝聚起全球生物多样性保护的政治共识。我们常说,生态兴则文明兴,是时候让政治家们站出来说话了。其次,如我前面所说,这一阶段的谈判磋商,在技术层面上给我们留下了不少的难题,这些问题非常复杂,但又很关键,我们相信政治家的决断力,相信他们能找到答案,我们将邀请他们加入到磋商中来,共同推动这些关键难点议题的达成。

COP15 第二阶段会议
第三场新闻发布会答问实录

2022 年 12 月 17 日

COP15 第二阶段会议第三场新闻发布会现场

黄润秋：各位媒体朋友，大家好！为期 2 天半的高级别会议已于今天上午顺利结束。各国部长齐聚一堂，共商全球生物多样性保护大计，在促进广泛沟通、增进理解、扩大共识、推动大会进程等方面发挥了十分重要的作用。140 个缔约方、60 个国际组织机构的代表近 1 000 人出席会议，其中包括近 200 位部长级代表。这是缔约方大会历史上高级别代表参会人数最多的一次，展现出国际社会对生物多样性保护的高度重视。

中国国家主席习近平以视频方式出席高级别会议并致辞，提出推进全球生物多样性保护的"四点主张"，呼吁要凝聚生物多样性保护全球共识，共同推动制订"框架"，为全球生物多样性保护设定目标、明确路径；将雄心转化为行动，支持发展中国家提升能力，协同应对气候变化和生物多样性丧失等全球性挑战；通过生物多样性保护推动绿色发展，加快推动发展方式和生活方式绿色转型，给各国人民带来更多实惠；维护公平合理的生物多样性保护全球秩序，坚定捍卫真正的多边主义，形成保护地球家园的强大合力。习近平主席在讲话中强调站在人与自然和谐共生的高度谋划发展，提出了持续加强生态文明建设的具体举措，向全世界表明了中国致力于推动全球生物多样性治理进程的明确理念与坚定决心。

会议期间，各国部长通过发言和承诺，向大会释放出各国扭转全球生物多样性丧失的强烈政治意愿。部长们普遍认为，我们已经到了扭转全球生物多样性丧失的最后关头，我们必须与时间赛跑，正视生物多样性丧失的原因，采取生产、消费、贸易等变革举措，建立科学的方法来衡量经济活动给自然资本带来的真正成本和代价，尽最大可能调动所有资源，包括充足的资金、技术和能力支持，建立执行机制和国家行动计划，使得兼具雄心和务实平衡的"框架"得以达成并实施，迅速扭转全球生物多样性丧失的趋势，最迟到2030年使生物多样性走上恢复之路。

为推动"框架"谈判和重点难点议题"一揽子"解决，我邀请6位部长，成立了各由一位发展中国家部长和一位发达国家部长组成的三个部长磋商组。在部长磋商组的推动下，各位部长以最大的勇气、智慧和决心，积极加入磋商，充分展现诚意、灵活性和包容性，已推动资源调动、DSI 等重点难点议题取得重要进展。

在当前良好工作和进度基础上，我将基于大家普遍广泛的共识，起草主席案文，这个案文将会是一个兼具雄心和务实平衡的案文，也希望是一个大家普遍能够接受的案文。

我们已向成功迈出了坚实的步伐。在此，我要对部长们的辛勤、卓越、富有成效的工作表示感谢。

中国将继续发挥主席国作用，推动各方形成合力，弥合分歧，凝聚共识，达成国际社会期待已久的、兼具雄心和务实平衡的"框架"。谢谢大家！

美国联合通讯社记者：大会高级别会议刚刚结束，您刚才提到了会议取得的一系列重要成果，但还有一些问题尚待解决。请问目前尚存哪些难点？作为主席国，中国将如何发挥作用来进一步推动这些难题的解决？

黄润秋：在上一次的发布会上，我介绍了推动达成"框架"的总体路线图，目前我们正在按照这样一个路线图的规划，通过高层的参与和推动，进一步弥合各方分歧。

针对目前谈判中还存在的分歧和难点，特别是资金机制、资源调动、"框架"目标等问题，我在近期专门安排了以下工作：

一是 12 月 14 日上午召开了代表团团长会，100 多个国家参会，52 个缔约方聚焦难点、关键议题开诚布公发表了意见。一方面，大家畅所欲言，把谈判中的焦虑和关切说出来，增进了了解，消除了误解，起到了很好的沟通作用。另一方面，从大家的发言中，我也看到了各缔约方在关键议题上的灵活性，了解到了各方的诉求，明确了下一步工作的重点方向。

二是针对还面临的难点议题，我们在这个阶段采用了双轨谈判策略，一条线是，工作组、接触组继续就这些议题在技术层面上开展磋商；另一条线是，针对难度最大的三个问题，我在《生物多样性公约》秘书处和支撑团队支持下，组建了三个部长级协调工作组，开展进一步部长级磋商。

每个协调小组组长为两人，一位来自发展中国家，一位来自发达国家。他们分别是来自卢旺达的穆贾瓦马里亚部长和来自德国的弗拉巴斯国务秘书，共同协调资源调动问题；来自智利的罗哈斯部长和来自挪威的艾德部长，共同协调 DSI 问题；来自埃及的福阿德部长和坐在我旁边的吉尔博部长，共同协调"框架"问题。他们经验丰富、富有威望、极具专业性和活力，从这几天的表现来看，他们也从很大程度上发挥了领导力和决断力，推动关键问题取得重大进展。

三是我也广泛开展了与各区域集团、缔约方、利益攸关方的沟通，和他们面对面坐在一起，一对一地进行交流，认真倾听他们的声音，了解他们的关切，并鼓励他们能够展示出更多的灵活性。

在各方共同努力下，我们在关键议题上已经取得了重大进展，剩下的就是要协同推进关键问题的解决，形成一个有雄心、平衡、可达的"一揽子"解决方案。我们已经更加接近要达成的目标，我将在各方的支持下进行最后的冲刺。

最后我想说，我办公室的大门是一直敞开的，随时欢迎各方与我当面交流，让我们共同努力推动会议取得成功！

澎湃新闻记者：根据目前会议情况来看，会议能否如期闭幕？最终能顺利达成目标吗？

黄润秋：非常感谢您的提问，您问的是非常现实的问题。能不能按时完成谈判、取得成果，我还是有一定的乐观性。我们能按照目前的进程完成谈判，我想有两个理由：一是来开会的各缔约方都希望达成"框架"，都不希望空手而归，都希望把"框架""揣在口袋里面"高高兴兴过圣诞节，这是各缔约方共同的意愿；二是从目前的谈判进程来看，剩下的"硬骨头"越来越少，接下来将聚焦少数的几个问题，一旦突破这些问题，"框架"就可以达成。

COP15 第二阶段会议

第四场新闻发布会答问实录

2022 年 12 月 20 日

COP15 第二阶段会议第四场新闻发布会现场

黄润秋: 各位媒体朋友,大家好!大会刚刚闭幕,作为大会主席,我对大家的到来表示欢迎,感谢2周以来大家对COP15、生物多样性保护的关注和所做的报道工作。

蒙特利尔是一个艺术之都,也是一个多边共识之城,更是一个充满神奇预兆的城市。

我记得我2周前刚到达蒙特利尔时,天空阴云密布,如同我们感受到的谈判压力。随着会议进程过半,天降瑞雪,中国有句话叫"瑞雪兆丰年",这给我们的谈判带来了很好的兆头。昨天凌晨我们终于通过了国际社会期盼已久的"昆明—蒙特利尔全球生物多样性框架",白天我也感受到了明媚的阳光,更烘托了我们在这历史性的一刻轻松的心情。

刚刚闭幕的COP15第二阶段会议取得圆满成功,我们围绕"生态文明:共建地球生命共同体"的大会主题,顺利完成所有会议议程,成功召开了高级别会议,中国国家主席习近平发表视频致辞,近40个缔约方、利益攸关方宣布了一系列重大行动与承诺。会议通过62项决定,选举了新一届主席团,特别是我们达成了历史性的成果文件——"昆明—蒙特利尔全球生物多样性框架"。这是在当前形势下,各缔约方坚持多边主义,同时综合考虑各缔约方、利益攸关方的关切和诉求,最终达成的一个富有雄心、平衡、务实、有效、强有力且具变革性的"一揽子"解决方案,这份框架将指引我们所有人共同努力来遏止并扭转生物多样性丧失,让生物多样性走上恢复之路并惠益全人类和我们的子孙后代。

为了达成"昆明—蒙特利尔全球生物多样性框架",我们走过了漫长的路程。我们从四年前的 COP14 沙姆沙伊赫出发,迈向昆明,来到蒙特利尔。这些年来,我们进行了谈判,有过分歧,也展现了灵活性;我们触及过红线,也进行了妥协。我们在全球各地召开了多次会议,即使在全球疫情最为严峻的时刻,我们也共同努力向前推动这一进程。我们已经展现出致力于实现"人与自然和谐共生的2050 年愿景"的坚定决心。我们也展现出,我们的共同点远远超过了分歧。

现在这个历史性的框架终于达成!这个框架,历史性地纳入了 DSI 的落地路径;这个框架,历史性地决定设立框架基金;这个框架,历史性地描绘了 2050 年与自然和谐共生的愿景。

透过框架,我看到团结与合作,我们共同扭转生物多样性丧失的趋势,走上恢复之路。透过框架,我看到雄心与行动,我们携手努力,共建地球生命共同体。透过框架,我看到希望与未来,与自然和谐共生,为子孙后代留下一个清洁美丽的世界。

借此机会,我想再次对帮助会议取得成功的东道国加拿大政府、魁北克政府、蒙特利尔政府表示感谢,对吉尔博部长和他的团队表示感谢;对我的 6 位协调员部长朋友、2 位工作组主席、2 位框架共同主席、代表各区域的主席团成员表示感谢,感谢他们的领导力、协调力;对穆雷玛执行秘书领导下的秘书处全体工作人员,以及联合国环境规划署安德森执行主任及其团队表示感谢;对第一阶段会议云南省、昆明市以及我的支持团队表示感谢。我还要感谢各缔约方和利益攸关方，是他们展示的最大雄心、最大灵活度、最大妥协精神，才让我们有了共同的"昆明—蒙特利尔全球生物多样性框架"，这个框架属于我们大家，这也是我们共同的胜利。

"雄关漫道真如铁，而今迈步从头越。"达成"昆明—蒙特利尔全球生物多样性框架"，是我们这次大会的圆满终点，更是全球生物多样性治理激动人心的新起点。作为主席，我希望本次大会达成的所有目标和承诺，能够经得起时间检验，得到全面落实。到2030年全球评估的时候，希望我们的生态自然环境更加美好，希望生物多样性丧失的趋势如期得以扭转。未来两年，我将在主席团、《生物多样性公约》秘书处的支持下，继续履行好主席职责，与各缔约方、利益攸关方一道，为"昆明—蒙特利尔全球生物多样性框架"有效执行保驾护航。

再次衷心感谢大家！下面我愿意回答记者朋友们的提问。

央视新闻记者：未来两年，中方继续担任主席国，接下来在推动"昆明—蒙特利尔全球生物多样性框架"落实方面将发挥哪些作用？

黄润秋：谢谢您的提问。未来两年中国将继续担任主席国，在主席团的支持下，开展以下工作：

一是全面指导并推动COP16之前会间会的相关进程，积极引导"昆明—蒙特利尔全球生物多样性框架"目标落地，确保通过的相关决定得到全面落实。包括：全球环境基金尽快在2023年设立一个全球生物多样性框架基金，通过一个特别信托基金来支持全球生物多样性框架的实施，直至2030年；建立DSI惠益分享多边机制，启动不限名额工作组讨论，以便向 COP16 报告。

二是积极推动各缔约方按照"昆明—蒙特利尔全球生物多样性框架"要求，更新国家生物多样性战略与行动计划，将生物多样性纳入各级政府部门和所有行业主流，为生物多样性保护调动所有可能的资源，及时开展监测、报告和审查。

三是加强宣传教育和信息分享，确保土著和地方社区、妇女和女童、儿童和青年，以及全社会的广泛参与。

四是为 COP16 的召开做好相关筹备工作，并与下一届大会主席做好对接。

法国新闻社记者：目标 19 谈到"自愿承担发达国家缔约方义务的国家"，到 2025 年达到 200 亿美元的目标。中国是这些国家其中之一吗？中国能够提供什么？

黄润秋：中国是全球最大的发展中国家，中国将根据《生物多样性公约》有关规则履行好自己的职责和义务。

去年我们宣布成立昆明生物多样性基金，目前我们正在组建相关管理团队，也希望更多的资金加入进来。中方是《生物多样性公约》基金机制（GEF）发展中国家最大捐资国，自 2010 年以来，中国已成为《生物多样性公约》及其两个议定书核心预算的最大出资国。

另外，除了在资金方面的支持，中国还在"南南合作"框架下，以物资捐助、技术援助、开展培训等方式支持发展中国家生物多样性保护相关工作。中国还将继续努力为发展中国家提供力所能及的资金、技术和能力的支持。

新华社记者：请问您如何评价本次通过的"昆明—蒙特利尔全球生物多样性框架"？是否达到了兼具雄心和务实平衡的目标？

黄润秋：谢谢您的提问。国际社会和我本人一样，普遍都认为达成的"昆明—蒙特利尔全球生物多样性框架"是一个兼具雄心和务实平衡的框架。

在雄心方面，一是从保护目标上看，"昆明—蒙特利尔全球生物多样性框架"提出要保护30%的陆地和海洋，这是一个有雄心的目标。二是在资金、资源调动方面，最大的成功是在GEF下设立生物多样性基金，发达国家向发展中国家提供生物多样性保护资金，到2025年每年至少200亿美元，到2030年每年至少300亿美元，提出了从各个渠道包括从官方发展援助、金融机构、私营部门等方面每年调集2 000亿美元的生物多样性保护资金，这个资金力度在当前形势下是很具备雄心的。三是历史性地将DSI纳入框架的推进进程，并提供了下一步的路线图。

在务实平衡方面，我们对目标和对支持目标实现的资源调动能力进行了深入分析和非常精细的把握，不断探索两者之间的平衡。同时我们也得到了《生物多样性公约》附属机构如SBI、SBSTTA的技术支持，基于他们的工作研究和科学基础，在通过多轮谈判和工作组会议后，我们最终找到了目标和资源调动两者之间的最佳结合，实现了很好的平衡。因此，我们认为，"昆明—蒙特利尔全球生物多样性框架"是一个兼具雄心和务实平衡的框架。

La Presse记者：中国与加拿大在这项协议上合作的经验是否

改善了两国之间的关系？

黄润秋：谢谢您的提问。这次会议的成功召开，离不开《生物多样性公约》秘书处和加拿大政府的支持，尤其是加拿大作为东道国，为这次会议的成功举办做出了积极努力。在会议期间，我与加拿大环境部部长吉尔博先生密切沟通，双方保持了良好的合作关系。

中加在生态环境领域的合作历史悠久，加拿大是中国环境与发展国际合作委员会（以下简称国合会）的主要发起方和最主要捐助方，双方在国合会框架下的合作已成为环境与发展领域国际合作的典范。

中加两国在历史上没有纠葛，也没有现实冲突。希望加方同中方相向而行，相互尊重，求同存异，加强合作，妥处分歧，更好地造福两国人民。

党的二十大新闻中心
记者招待会及国新办
新闻发布会

实录

DANG DE ERSHIDA XINWEN ZHONGXIN JIZHE
ZHAODAIHUI JI GUOXINBAN XINWEN FABUHUI SHILU

"建设美丽中国 促进人与自然和谐共生"记者招待会实录

2022 年 10 月 21 日

生态环境部副部长翟青

主持人邢慧娜：女士们、先生们，大家上午好！欢迎出席中国共产党第二十次全国代表大会新闻中心举行的第五场记者招待会，我们邀请党的二十大代表，生态环境部党组成员、副部长翟青同志，围绕"建设人与自然和谐共生的美丽中国"主题作交流，下面先请翟青同志做介绍。

翟青：谢谢主持人！各位记者朋友，大家好！非常高兴和大家见面。在党的二十大隆重召开之际，就学习党的二十大精神、贯彻习近平生态文明思想、建设人与自然和谐共生的美丽中国介绍有关情况，具有重大意义。我代表生态环境部，衷心感谢大家长期以来给予生态文明建设和生态环境保护工作的关心、理解和支持。

党的二十大是党和国家事业发展史上具有重大里程碑意义的大会。习近平总书记在党的二十大报告中深刻阐释了新时代坚持和发展中国特色社会主义的重大理论和实践问题，深刻阐明了未来一个时期党和国家事业发展的目标任务和大政方针，是我们党团结带领全国各族人民全面建设社会主义现代化国家、全面推进中华民族伟大复兴的政治宣言和行动纲领。报告对生态文明建设和生态环境保护工作进行了全面总结和系统部署，我们将认真学习、深刻领会，坚决抓好贯彻落实。

党的十八大以来，习近平总书记站在中华民族永续发展的高度，以马克思主义政治家、思想家、战略家的深邃洞察力、敏锐判断力、理论创造力，大力推动生态文明理论创新、实践创新、制度创新，创造性地提出一系列富有中国特色、体现时代精神、引领人类文明发展进步的新理念、新思想、新战略，形成了习近平生态文明思想。

习近平生态文明思想是习近平新时代中国特色社会主义思想的重要组成部分，是我们党不懈探索生态文明建设的理论创新和实践结晶，是马克思主义基本原理同中国生态文明建设实践相结合、同中华优秀传统生态文化相结合的重大成果，是以习近平同志为核心的党中央治国理政实践创新和理论创新在生态文明建设领域的集中体现，是人类社会实现可持续发展的共同思想财富，是新时代我国生态文明建设的根本遵循和行动指南。

过去十年，在习近平生态文明思想的科学指引下，我们坚持"绿水青山就是金山银山"的理念，坚持山水林田湖草沙一体化保护和系统治理，生态文明建设和生态环境保护发生历史性、转折性、全局性变化。这些变化体现在以下三个"前所未有"上。

一是决心之大前所未有。我们把"美丽中国"纳入社会主义现代化强国目标，把"生态文明建设"纳入"五位一体"总体布局，把"人与自然和谐共生"纳入新时代坚持和发展中国特色社会主义的基本方略，把"绿色"纳入新发展理念，把"污染防治"纳入三大攻坚战，充分彰显了生态文明建设在党和国家事业中的重要地位，充分表明了我们党加强生态文明建设的坚定意志和坚强决心。

二是力度之大前所未有。我们从思想、法律、体制、组织、作风上全面发力，全方位、全地域、全过程加强生态环境保护。系统谋划生态文明体制改革，大力推进绿色、循环、低碳发展，着力打赢污染防治攻坚战，加大生态系统保护修复力度，坚定不移走生产发展、生活富裕、生态良好的文明发展道路。

三是成效之大前所未有。过去十年，我国以年均3%的能源消费增速支撑了平均6.5%的经济增长。全国地级及以上城市PM$_{2.5}$年均值由2015年的46 μg/m^{3}降至2021年的30 μg/m^3，成为全球大气质量改善速度最快的国家。全国地表水Ⅰ～Ⅲ类断面比例达到84.9%，已接近发达国家水平。全国土壤污染风险得到基本管控。我国生态环境保护成就得到国际社会的广泛认可，成为全球生态文明建设的重要参与者、贡献者、引领者。

在充分肯定过去五年和新时代十年我国生态文明建设成就的基础上，习近平总书记在党的二十大报告中深刻阐明中国式现代化是人与自然和谐共生的现代化，对推动绿色发展、促进人与自然和谐共生做出重大安排部署，为推进美丽中国建设指明了前进方向。我们将全面贯彻党的二十大精神，坚持以习近平新时代中国特色社会主义思想为指导，深入学习贯彻习近平生态文明思想，不断开创生态环境保护工作新局面，以生态环境高水平保护推动高质量发展、创造高品质生活，为建设美丽中国、全面推进中华民族伟大复兴贡献力量。我简要介绍这些，谢谢大家。

中央广播电视总台央视记者：这些年来，生态环境质量明显改善，我们的祖国天更蓝、山更绿、水更清，中国更美丽了，这是大家一个非常直观的感受。想请您详细介绍一下当前美丽中国建设取得了哪些进展？党的二十大报告提出要推进美丽中国建设，请问将如何贯彻落实，将采取哪些措施？

翟青：谢谢您的提问。习近平总书记在党的二十大报告中明确指出，从 2035 年到本世纪中叶把我国建成富强民主文明和谐美丽的社会主义现代化强国，并对推进美丽中国建设做出重大部署。建设美丽中国既是全面建设社会主义现代化国家的宏伟目标，又是人民群众对优美生态环境的热切期盼，也是生态文明建设成效的集中体现。

党的十八大提出"努力建设美丽中国"，党的十九大提出到 2035 年"生态环境根本好转，美丽中国目标基本实现"。习近平总书记高度重视美丽中国建设，多次做出重要的指示批示。在习近平生态文明思想的科学指引下，我们党把生态文明建设作为关系中华民族永续发展的根本大计，开展了一系列根本性、开创性、长远性的工作，创造了举世瞩目的生态奇迹和绿色发展奇迹，美丽中国建设迈出重大步伐，具体体现在以下几个方面：

一是污染防治攻坚向纵深推进。坚决向污染宣战，深入实施大气污染防治行动计划、水污染防治行动计划、土壤污染防治行动计划，也就是大家都清楚的三个"十条"，全力打好蓝天保卫战、碧水保卫战、净土保卫战，解决了一大批关系民生的突出生态环境问题。2021 年，全国地级以上城市 $PM_{2.5}$ 的平均浓度比 2015 年下降了 34.8%，空气质量优良天数的比例达到了 87.5%；地表水 Ⅰ～Ⅲ 类断面比例达到 84.9%，劣 Ⅴ 类水体比例降到 1.2%；土壤污染风险得到有效管控，全面禁止洋垃圾入境，实现固体废物"零进口"目标。这些年来，我们的蓝天多了、水清了、土也净了，人民群众生态环境的获得感、幸福感、安全感持续增强。

二是生态系统保护修复力度不断加大。我们实施了生态保护红线制度，建立健全以国家公园为主体的自然保护地体系。截至目前，各级各类自然保护区的面积约占全国陆域国土面积的18%，设立了三江源、大熊猫等第一批5家国家公园。坚持山水林田湖草沙一体化保护和系统治理，实施了生物多样性保护重大工程，300多种珍稀濒危野生动植物野外种群数量得到恢复与增长，云南野象旅行团北巡，"微笑天使"长江江豚频繁亮相，藏羚羊繁衍迁徙，白洋淀鳑鲏鱼等土著鱼类逐渐恢复，我国生物多样性保护取得了扎扎实实的成效。

三是绿色循环低碳发展迈出坚实步伐。充分发挥生态环境保护引领、优化和倒逼作用，坚持不懈推动经济结构调整，把碳达峰、碳中和纳入生态文明建设整体布局和经济社会发展全局，以减污降碳协同增效促进经济社会发展全面绿色转型。2021年，全国单位国内生产总值二氧化碳排放量比2012年下降34.4%，煤炭在一次能源消费中的占比从68.5%降到56%，可再生能源开发利用规模、新能源汽车产销量均居世界第一，绿色逐步成为高质量发展的鲜明底色。

十年来，全党、全国建设美丽中国的自觉性和主动性显著增强，全面落实党中央决策部署，绿色版图不断扩展，城乡环境更加宜居，生动地展现出一幅幅"人与自然和谐共生"的美景。

下一步，我们将坚持以习近平生态文明思想为指导，锚定美丽中国建设目标，持续发力、久久为功，在改善生态环境质量上取得新进步，在促进经济社会发展全面绿色转型上展现新作为，在建立健全现代环境治理体系上实现新突破，努力打造"青山常在、绿水长流、空气常新"的美丽中国。谢谢！

《光明日报》记者：前不久，《习近平生态文明思想学习纲要》一书出版发行，引发了广泛的学习热潮，想请您扼要介绍下习近平生态文明思想的核心要义、原创性贡献。去年7月，习近平生态文明思想研究中心揭牌成立，请问目前取得了哪些成果？

翟青：谢谢您的提问。2018年5月，党中央召开全国生态环境保护大会，正式确立习近平生态文明思想，高高举起了新时代生态文明建设的思想旗帜。今年7月底，由中宣部和生态环境部共同组织编写的《习近平生态文明思想学习纲要》正式出版，为深入学习领会习近平生态文明思想提供了权威辅助读物。习近平生态文明思想是一个系统完整、逻辑严密、内涵丰富、博大精深的科学体系，其核心要义集中体现为"十个坚持"，即坚持党对生态文明建设的全面领导、坚持生态兴则文明兴、坚持人与自然和谐共生、坚持"绿水青山就是金山银山"、坚持良好生态环境是最普惠的民生福祉、坚持绿色发展是发展观的深刻革命、坚持统筹山水林田湖草沙系统治理、坚持用最严格制度最严密法治保护生态环境、坚持把建设美丽中国转化为全体人民自觉行动、坚持共谋全球生态文明建设之路。这"十个坚持"深刻回答了为什么要建设生态文明、建设什么样的生态文明和怎样建设生态文明等一系列重大理论和实践问题。

习近平生态文明思想意义重大，其原创性贡献主要体现在以下四个方面。一是深化与创新了我们党关于生态文明的理论成果，把我们党对生态文明的认识提升到一个新高度。二是继承与创新了马克思主义自然观、生态观，实现了马克思主义关于人与自然关系思想的与时俱进。三是吸收与发展了中华优秀传统生态文化，让"天人合一""道法自然"等哲理思想在 21 世纪的当代中国焕发出新的生机和活力。四是拓展与超越了全球可持续发展经验成果，是中国式现代化道路和人类文明新形态的重要内容和重大成果。

2021 年 5 月，党中央批准生态环境部成立习近平生态文明思想研究中心，这是党中央着眼推动全党、全社会深入学习贯彻习近平生态文明思想做出的重大战略举措。生态环境部党组高度重视，加强政治引领和组织领导，成立研究中心推进建设领导小组，制订中长期建设的规划和方案，集中资源打造"三高地、两平台"，即习近平生态文明思想的理论研究高地、学习宣传高地、制度创新高地，实践推广平台和国际传播平台。一年来，我们积极推进习近平生态文明思想理论研究与阐释，牵头组织开展马克思主义理论研究与建设工程重大项目，在中宣部的指导下共同编写了《习近平生态文明思想学习纲要》等重要理论读物。我们加快推进习近平生态文明思想实践案例库和联络点建设，总结推广地方践行习近平生态文明思想的成功经验和做法。我们连续三年成功举办深入学习贯彻习近平生态文明思想研讨会，创立《习近平生态文明思想研究与实践》专刊，依托 COP15 等重要国际场合，积极宣传习近平生态文明思想，有力促进习近平生态文明思想学理化阐释、学术化表达、系统化构建、大众化宣传、国际化传播。

下一步，生态环境部将按照党中央部署，不断深化习近平生态文明思想研究宣传阐释，推动习近平生态文明思想进一步深入人心、走向世界。

香港大公文汇传媒集团、《大公报》、香港《文汇报》记者： 我们知道中央生态环境保护督察作为环境保护的一把利剑，这些年来发挥了重要的作用，推动解决了许多环境问题。请问有哪些切实有效的做法，取得哪些成效？未来一段时期，督察工作将如何开展？

翟青： 谢谢您的提问。中央生态环境保护督察是习近平总书记亲自谋划、亲自部署、亲自推动的重大体制创新和重大改革举措，是习近平生态文明思想重大原创性成果和制度性保障。在督察的每个关键环节、每个关键时刻，习近平总书记掌舵定向、引领前行，多次发表重要讲话，多次做出重要指示批示，亲自审阅了每一批督察工作安排、督察报告、整改方案和整改落实情况的报告，为做好督察工作提供了方向指引和根本遵循。

从 2015 年年底试点开始到现在，督察已经完成了对 31 个省（自治区、直辖市）和新疆生产建设兵团的两轮全覆盖，并对一些部门和中央企业开展了督察。在督察中，我们始终坚持把握正确的政治方向，坚持把贯彻落实习近平生态文明思想作为重大政治任务，把习近平总书记重要指示批示的落实情况作为重中之重。我们始终坚持服务大局，统筹做好经济平稳运行、民生保障、疫情防控和生态环境保护。我们始终坚持把严的基调和问题导向作为督察的生命线，敢于动真碰硬，敢于直面问题。我们始终坚持精准、科学、依法开展督察，确保督察结果能够经得起历史和实践的检验。

几年来，督察取得"中央肯定、百姓点赞、各方支持、解决问题"的显著成效，取得了良好的政治效果、经济效果、社会效果和环境效果，具体体现在以下几个方面：

一是推动习近平生态文明思想落地落实。通过督察推动，习近平生态文明思想更加深入人心，习近平总书记关于生态文明建设和生态环境保护的重要指示批示得到坚决贯彻落实，"绿水青山就是金山银山"的理念在全党、全社会形成了高度共识。

二是压实生态文明建设政治责任。各地区、各部门切实提高政治站位，把督察作为重大的政治任务、重大的民生工程、重大的发展问题，生态文明建设和生态环境保护"党政同责""一岗双责"得到有效的贯彻落实。

三是解决一大批突出生态环境问题。督察聚焦生态环境领域突出的矛盾和重大的问题，啃掉"硬骨头"、消除"老大难"，解决了一批长期想解决而没能解决的问题。这些问题实际分为两大类：一类是在督察整改方案中明确的要一条一条拉条挂账的问题，另一类是在督察期间群众环境信访举报的问题。第一轮督察整改方案明确的 3 294 项任务总体完成近 96%；第二轮前三批整改方案明确的 1 227 项任务已经完成近 60%，第四批、第五批、第六批整改正在积极有序推进。两轮督察共受理群众环境问题举报 28.7 万件，已经办结或阶段性办结 28.6 万件。

四是促进经济高质量发展。督察推动各地坚定不移走生态优先、绿色发展的道路,协同推进经济高质量发展和生态环境高水平保护。

下一步,我们将认真学习领会党的二十大精神,深入贯彻落实习近平生态文明思想,不断提高政治站位,全面总结督察实践经验,系统谋划开展第三轮督察,保持定力,坚持严的基调不动摇,着力解决突出的生态环境问题,不断满足人民群众对优美生态环境的期盼,为建设人与自然和谐共生的美丽中国贡献我们的力量。谢谢!

彭博新闻社记者: 气候变化导致包括中国在内的世界多地干旱和洪水等灾害大幅增加。我的问题是,中国是否会采取更多的行动来应对气候变化造成的威胁?能不能阐释一下具体的措施?

翟青: 谢谢您的提问,这是一个很重要的问题。气候变化是当前突出的全球性挑战,事关国际社会共同利益。习近平总书记多次强调,应对气候变化不是别人要我们做,而是我们自己要做,是我国可持续发展的内在要求,是推动构建人类命运共同体的责任担当。党的二十大报告明确提出,统筹产业结构调整、污染治理、生态保护、应对气候变化;积极稳妥推进碳达峰、碳中和。我们将坚决贯彻落实。

长期以来,中国将应对气候变化全面融入国家经济社会发展的总战略,把应对气候变化作为推进生态文明建设、实现高质量发展的重要抓手。通过实施积极应对气候变化的国家战略,采取调整产业结构、优化能源结构、提高能效、建立市场机制、增加森林碳汇等一系列政策措施,各项工作取得积极进展。2020 年,中国碳排放强度比 2005 年下降 48.4%,超额完成向国际社会承诺的目标;2021 年,我国煤炭占能源消费总量比重由 2005 年的 72.4% 降至 56.0%,

非化石能源消费比重达 16.6%，可再生能源发电装机突破 10 亿 kW，风、光、水、生物质发电装机容量稳居世界第一。我国是全球森林资源增长最多和人工造林面积最大的国家，是全球"增绿"的主力军。我们成功启动了全球覆盖温室气体排放量最大的全国碳排放权交易市场，有效发挥市场机制对控制温室气体排放、推动绿色低碳转型的作用。我们发布了适应气候变化的国家战略，持续开展适应型城市建设试点，适应气候变化能力持续提高。

与此同时，我们积极为全球气候治理做出中国贡献。中国作为世界上最大的发展中国家，将完成全球最高碳排放强度降幅，用全球历史上最短的时间实现从碳达峰到碳中和，充分体现了负责任大国的担当。我们坚持多边主义，坚持公平、共同但有区别的责任和各自能力原则，积极推动《巴黎协定》的签署、生效和实施。我们积极同广大发展中国家开展应对气候变化"南南合作"，尽己所能帮助发展中国家特别是小岛屿国家、非洲国家和最不发达国家提高应对气候变化的能力，减少气候变化带来的不利影响。

下一步，我国将继续实施积极应对气候变化的国家战略，落实碳达峰、碳中和"1+N"政策体系，加快推动重点领域绿色低碳转型，大力推进减污降碳协同增效，稳妥有序推进全国碳排放权交易市场建设，加快绿色低碳技术攻关和推广应用，推动形成绿色低碳的生产方式和生活方式。

同时，我们愿与各方一道，积极参与应对气候变化全球治理，推动构建公平合理、合作共赢的全球气候治理体系，持续深化气候变化"南南合作",为应对全球气候变化贡献中国力量、中国智慧、中国方案。谢谢。

《中国环境报》记者:在党的二十大开幕会上,习近平总书记在总结过去五年的工作和新时代十年的伟大变革时指出,我国生态文明制度体系更加健全。近年来,我国建立和实施了中央生态环境保护督察、生态文明目标评价考核和责任追究、生态环境损害赔偿等一系列制度,生态环境制度的改革力度可以说是前所未有。能否请您介绍一下制度改革的总体情况,取得了哪些进展?下一步还有哪些打算?

翟青:谢谢您的提问。坚持用最严格制度最严密法治保护生态环境是习近平生态文明思想的核心要义。习近平总书记强调,建设生态文明,重在建章立制,保护生态环境必须依靠制度、依靠法治。

党的十八大以来,在习近平生态文明思想和习近平法治思想的科学指引下,我国生态环境的法治建设取得了显著的成效。生态文明写入了党章,写入了宪法,覆盖大气、水、土壤、固体废物、噪声污染防治以及长江、湿地保护等领域的 25 部生态环境相关法律得到制(修)订,中央出台《关于加快推进生态文明建设的意见》《生态文明体制改革总体方案》两个非常重要的文件,建立了一系列创新性制度,生态文明"四梁八柱"性质的制度体系应该说基本形成。具体有以下几个特点:

一是监管制度更加严密健全。十年来,中央生态环境保护督察、生态保护红线、国家公园、生态环境分区管控、河(湖)长制、林长制、排污许可、环境质量监测事权上收、全面禁止洋垃圾入境、碳排放权交易、新污染物治理、入河入海排污口设置管理等一系列重大制度不断建立健全，为生态环境保护提供了重要制度保障。

二是责任体系实现历史性突破。生态环境保护"党政同责""一岗双责"、各相关部门生态环境保护的责任清单、"管发展必须管环保、管生产必须管环保、管行业必须管环保"、生态环境损害责任终身追究、自然资源资产离任审计、生态文明建设目标评价考核、生态补偿、生态环境损害赔偿、生态环境监测"谁考核谁监测，谁出数谁负责"、企业环境信息依法披露等这些责任制度不断完善，已经基本上形成了党委领导，政府主导，企业主体、社会组织和公众共同参与的责任体系，责任之严明也是前所未有。

三是机构职能进一步整合优化。在国家层面，组建了生态环境部，整合了分散在各相关部门的生态环境保护职责，统一行使生态和城乡各类污染排放监管与行政执法职责，实现了生态环境保护"五个打通"，就是打通地上和地下、岸上和水里、陆地和海洋、城市和农村、一氧化碳和二氧化碳。同时实现了"四个统一"，就是统一政策规划标准制定、统一监测评估、统一监督执法、统一督察问责。在地方层面，机构改革也取得了积极的进展。

下一步，我们将认真落实党的二十大精神，不断深化体制机制改革，坚持在法治化、制度化轨道上推进生态文明建设和生态环境保护，将制度优势转化为治理效能，加快实现生态环境治理体系和治理能力现代化。谢谢！

香港《紫荆》杂志记者：党的十八大以来，特别是在被称为"史上最严"环保法正式施行之后，大家明显感觉到环保执法力度在不断加大，"长出了牙齿"。请问翟部长，在生态环境执法方面做了哪些工作？取得了哪些进展？下一步还有什么安排？

翟青：谢谢您的提问。生态环境执法是生态环境保护的基础性工作，非常重要。习近平总书记多次强调，要用最严格制度最严密法治保护生态环境；对破坏生态环境的行为不能手软，不能"下不为例"。这十年来，我们坚持以最强的责任担当、最严的执法手段、最优的帮扶意识推进生态环境执法，展现了新时代生态环境执法队伍的精神面貌，对生态环境质量持续改善发挥了重要保障作用。

一是在污染防治攻坚中勇于担当作为。我们紧紧围绕污染防治攻坚战标志性战役，坚持问题导向，坚持"一竿子插到底"的工作方式，发现问题拉条挂账，督促落实抓整改，推动解决政策落地"最后一公里"的问题。

比如 2017 年以来，我们连续五年统筹生态环境系统的骨干力量近 5 万人次、用时 1 300 多天在京津冀及周边等重点区域压茬开展了 105 个轮次的大气污染防治监督帮扶，一轮压着一轮，在紧张的时候每年只有春节大家可以休息几天，其他的时间都在现场，累计检查了 210 多万个点位，推动解决大气污染问题超过 28 万个，切实推动重点区域大气质量持续改善。

再如从 2018 年年底开始试点，我们大规模持续开展入河入海排污口排查，首先在长江干流以及岷江等 9 个重要的支流，先用无人机飞行了 2 300 多架次进行遥感排查，遥感区域覆盖 4.6 万 km^2。在遥感排查的基础上，我们仍然采用"一竿子插到底"的方式，在全国抽调了骨干力量 4 600 余人，分成 1 263 个工作小组，岸线累计行程超过 18 万 km，共排查出 60 292 个各种各样的"口子"。这个数字是之前地方所掌握的 30 倍。这 6 万多个"口子"是我们排查人员沿着岸线，克服了很多难以想象的困难，动用了一些技术手段，一步一步走出来的。大家都知道，水里的各种污染物基本上都是通过各种"口子"排出去的，因此我们把各类"口子"查清楚、管起来，意义重大，非常值得，这将为今后不断改善水生态环境质量奠定重要的基础。目前，黄河流域等其他流域的排查也都在进行中。

二是坚决维护法律权威。我们不断加大执法力度，严格做到有法必依、执法必严、违法必究，切实推动生态环保法律法规落地见效。这里有两组数据：2015 年，《中华人民共和国环境保护法》（2014 年 4 月修订）实施以来，我们累计查办按日连续处罚等重点案件共计 17 万余件；"十三五"全国环境行政处罚案件 83.3 万件，较"十二五"时期增长了 1.4 倍。

此外，我们推动完善行政执法与刑事司法之间的衔接机制，2016 年、2018 年分别严肃查处了两起典型环境质量监测数据造假案件，23 人被追究了刑事责任，这在生态环保历史上是第一次因数据造假被判刑。这 23 人中最多的被判刑两年，最少的被判刑半年左右，这极大地发挥了震慑作用。在对恶意违法企业严惩重罚的同时，我们持续优化执法方式，全面推行"双随机、一公开"监管机制，探索对 4.2 万余家纳入正面清单的企业进行分类监管，强化非现场执法，努力做到对守法企业"无事不扰"。另外，在执法过程中，广泛应用卫星遥感、无人机、无人船及移动执法等一些先进的技术装备，大大提高了我们队伍发现问题的能力。

三是全力保障群众环境权益。连续四年开展集中式饮用水水源地环境保护专项行动，完成了全国 2 804 个饮用水水源地 10 363 个问题的整治，解决了一批突出问题，有力提升了涉及 7.7 亿人的饮用水环境安全保障水平。我们连续六年开展垃圾焚烧发电厂的达标排放专项整治，全面实现垃圾焚烧发电厂"装、树、联"。所谓"装"，是指垃圾发电厂安装在线监测仪器；所谓"树"，是指这些电厂在厂区的大门口显著位置要树立一块显示屏，显示屏上显示这家企业的排放数据；所谓"联"，是指要与各级监管部门进行联网。"装、树、联"完成以后，所有的监测数据均被实时监控并向社会公开。与此同时，会同有关部门制订综合性政策措施，督促企业全面落实环保法律法规。现在看来，专项整治效果明显，目前所有的垃圾焚烧发电厂 5 项大气污染物和炉温达标率稳定在 99% 以上，从根本上扭转了社会公众对垃圾焚烧企业的看法，有力地促进了垃圾焚烧产业的快速增长。

这里也有几组数据，焚烧厂、焚烧炉分别从 2017 年的 278 家、679 台发展到现在的 825 家、1 826 台，增幅分别达 197%、169%，每天的处理量由 2017 年的 24.5 万 t 增至现在的 92.6 万 t，增幅达 278%，这为城市健康发展提供了重要保障。

四是执法队伍建设取得明显成效。生态环境执法队伍正式列入国家综合行政执法序列并率先统一着装。我们连续六年开展执法大练兵，以实训实战的方式提高队伍的战斗力。多年来，8万余名执法人员长期奋斗在污染防治的最前线，为生态环境质量的持续改善默默奉献，涌现出在执法一线壮烈牺牲的浙江温岭环境监察大队陈奔同志等典型代表。许多同志节假无休、日夜不息，有的同志连续多晚蹲守在现场排查环境隐患，用生命和汗水践行了习近平总书记关于生态环保铁军"政治强、本领高、作风硬、敢担当，特别能吃苦、特别能战斗、特别能奉献"的重要指示。

下一步，我们将始终保持严的主基调，不断优化执法方式、提高执法效能，全力打造生态环保铁军的主力军，为建设美丽中国做出更大贡献。谢谢。

巴西247新闻网记者：习近平主席在党的二十大报告中强调，必须牢固树立和践行"绿水青山就是金山银山"的理念，站在人与自然和谐共生的高度谋划发展。我来自拉丁美洲，拉丁美洲也有很多如亚马孙森林、安第斯山脉等原生态资源，请问中国在推动绿色发展、促进人与自然和谐共生方面有哪些好的经验和做法值得世界各国借鉴？谢谢。

翟青：谢谢您的提问。这个问题提得很好。尊重自然、顺应自然、保护自然，是全面建设社会主义现代化国家的内在要求。习近平总书记在党的二十大报告中将促进人与自然和谐共生作为中国式现代化的本质要求之一，强调必须牢固树立和践行"绿水青山就是金山银山"的理念，站在人与自然和谐共生的高度谋划发展。

推动绿色低碳发展是实现人与自然和谐共生的基础之策。党的十八大以来，我们深入贯彻新发展理念，在打好污染防治攻坚战、推进美丽中国建设的进程中，坚定不移地推动绿色低碳发展，促进经济社会发展全面绿色转型。主要做法有以下几个方面：

一是始终把源头预防作为工作的重点。我们全面推进生态环境分区管控，加快"三线一单"工作成果的落地应用，为优化空间发展布局提供有力支撑。我们持续深化环评管理，严把环境准入关，坚决遏制高耗能、高排放、低水平项目的盲目发展。深入推进供给侧结构性改革和产业结构调整，推动淘汰落后产能，经济发展绿色化、低碳化程度大幅提高。

二是协同推进减污降碳。我们发布实施《减污降碳协同增效实施方案》，将协同增效一体谋划、一体部署、一体推进、一体考核，以此促进产业结构、能源结构、交通运输结构和用地结构的优化调整，推动落实工业企业提标改造、燃煤锅炉整治、机动车提升排放水平等措施和要求，加快绿色低碳技术攻关和推广应用，大力培育节能环保产业。2021年全国环保产业营业收入达到2.18万亿元，同比增长11.8%。

三是积极打造绿色发展高地。我们坚持生态优先、绿色发展，支撑保障京津冀协同发展、长江经济带发展、粤港澳大湾区建设、长三角一体化发展、黄河流域生态保护和高质量发展等国家区域重大战略的有力实施。深化生态文明示范创建，先后组织命名了5批共 362 个国家生态文明建设示范市县、136 个"绿水青山就是金山银山"实践创新基地，引导各地积极探索生态优先、绿色发展的高质量发展新路子。

四是创新绿色低碳发展政策。全国碳排放权交易市场启动上线交易，第一个履约周期纳入发电行业重点排放单位 2 162 家，碳排放配额累计成交 1.79 亿 t，累计成交额 76.61 亿元。有序推进环境保护税的相关工作，切实支持企业开展节能环保改造和资源综合利用，2018 年以来，因低于污染物排放标准享受减税优惠累计超过 100 亿元。我们大力发展绿色金融，推动生态环境导向的开发模式创新，截至目前，已指导 118 个相关项目进入项目储备库并向一些金融机构进行了推荐，这些项目涉及总投资 6 700 多亿元。在 6 700 多亿元的投资中，融资需求 4 520 亿元，到 9 月底，已获得金融机构授信 1 329.9 亿元，发放贷款 302.4 亿元。

下一步，我们将坚持以习近平生态文明思想为指导，统筹产业结构调整、污染治理、生态保护，应对气候变化，协同推进降碳、减污、扩绿、增长，努力推动建设人与自然和谐共生的现代化。谢谢。

中央广播电视总台国广记者：翟部长刚才提到了一个词是"建设绿色家园"，相信这也是全人类的共同梦想。在中国这样一个有着 14 亿多人口的发展中国家，我们想要去推进生态文明建设，相信它的影响本身也是具有世界性和全球性的。我的问题是，近年来在共谋全球生态文明建设之路、推动构建人类命运共同体的过程中，生态环境部具体都做了哪些工作？取得了什么样的成果？另外，下一步的措施和行动还有哪些?

翟青:谢谢您的提问。习近平总书记站在共建人类命运共同体的高度,提出共建清洁美丽世界,推动全球可持续发展。去年,习近平总书记提出全球发展倡议,呼吁推动实现更加强劲、绿色、健康的全球发展。这为我们积极参与全球环境治理提供了根本遵循和行动指南。

作为全球生态文明建设的重要参与者、贡献者、引领者,我们坚定地践行多边主义,努力推动构建公平合理、合作共赢的全球环境治理体系,为人类可持续发展做出贡献。

一是绿色"一带一路"建设取得积极进展。我们倡导建立了"一带一路"绿色发展国际联盟,与共建国家加强政策对话、联合研究和能力建设,把支持联合国2030年可持续发展议程融入共建"一带一路"中,截至目前,联盟已有40多个国家、150余个合作伙伴。我们发布了"一带一路"生态环保大数据服务平台,加强生态环保技术创新与交流。我们实施了绿色丝路使者计划,培训了120多个国家3 000人次环境管理人员和专家学者,凝聚绿色发展共识和合力。

二是深度参与全球环境治理。持续推动《联合国气候变化框架公约》及其《巴黎协定》全面有效实施。习近平总书记郑重宣布我国二氧化碳排放力争于2030年前达到峰值,努力争取2060年前实现碳中和。我们大力支持发展中国家能源绿色低碳发展,承诺不再新建境外煤电项目。接受《〈蒙特利尔议定书〉基加利修正案》,加强非二氧化碳温室气体管控。

我们积极履行《生物多样性公约》及其议定书。过去十年，中国生物多样性保护目标的执行情况好于全球平均水平。我们成功举办了COP15第一阶段会议，发布了《昆明宣言》，习近平主席在会上宣布中国将率先出资15亿元人民币，成立昆明生物多样性基金，支持发展中国家生物多样性保护事业。通过发挥主席国作用，我们积极引领了全球生物多样性治理进程。

三是务实开展多（双）边环境合作。建立中欧环境与气候高层对话机制，积极开展上海合作组织成员国环境部长会、中国—东盟环境合作论坛等交流对话机制。加强"南南合作"以及同周边国家的合作，在非洲、东南亚及南亚等地区支持了生物多样性保护、绿色经济、化学品管理、国际环境公约履约等领域的项目和行动，这些项目和活动现在看成效良好。截至2022年6月，我们已经与38个发展中国家签署了43份气候变化合作文件，通过援助气象卫星、光伏发电系统、新能源汽车等应对气候变化相关物资，帮助有关国家提高应对气候变化能力。

下一步，我们将继续深入贯彻落实习近平生态文明思想，与各方共同应对全球环境挑战，为深入推动构建人类命运共同体贡献中国力量。谢谢。

《大众日报》记者：我们在基层采访时了解到，各地对美丽河湖、美丽海湾建设非常重视。请问翟部长，生态环境部对这项工作的基本考虑是什么？目前的进展如何？下一步有何打算？

翟青：谢谢您的提问。美丽河湖、美丽海湾，是美丽中国在水和海洋生态环境领域的集中体现和重要载体。以习近平同志为核心的党中央高度重视美丽河湖和美丽海湾建设。"十四五"规划纲要对此做出重要部署,提出了明确的要求。

生态环境部等部门坚决贯彻党中央重大决策部署,明确了今后一个时期美丽河湖、美丽海湾的建设思路。具体有以下几个方面:

一是坚持环保为民,突出"美"的核心导向。我们聚焦人民群众日益增长的优美生态环境需要,提出了"有河有水、有鱼有草、人水和谐"的美丽河湖建设目标,以及"水清滩净、鱼鸥翔集、人海和谐"的美丽海湾建设目标。在指标设置中,力求简洁明了,基本要求清晰明确,现在指标体系大体上都在 5 个左右,就是要让老百姓能够形象地理解、直观地感受美丽河湖、美丽海湾的建设成效。

二是坚持久久为功,一张蓝图绘到底。在"十四五"期间,在美丽河湖建设方面,主要聚焦群众身边的突出水生态环境问题,引导各地把工作重心放在夯实基础、补齐短板弱项上。在美丽海湾建设方面,将全国约 1.8 万 km 的海岸线划成 283 个海湾,并细化明确了每一个海湾的治理目标和任务举措。通过努力,到 2025 年,也就是"十四五"期间,要建成一批富有特色的美丽河湖、美丽海湾,"十五五"期间和"十六五"期间将继续加大力度、深入推进,力争到 2035 年,符合条件的河湖海湾基本都建成美丽河湖、美丽海湾。

三是加强示范引领,推动形成建设合力。去年,我们向全国各地征集了首批 18 个美丽河湖和 8 个美丽海湾优秀案例,这得到了地方党委和政府的高度重视,各地都积极参与,社会公众响应也非常热烈，并对此认可点赞，我们多家新闻媒体都进行了跟踪报道、广为宣传，推动形成美丽河湖和美丽海湾建设的合力。

下一步，我们将深入贯彻落实习近平生态文明思想，持续推进美丽河湖、美丽海湾建设，为美丽中国建设做出新的更大贡献。谢谢。

《中国教育报》中国教育新闻网记者：习近平总书记在党的二十大报告中提出，要推动形成绿色低碳的生产方式和生活方式。请问翟部长，未来将如何丰富参与途径、形式和手段，促使公众包括学生和家长更好参与生态环境保护，形成政府、企业、社会组织、公众共治的格局？

翟青：谢谢您的提问。习近平总书记指出，生态文明是人民群众共同参与、共同建设、共同享有的事业，要把建设美丽中国转化为全体人民的自觉行动。党的十八大以来，在习近平生态文明思想的科学指引下，各地区、各部门积极作为，全社会生态文明意识显著提升，公众参与生态环境保护的主动性显著增强。我们着力在以下三个层面开展工作：

一是增进了解。我们加强信息公开，及时发布各类环境质量信息，公开曝光环境违法典型案例，有效保障公众环境知情权。我们通过建立例行新闻发布制度，开通"生态环境部"政务新媒体，及时准确发布权威生态环境信息；我们围绕中央生态环境保护督察和污染防治攻坚战等重点任务，组织记者跟随环保工作者深入一线开展"伴随式采访"，为媒体提供更多采访便利，在座的有不少媒体记者跟着我们到一线深入采访过。同时，我们对出台的重大政策法规，以及一些热点问题，第一时间通过新闻发布会、接受访谈、组织专家解读等方式进行宣传，帮助公众更好地了解习近平生态文明思想的理念和要求、生态环保工作措施和进展等。

二是凝聚共识。我们每年开展丰富多彩的六五环境日国家主场活动，特别是今年习近平总书记亲致贺信，对全社会传播和践行生态文明理念提出了殷切的期望，在社会各界引起了强烈的反响。党的十八大提出"努力建设美丽中国"，我们及时联合有关部门开展了"美丽中国，我是行动者"主题宣传教育活动，宣传推选最美生态环境志愿者等先进典型，以调动社会各界参与美丽中国建设的积极性。

三是促进行动。我们与中央文明办等五部门联合发布了《公民生态环境行为规范（试行）》，从关注生态环境、节约能源资源、践行绿色消费、选择低碳出行等十个方面引导公众积极践行绿色生活方式，被媒体称为生态环境领域继大气、水、土壤三个"十条"以后的第四个"十条"——"公民十条"。我们联合住房和城乡建设部等持续推进环境监测设施、城市污水处理设施、垃圾处理设施，以及危险废物或电子废弃物处理设施四类设施向公众开放，通过开放使公众在接受环境科普教育的同时，还可以对这些设施单位进行监督。目前，全国共计2 100余家设施单位向公众开放，线上、线下累计接待参访公众超过1.6亿人次，覆盖了全国所有地级及以上城市。我们联合中央文明办印发了有关文件，把生态环境志愿服务纳入了新时代文明实践的工作体系，以此促进生态环境志愿服务制度化、规范化、常态化。

我们将持续深入推进生态文明宣传教育工作，着力推动构建生态环境治理全民行动体系，更广泛地动员全社会参与生态文明建设、践行绿色生活方式，为持续改善生态环境质量、建设美丽中国夯实稳固社会基础。谢谢。

邢慧娜：今天的记者招待会就先到这里，谢谢各位。再见。

中央生态环境保护督察

进展成效新闻发布会实录

2022 年 7 月 6 日

发布会现场

国务院新闻办新闻局副局长、新闻发言人寿小丽： 女士们、先生们，大家上午好！欢迎出席国务院新闻办新闻发布会。第二轮第六批中央生态环境保护督察已于近日完成督察反馈，今天我们邀请到生态环境部副部长翟青先生，请他为大家介绍督察工作的进展成效，并回答大家感兴趣的问题。

下面，我们首先请翟青先生做介绍。

生态环境部副部长翟青： 各位媒体朋友，大家上午好！很高兴与各位见面。在座的很多都是老朋友，也有一些新的朋友，大家关心支持并多次参与督察工作，深入一线采访，发表了多篇报道，引起了广泛反响，在此向大家表示衷心感谢！

中央生态环境保护督察是习近平总书记亲自谋划、亲自部署、亲自推动的党和国家重大的体制创新和重大的改革举措，是习近平生态文明思想重大原创性成果和制度性保障。在督察的每个关键环节、每个关键时刻，习近平总书记掌舵定向、引领前行，多次发表重要讲话，多次做出重要指示批示，为我们做好督察工作给予了巨大的鼓舞和鞭策。正是在习近平生态文明思想和总书记重要指示批示精神的科学指引下，中央生态环境保护督察取得显著成效，推动我国生态文明建设和生态环境保护发生历史性、转折性、全局性变化。

2015年7月以来，在习近平总书记的亲自关心推动下，中共中央办公厅、国务院办公厅先后印发《环境保护督察方案（试行）》《中央生态环境保护督察工作规定》《中央生态环境保护督察整改工作办法》，使得督察制度建设不断深化，为督察工作深入发展奠定坚实的法治基础。

从 2015 年年底中央生态环境保护督察开始试点，到 2018 年完成第一轮督察，并对 20 个省（自治区）开展"回头看"；从 2019 年启动第二轮督察，到今年上半年，分六批完成了对全国 31 个省（自治区、直辖市）和新疆生产建设兵团、2 个部门和 6 家中央企业的督察。督察中，我们始终以习近平新时代中国特色社会主义思想为指导，深入贯彻落实习近平生态文明思想，坚持服务大局，坚持系统观念，坚持严的基调，坚持问题导向，坚持精准、科学、依法，统筹做好经济平稳运行、民生保障、常态化疫情防控和生态环境保护，推动被督察对象坚决扛起生态文明建设和生态环境保护的政治责任，协同推进经济高质量发展和生态环境高水平保护。

通过两轮的督察推动，习近平生态文明思想更加深入人心，"绿水青山就是金山银山"理念成为全党、全社会的高度共识，各地区、各部门切实落实生态环境保护"党政同责""一岗双责"，坚定不移地走生态优先、绿色发展新路子，取得"中央肯定、百姓点赞、各方支持、解决问题"的显著成效，实现了很好的政治效果、经济效果、环境效果和社会效果，为建设美丽中国、实现人与自然和谐共生的现代化做出了重要贡献。《中共中央关于党的百年奋斗重大成就和历史经验的决议》明确指出："开展中央生态环境保护督察，坚决查处一批破坏生态环境的重大典型案件、解决一批人民群众反映强烈的突出环境问题。"

我们将继续推进督察整改，不断增强人民群众的生态环境获得感、幸福感、安全感，以实际行动迎接党的二十大胜利召开。

请媒体朋友们继续给予支持。下面，我愿意回答大家的提问。

寿小丽：谢谢翟青副部长的介绍。下面进入提问环节，提问前请通报一下所在的新闻机构。

中央广播电视总台央视记者：刚刚翟部长提到了，党的十八大以来，我国生态环境取得了历史性、转折性和全局性的变化。请问，中央生态环境保护督察在这个过程中起到了什么样的作用？有什么样的效果？过程当中有哪些好的经验可以分享？谢谢。

翟青：您提的这个问题非常重要。在习近平总书记的关心推动下，督察制度从无到有，不断向纵深推进，到现在已经整整七年。督察之所以取得显著的成效，最根本的、最关键的在于习近平生态文明思想和习近平总书记重要指示批示精神的科学指引，在于习近平总书记的高度重视和关心关怀。

您刚才提到的，是怎么做到的，或者说督察的基本做法。督察工作中注重把握好以下几点：一是牢牢把握政治方向。坚决把贯彻落实习近平生态文明思想作为重大政治任务，把习近平总书记重要指示批示落实情况作为重中之重。二是始终坚持问题导向。督察就是奔着问题去，奔着责任去，紧紧盯住生态环境领域的突出矛盾和重大问题。三是始终保持严的基调。督察要敢于啃"硬骨头"，对问题紧盯不放、一盯到底，并且坚决查处一批重大典型案件，形成强大的震慑。四是坚持精准、科学、依法。始终聚焦中央关心、社会关注、群众关切的一些重点领域，依法依规开展督察。

关于督察取得的成效，主要体现在以下几个方面：

一是推动习近平生态文明思想落实落地。几年来，习近平生态文明思想更加深入人心，"绿水青山就是金山银山"的理念成为全党、全社会的高度共识，各级党委和政府对生态文明建设和生态环境保护的重视程度显著提高，人民群众的生态环保意识明显增强。

二是生态环境保护"党政同责""一岗双责"得到有效落实。督察有力推动各级党政领导坚决扛起生态文明建设的政治责任。不少地方领导同志都讲到"督察是猛击一掌"。各省（自治区、直辖市）普遍成立由党政主要负责同志担任组长的领导小组。省委常委会会议、政府常务会议研究部署生态文明建设和生态环境保护工作已经成为常态，各级党委、政府和各部门都在抓环保的"大环保"工作格局基本形成。

三是解决了一大批突出生态环境问题。督察着力啃"硬骨头"、消除"老大难"，解决了一大批长期想解决而未能解决的突出生态环境问题。大家关注的长江岸线保护、洞庭湖非法矮围整治、祁连山生态修复、秦岭违建别墅整治等问题的整改已经取得明显成效，得到人民群众的真心称赞。这里通报两组数字，便于大家更直观地感受督察取得的成效。截至目前，第一轮督察和"回头看"整改方案中明确的 3 294 项整改任务，现在总体完成率达到 95%。第二轮前三批整改方案明确的 1 227 项整改任务，半数已经完成。第四批、第五批、第六批督察整改正在积极有序推进。还有一组数字，两轮督察受理转办的群众生态环境信访举报 28.7 万件，到目前为止完成整改 28.5 万件。

四是促进了经济高质量发展。通过督察,推动各地坚定不移走生态优先、绿色发展之路,努力实现经济效益、环境效益、社会效益的多赢。比如,在长江岸线整治方面,长江 11 个省(直辖市)累计腾退了长江岸线 457 km,既提升了当地的生态环境质量,又为优质产业的发展腾出了发展空间。谢谢!

《中国日报》记者:这些年,中央生态环境保护督察坚持问题导向,查处了一大批突出的生态环境问题,我们注意到其中有不少是难啃的"骨头"。请问,在督察中是如何做到硬碰硬的?谢谢。

翟青:这是一个非常有意义的问题。这七年来,中央生态环境保护督察始终是奔着问题去,奔着责任去,奔着最终能解决问题去,才取得了今天这样显著的成效。中央生态环境保护督察能够做到这样,具体原因如下。

第一,最根本的是习近平总书记的撑腰打气。督察制度从设立到运行到纵深发展,都是在习近平总书记的亲自关心部署下推动开展的,体现了习近平总书记的战略定力和战略魄力。在督察面临压力的时候,习近平总书记反复强调要坚持严的基调和问题导向,对做好督察工作给予了巨大鼓舞和鞭策,也给了我们督察人底气和勇气。习近平总书记多次强调,中央生态环境保护督察是啃"硬骨头",不是"稻草人";中央生态环境保护督察制度建得好、用得好,敢于动真格,不怕得罪人,咬住问题不放松,成为推动地方党委和政府及其相关部门落实生态环境保护责任的硬招、实招。这是第一。

第二，有人民群众的大力支持。这些年，督察推动解决了一大批群众身边的生态环境问题，得到了群众的信任和点赞。中央生态环境保护督察每到一地，当地的群众都积极反映有关问题。随着每一批督察推动问题的解决，群众纷纷来电、来信，有的还送来锦旗，表达对习近平总书记，对党中央、国务院的真挚情感。

第三，有一支过硬的队伍。按照习近平总书记建设生态环保铁军的要求，督察队伍敢打敢拼、迎难而上，不徇私、敢担当。督察组的每一位同志，都有一股子认真到底的拼劲儿。我相信有些记者同志在一起跟督察组同志下去督察的过程中，能感受到，每位同志都有一股认真的劲儿。全力做到督察中每一个观点、每一个问题、每一个案子、每一份报告，都能够把背景查准、情况查实、原因查清、责任查透，确保经得起实践和历史的检验。工作中也涌现出了很多感人的事迹。有的同志顶着 40℃的高温，奔走在矿山现场，衣服是湿了又干，干了又湿；有的同志冒着 −30℃的严寒，在雪地中行走一个多小时，核实现场情况；有的同志甚至冒着生命危险与违法人员进行周旋。这些都充分地展示了生态环保铁军的作风，也是中央生态环境保护督察始终能够坚持动真碰硬的有力支撑。谢谢！

《南方都市报》记者：我们注意到，每次中央生态环境保护督察通报的典型案例都会引发社会的广泛关注，采访中我们发现地方也对典型案例涉及的问题非常重视。请问，典型案例的选取标准是什么？这些典型案例有哪些特点？谢谢。

翟青：您提的问题是社会各界和媒体朋友们都很关心关注的问

题。公开典型案例是中央生态环境保护督察工作的重要内容，是聚焦突出问题、压实环保责任的重要举措。

大家很关注案例是怎么选的，大体上有三个方面考虑：

一是污染严重、人民群众反映强烈的问题，包括向江河湖海恶意排污，包括一些大量工业废物违法违规倾倒在河道中，包括一些严重的、大量的黑臭水体，以及环境基础设施建设严重滞后等问题。二是涉及生态破坏严重、影响可持续发展的问题，包括在保护区违规开发建设、违规围海填海、违规围湖占湖、违规毁林建房、违规进行野蛮的矿山开采等问题。三是那些弄虚作假，形式主义、官僚主义突出的问题，对于这些问题，更是要严肃查处，坚决予以纠正。

近期，我们也对到目前为止已公开的 262 个典型案例进行了分析，涉及环境污染的问题（包括环境基础设施短板问题）占 48.5%，接近一半。涉及生态破坏、影响可持续发展的问题占 33.2%。这块比例也非常大。涉及弄虚作假等生态环保领域形式主义、官僚主义的问题占 18.3%。

这是我们在选择案例时的基本考虑。从工作的方法上，我们也着重把握以下几个方面：

一是创新方式，更加突出案例的直观形象。在案例制作过程中，要求采取"文字 + 图片 + 视频"三合一，既要有文字表述，说清楚案例，也要有照片，要把现场拍下来，更重要的是还要加一个小视频，一般是 3 min 左右的小视频。"文字 + 图片 + 视频"三合一的方式使得每一个案例有图、有影、有真相，通过照片和视频的方式，每个案例就是一个再取证，使得这些案例更加鲜活。借助各媒体平台广泛转载，增加了案例可读性和传播性，也有利于媒体朋友在后续编辑过程中做更深入的报道，这种方式大家还是欢迎的。

二是确保案例的客观真实。客观真实是典型案例的生命线和底线所在，每个案例从调查、撰写到定稿都是要经过层层审核的。随着案例的影响力越来越大，我们在制作案例过程中更要格外认真谨慎。

三是充分发挥媒体和记者的重要作用。在中宣部的大力支持下，我们邀请了有关媒体记者进行深度报道，记者与督察人员一起深入一线，一起调查研究，一起分析研判，撰写了大量有深度、有力度的报道，大大提升了典型案例的传播力、影响力。官方网站发布的典型案例是一种模式，随组记者在一线采访报道中有大量鲜活的素材，新闻稿和记者写的这些鲜活的稿件在一起使得宣传报道能够传播得更加广泛。刚才我还请寿小丽副局长，在今后督察过程中也能够跟我们一起感受一下督察工作。

曝光典型案例充分发挥了警示震慑作用，推动了问题整改，人民群众高度关注，网友纷纷留言点赞。

这里还要向大家通报一下。近期，我们正在对督察整改情况进行实地调研，安排了督察局的同志分成若干组进行调研，对整改力度大、成效突出、人民群众认可的，将形成一些正面典型案例。案例不仅是做得不好的，对一些做得好的，我们也是要有一些案例的，通过这种方式充分发挥激励先进、交流工作、引领带动的作用。欢迎媒体朋友们持续跟踪报道。谢谢！

《光明日报》记者：中央生态环境保护督察工作受到社会的广泛关注，群众参与度很高，积极地反映问题。据悉，两轮督察一共受理了20多万件群众信访举报。面对这么大的问题量，如何保证反映的问题都能够得到满意的答复和真正的解决呢？谢谢。

翟青：谢谢您的提问。这是一个非常有意义的问题。在督察工作中，我们始终把群众反映的问题作为一个重点，建立了一套完整的举报受理、转办、核查、督办、回访工作机制，从受理到转给地方，我们要组织核查，有些问题还要进行督办，之后还要对办理情况进行回访。督促当地将群众反映的生态环境问题查处到位、整改到位。这方面的工作有以下几个特点。

一是坚持把群众反映的问题以及整改情况进行公开。督察进驻时、督察启动会结束以后我们会第一时间在报纸、电视、网站上公布信访举报电话和信箱，畅通反映渠道。收到举报后，我们将及时地转交被督察对象进行处理，按照问题的轻重缓急和难易程度，能马上解决的，就马上解决，即所谓的立行立改；有些问题是一时解决不了的，比较复杂，涉及面比较广，要明确整改方案，限期解决。群众信访举报问题和办理的结果要在当地官方网站等媒体上对外公开，以接受群众的监督。

二是加大回访力度。为跟踪了解群众反映问题的解决情况，在督察中会按照一定的比例进行电话回访和现场回访。一个是通过打电话问举报的同志怎么样，另一个是督察同志到现场去看到底改得怎么样。通过回访，发现群众反映的问题基本上都解决得比较好，这也是群众支持的重要原因。但也发现少数地方存在调查不清楚、解决不到位、敷衍应付等问题，对发现的这种问题，督察组都督促地方进行了严肃处理。这些措施进一步压实了责任，保障了群众举报的生态环境问题"件件有回音，事事有结果"。

三是持续盯办。在督察进驻一个月后，一方面，继续督促做好群众信访后续办理工作，并公开结果；另一方面，中央生态环境保护督察办公室（以下简称督察办）和各督察局都会将一些重点问题列为盯办的事项，拉条挂账，紧盯不放，保持压力，直到这些问题能够得到很好的解决。不是说结束以后就没了、不管了。一些重要的问题要拉条挂账、定期调度，而且有些问题，工作小组、调研小组仍然会到现场进行核实。谢谢！

封面新闻记者：翟部长您好！我们注意到，此前通报一些地方存在督察整改不彻底，久拖不决甚至敷衍整改、虚假整改等问题。请问，目前整改情况如何？谢谢。

翟青：谢谢您的提问。大家关注发现问题，但是大家更关注这些问题的整改情况，因为督察最终成效是要体现在问题的整改上。习近平总书记对督察整改始终是高度重视的，多次提出明确要求。今年年初，中共中央办公厅、国务院办公厅印发《中央生态环境保护督察整改工作办法》（以下简称《办法》），强调督察整改是重要的政治任务，并对整改的职责分工、工作程序、监督保障和纪律要求等内容做了明确规范。

从实际工作中看，督察整改已经形成了一套有效的做法。

首先是建立机制，就是把整改的责任、流程、要求都以制度形式固化下来。《办法》明确了省级党委和政府是整改的责任主体，主要负责同志是第一责任人，在省级层面还要建立督察整改领导机制，就是要把责任压实。《办法》还明确在每批督察反馈以后，被督察对象要实事求是、科学地制订督察整改方案，提出整改目标、路径措施、完成时限等，并且要求在规定时间里抓细、抓实整改落实工作。督察整改方案和整改落实情况都要上报党中央、国务院，并向社会公开，接受群众的监督。

其次是紧盯不放。目前所有的督察整改任务都实施清单化管理，采取多种调度和盯办的方式进行督办。对一些重点督察整改任务，都会定期到现场盯办核查，有些是一个月一次，有些是两个月一次，有些是半年一次，有些可能是一年一次，一些重点问题我们都会安排督察局的同志到现场去核查。每次现场的核查都要形成盯办报告。如果发现有督察整改不力的情况，视情采取通报、督导、约谈、专项督察和移交问责等多项措施，有效地传导压力、拧紧螺丝，目的是推动地方真正把问题整改到位。

最后是两手发力，就是充分发挥舆论监督和引导的作用。对于发现的虚假整改、敷衍整改等问题，及时公开曝光，严肃处理。当然，对于做得好的，也要及时地宣传，引导地方做得更好。

从实际情况来看，各地党委和政府对督察整改都高度重视，并将其作为重大政治任务来抓，借势借力推动解决了一大批重点、难点问题。有关总体情况，刚才已经向大家通报了两组数据，这里再讲两个具体例子。大家都知道，白洋淀曾经问题不少，这些年，河北省一体推进截污、补水、清淤、防洪、排涝，加强污染源治理，白洋淀水质从 2017 年的劣 V 类提升到去年的 III 类。大家知道劣 V 类从标准上看是最差的一类水，到现在能够达到 III 类水，这个变化是巨大的。还有，过去长江马鞍山段岸线资源长期被大量非法小选矿、非法码头等占据，沿江一带"脏乱差"，群众反映强烈。这几年安徽省以整改为契机，开展治污攻坚行动，拆除大量非法码头，整治不少"散乱污"企业，建设了一批湿地公园和滨江生态绿廊，整治的这些地方都成为"网红打卡地"，整治效果还是非常好的。谢谢！

中宏网记者：作为一项重大的制度创新，中央生态环境保护督察在推进制度建设方面做了哪些工作？这对于保证督察工作的质量起到什么样的作用？今后还会在哪些方面继续完善这一制度？谢谢。

翟青：谢谢您的提问。中央生态环境保护督察是一项严肃的政治任务，代表的是党中央的权威，必须要有严格规范的制度体系作保障，如果没有制度体系作保障，很难深入推进下去。在七年的督察工作中，边实践边总结完善，以《中央生态环境保护督察工作规定》《办法》这两份中共中央办公厅、国务院办公厅印发重要文件为重要基础，同时制定了 110 个工作规范，也叫模板，即一些具体的工作要求，相当于"2+N"，现在是"2+110"。两份重要的文件加上一些基础的模板、基础的规范，形成了相对完善的督察制度体系。在这个制度体系中，有程序上的要求，有内容上的模板，有操作上的说明，有纪律上的规定，确保各个督察组的工作能够标准统

一、工作有序、实施有效，为保障督察工作质量提供了坚实的基础。具体来说，这个制度体系有这么几个特点：

第一个特点，比较系统严密。在摸底排查、培训准备、进驻动员、现场督察、受理举报、形成报告、审议报批、反馈移交、整改落实、归档总结十个方面，这个制度体系都有详细的要求，覆盖了督察工作的全部流程。我给大家举几个例子。比如，有专门的模板对进驻以后的第一次全体会议做出规定。督察组进驻到被督察对象现场以后，怎么开第一次会议是有规定的，规定要求这次会议上学习习近平总书记重要指示批示精神，而且要学习习近平总书记对当地的一些重要讲话要求、指示批示，要成立临时党支部，要学习督察工作纪律规定，同时还要签署保密和廉洁承诺书。督察组的每位同志，包括随组的记者同志，都要签署一份责任书，保密、廉洁不能出问题。再如，在对督察报告的审核上，建立了两个审核机制。怎么确保督察报告工作的质量,这个制度体系设立了两个独立的运行机制。一个是报告起草组。每到一个地方都有一个督察组，督察组里有一个专门的报告起草工作小组，报告起草组的同志们要对各个其他工作小组上报的督察内容、取证材料等进行严格的审核把关，报告起草组对其他工作组提供的材料要进行审核，比如，提供的取证材料、现场情况以及逻辑关系，对生态环境的影响、效果以及基本依据。另一个是独立审核组。我们建立了报告的独立审核机制，即有专门的人员对报告进行审核，而且这几个人员还都是督察组里面的精兵强将，都是骨干队伍，是业务熟、原则性强、水平比较高的同志，由他们专门组成一个独立审核组，对报告中的每一个案例、每一组数据、每一个观点，都要从法律依据、事实认定、结论定性等方面进行校验、校核、核实，他们不参与起草报告，只负责独立审核，专门来"挑刺"，专门来找毛病，以此来确保督察报告的真实准确、客观公正，确保督察报告经得起历史检验。

第二个特点，操作性强。比如，大家很关注的典型案例，从内容的选取、编写制作、视频图片到审核把关，甚至到发布的时间，都有具体的要求，什么时候发，什么时候做好准备，各个督察组报的案例，怎么进行选择、选取，都有具体要求。再如，在受理群众的举报方面，对于怎么接电话、怎么登记、怎么转办，每个环节都规定得非常具体。包括像接到群众信访举报投诉以后，转办的时间在模板里面都有体现，现在都统一规定在第二天的上午，工作人员上班以后把前一天的群众信访举报转办出去，为什么这么做呢？主要是避免基层同志每天熬夜接收这些转办的问题。这都有详细规定。又如，在督察进驻期间要开展个别谈话，模板也根据不同的对象设置了不同的谈话提纲，人员不一样提纲也是不一样的，有些是共性的，有些是个性的，以便能够更精准地了解情况，更精准地传导压力。

第三个特点，不断完善创新。这个制度体系是一个开放的体系，每批督察结束以后，我们都会进行复盘总结，对一些不完善的进行修改完善，对欠缺的及时补上。同时，根据新形势、新要求制订相应的模板。比如，在第二轮督察中，采取了一种探讨式督察的方式对国务院有关部门开展督察，这种方式和对地方的督察方式有很大的不同。经过深入的研究，我们也及时制订了探讨式督察的工作模板，明确要共建联合工作组，加强探讨交流，督察和部门的自查相结合，督察组和被督察部门协同推进、相向而行，很好地实现了督察的目的。大家方向是一样的，通过几次反复的交流，最后达成一致。

这些模板是几年来实践的经验总结，好用、管用、解决问题，是确保督察工作质量不降低、方向不走偏的制胜"秘笈"。很难想象如果没有这么一套东西，督察工作怎么能够保障工作质量。很多部门到督察办来学习了解情况，他们也认为，这一套体系是中央生态环境保护督察的关键所在，对此也有深刻认识。

下一步，将认真总结督察经验，夯实法治基础，完善体制机制，加强能力建设，确保督察不断地向纵深发展。谢谢。

天目新闻记者：关注区域重大战略问题，请问围绕长江经济带发展和黄河流域生态保护及高质量发展，我们的督导聚焦了哪些问题？效果怎么样？谢谢。

翟青：谢谢您的提问。一方面，习近平总书记亲自谋划部署了多个区域重大战略，并一以贯之地将生态文明建设和生态环境保护放在区域发展的重要位置。按照中央的要求，中央生态环境保护督察紧盯区域重大战略实施中生态环境保护要求的落实情况，并且围绕着不同的定位和不同的特点有所侧重开展督察。比如，在督察长江经济带相关省（直辖市）时，就紧紧围绕"共抓大保护、不搞大开发"要求，聚焦长江十年禁渔、岸线保护、水生态保护修复、污染防治等方面问题。在督察黄河流域相关省（自治区）时，紧紧围绕水资源短缺这个比较突出的问题，把"四水四定"落实情况和生态保护修复情况作为督察重点。

另一方面，按照中央领导同志要求，作为督察工作很重要的一个内容，我们联合中央广播电视总台，连续五年拍摄制作长江经济带生态环境警示片。大家也都听说过，我们从 2018 年开始拍摄警示片。每年都组织工作人员，深入长江经济带 11 省（直辖市），从上游到下游，从重庆到上海，每年行程都接近 30 万 km，通过暗查暗访和明查核实，拍摄制作形成警示片，在相关会议上播放，引起了强烈的反响。警示片这种问题导向、直观形象的特点，具有很强的现场感和警示性，对推动解决问题发挥了很好的作用。而且每一部警示片播放以后，都会将问题拉条挂账，移交地方，督促制订方案，进行整改。长江经济带生态环境警示片一共指出了包括禁渔不力、岸线破坏、违规侵占自然保护区等在内的 623 个突出问题，这些问题截至目前已经完成整改 468 个。另外，按照中央领导同志要求，从 2021 年开始，也同步拍摄黄河流域生态环境警示片。

警示片这些问题的整改，对于推动各地解决突出问题发挥了重要作用。长江经济带 11 省（直辖市），各地调整产业结构，加速岸线整治和污染防治，2020 年长江干流首次实现了全线达到 Ⅱ 类水质，这是很不容易的。此外，长江经济带生物多样性显著增强，"微笑天使"江豚成群地出现，生态环境保护发生了转折性变化。黄河流域 9 省（自治区），严格落实"四水四定"要求，不断提高水资源集约节约利用水平，加大保护力度，建设绿色生态长廊，黄河自然保护区湿地面积大幅增长，黄河流域生态环境也是持续向好。谢谢！

《每日经济新闻》记者：我们注意到，从去年开始中央生态环境保护督察将严控"两高"项目盲目上马作为督察重点。请问，在遏制"两高"项目盲目发展方面的工作进展如何？对促进高质量发展起到了怎样的作用？谢谢。

翟青：谢谢您的提问，这个问题社会各方面非常关注。按照党中央、国务院部署，从第二轮第三批督察开始，我们将严控"两高"项目盲目上马和去产能"回头看"的情况作为督察重点，查实了突出的问题。"以督察促发展"一直是中央生态环境保护督察坚持的重要原则和基本的出发点，在助推高质量发展方面，督察主要从三个层面发力：

第一，要解决思想认识问题。推动各地更加深入自觉地贯彻落实习近平生态文明思想，坚定不移地走生态优先、绿色发展之路。第二，要解决突出问题，坚决查处一批违法违规上马的项目。第三，要推动建立长效机制，夯实生态环境保护"党政同责""一岗双责"，推动实现绿色低碳发展。

从工作层面上看，近年来还是很有成效的。各地对经济社会发展全面绿色转型的认识明显提高，落实新发展理念、推动高质量发展的自觉性、主动性明显增强，"两高"项目盲目发展的势头得到有效遏制，一批违法违规项目被依法查处，一批传统产业得到优化升级，一批绿色产业实现加快发展。比如，这些年京津冀协同治理区域性大气污染效果明显，这几年空气质量明显改善。我们都生活在这个区域里，大家都看到，京津冀的蓝天白云已经成为我们生活的常态。再如，江苏南通五山地区滨江片区大力整治"散乱污"，拆除违建，修复岸线，打造绿色长廊，昔日大江的美景再现。这些年通过这些工作，各地高度重视，成效还是明显的。谢谢。

澎湃新闻记者：我们在采访中也经常会听到，为什么有一些问题地方发现不了，而督察进驻一个月就能发现这么多问题。请问，督察是如何发现这些问题的？谢谢。

翟青：谢谢记者的提问，这个问题确实有一定的代表性。我们也经常能够听到类似的提问，当地一些领导同志对部门的同志说，你们怎么发现不了，人家来了一个月为什么就发现了这么多的问题，而且有些问题性质还很恶劣。发现问题是督察的首要职责，如果不能发现问题，督察的作用就难以发挥。为了能够精准有效地发现问题，在督察中大体上有这么几点：

首先是要瞄准方向。要把方向重点定下来。大家都知道，每个省（自治区、直辖市）生态环境的特点不一样，面临的资源环境约束也不一样。在督察中，会根据具体的省情、区情、市情，研究确定督察需要关注的重点和查找问题的方向。要从宏观上进行最基本的判断，判断重点问题应该在哪些方向。比如，有些地方要关注江河源头的保护情况，有些地方要关注保护区的保护情况，有些地方要关注黑土地、森林保护情况，有些地方可能会更加关注高原湖泊、生物多样性保护情况。

其次是做足了功课。督察进驻时间一般只有一个月，但是准备工作往往需要几个月甚至半年的时间。在进驻前夕，督察人员从日常掌握情况中梳理线索，广泛征求有关部门、单位的意见，更重要的是，开展大范围的暗查、暗访，掌握大量第一手素材。督察中，还注重运用多种技术手段来发现问题，充分借助卫星遥感、无人机、无人船、红外成像等技术装备，提高督察组发现问题的能力。在此基础上，我们在督察进驻前夕形成进驻工作手册，每份手册都至少有40页，手册内容基本上都是问题线索，有的已经提前进行了取样和影像取证，这些前期准备，为查实问题打下扎实基础。

最后是依靠群众。这也是非常重要的一点。群众投诉举报是发现问题线索的"金矿"，我们充分相信群众、发动群众、依靠群众。督察组进驻前，就从日常投诉中梳理线索，进驻后专门受理群众来信、来电举报。每一批督察、每个省（自治区、直辖市）都能收到几千件群众举报，督察人员深入分析，开展现场核实，从中发现了大量突出的生态环境问题线索。

除了以上这些基本因素，督察组同志们敢于坚持原则、顽强拼搏的意志也是很重要的。能够顶着压力发现问题，也是非常重要的。给大家举个例子，比如，督察组的同志为了查实一个违法的案件，知道这个地方肯定有问题，但是为了能够查实，连续蹲了4个晚上，前3个晚上都是无功而返，到了第4天凌晨三四点钟，终于抓了个现行。从这几年的工作情况来看，一些地方平时发现不了这些问题，除有些问题确实不容易发现，需要一些经验、技术手段外，也有少数地方不敢动真碰硬，甚至于明明知道问题却不能直面问题，遇到问题绕着走、往后拖，这些情况也是存在的。

实际上，在习近平生态文明思想的指引下，只要有强烈的政治责任感，敢于担当，作风过硬，就没有查不到的问题。谢谢！

寿小丽：谢谢翟青副部长，谢谢各位记者朋友的参与。今天的新闻发布会就到这里。

《关于加强入河入海排污口监督管理工作的实施意见》国务院政策例行吹风会实录

2022 年 4 月 2 日

生态环境部副部长邱启文

国务院新闻办新闻局副局长、新闻发言人寿小丽：女士们、先生们，大家上午好。欢迎出席国务院政策例行吹风会。国务院办公厅《关于加强入河入海排污口监督管理工作的实施意见》（以下简称《实施意见》）于近日印发。今天我们请来了生态环境部副部长邱启文先生，请他介绍《实施意见》有关情况，并回答大家感兴趣的问题。

下面，我们首先请邱启文先生做介绍。

生态环境部副部长邱启文：各位新闻界的朋友，大家好！非常感谢大家参加今天的政策吹风会，也感谢大家长期以来对生态环境保护工作的关注、关心和支持。

2022年1月29日，国务院办公厅印发了《实施意见》。下面，我就《实施意见》出台的相关情况向大家做简要介绍。

党中央、国务院高度重视入河入海排污口监督管理改革工作。2021年，中央领导同志就长江沿岸污水溢流直排入江问题做出重要批示，要求做好入河排污口整治和截污治污工作，并将加强入河入海排污口监督管理工作列为中央改革任务。

为落实党中央、国务院决策部署，生态环境部多次深入基层一线调研座谈，广泛听取各有关部门、地方、企业和专家的意见建议，组织开展长江、黄河、渤海排污口排查整治试点，在充分借鉴吸收相关部门和地方经验、总结排查整治试点成效的基础上，起草形成《实施意见》（送审稿），经中央全面深化改革委员会审议通过后，由国务院办公厅印发实施。

《实施意见》深入贯彻习近平生态文明思想，围绕党中央、国务院明确的改革方向，从总体要求、排查溯源、分类整治、监督管理、支撑保障五个方面明确了加强排污口监督管理相关要求，提出水陆统筹、以水定岸，明晰责任、严格监督，统一要求、差别管理，突出重点、分步实施等工作原则，明确了到2023年、2025年的目标任务。

《实施意见》提出了三项重点任务。一是开展排查溯源。省级人民政府统筹组织本行政区域内排污口排查整治工作，地市级人民政府承担组织实施排污口排查溯源工作的主体责任，按照"有口皆查、应查尽查"要求，组织开展深入排查，并按照"谁污染、谁治理"和政府"兜底"的原则，逐一明确排污口责任主体，建立责任主体清单。二是实施分类整治。将排污口分为工业排污口、城镇污水处理厂排污口、农业排口、其他排口四种类型，按照"依法取缔一批、清理合并一批、规范整治一批"要求，由地市级人民政府制订实施整治方案，以截污、治污为重点开展整治。三是严格监督管理。从加强规划引领、严格规范审批、强化监督管理、严格环境执法、建设信息平台五方面提出了具体措施。

为保障《实施意见》的顺利实施，从加强组织领导、严格考核问责、强化科技支撑、加强公众监督四个方面提出了明确要求。

制定出台《实施意见》，是贯彻习近平生态文明思想的具体实践，是落实精准治污、科学治污、依法治污工作方针的重要行动，是支撑打好碧水保卫战的有力举措，同时也有利于推进生态环境治理体系和治理能力现代化。下一步，生态环境部将会同有关部门，按照党中央、国务院决策部署，以改善生态环境质量为核心，深化排污口设置和管理改革，制定实施配套管理文件及技术规范，强化事中事后监管，建立健全责任明晰、设置合理、管理规范的长效监督管理机制，有效管控入河入海污染物排放，为建设美丽中国做出积极贡献。

下面，我愿意回答记者们关心的问题。

寿小丽： 谢谢邱启文副部长的介绍，下面进入答问环节，提问前请通报一下所在的新闻机构。

中国新闻社记者：《实施意见》是党和国家机构改革后出台的第一个关于排污口监督管理的顶层设计文件，请问《实施意见》中有哪些创新的举措？谢谢。

邱启文： 谢谢您的提问。2018 年，党和国家机构改革将入河入海排污口的管理职责划转至生态环境部，为打通岸上和水里、陆地和海洋奠定了基础。国务院办公厅日前印发的《实施意见》，围绕现存排污口"怎么治"、新设排污口"怎么审"、日常"怎么管"等问题对排污口监督管理工作进行了系统部署。应该说，这个文件是中央出台的第一个关于排污口监督管理的顶层设计文件，有许多创新举措。我想，至少体现在四个方面。

一是拓展管控范围。过去排污口监督管理范围仅限制在工业排污口和城市污水处理厂排污口。在这个基础上，《实施意见》进一步拓展了管理范围，增加了大中型灌区排口、规模以下水产养殖排污口等类型，基本涵盖所有常见排污口，实现了全覆盖。

二是压实管理责任。排污口"找不着主"是长期困扰基层一线管理工作的突出问题，导致部分管理规定难以落实。《实施意见》要求逐个排污口明确责任主体，对于难以确定的，由属地市（县）级人民政府作为责任主体，或由其指定责任主体，确保事有人管、责有人负。

三是分批分类推进整治。违法违规设置排污口、生活污水直排、借道排污等问题，是人民群众关心的痛点、难点问题，《实施意见》提出了"依法取缔一批、清理合并一批、规范整治一批"的要求，各地结合实际细化排污口的类型，制订实施整治的方案，以截污治污为重点开展整治。

四是简政放权优化服务。《实施意见》落实国务院"放管服"改革精神，进一步下放审批权限，简化审批流程，建设信息平台，实行网上审批，让数据多跑路，让群众少跑腿。

下一步，生态环境部将按照党中央、国务院决策部署，全面落实《实施意见》，推动建立健全责任明晰、设置合理、管理规范的长效监督管理机制，不断提升排污口监督管理能力和水平，持续推进流域海域水环境质量改善。谢谢。

《光明日报》记者：据了解，排污口的溯源整治工作十分复杂，经常遇到排污口找不到主、没人负责的问题，能否请您详细介绍一下《实施意见》是如何化解这类问题的？谢谢。

邱启文：谢谢您的提问。排污口"找不到主""没人负责"，这是长期困扰基层管理工作的突出问题。《实施意见》聚焦落实主体责任，推动排查整治工作落实、落细，有这几个方面的考虑。

一是逐步明确责任主体。从 2019 年开始，我们就开展了长江、渤海和黄河的排污口的排查整治试点工作，排查过程当中确实发现有的排污单位通过雨水口排放污水，有的排污单位甚至通过地下溶洞排放污水，难以分清责任主体。针对这些复杂的情况，《实施意见》明确，各地要按照"谁污染、谁治理"和政府"兜底"的原则，逐一确定排污口责任主体，建立责任主体清单。责任主体有什么责任呢？要负责源头的治理，还要负责排污口的整治、规范化建设、维护管理等工作。对难以分清责任主体的排污口，也不能放任不管，要按照属地政府"兜底"的原则，由属地的县级或者地市级人民政府作为责任主体，或者由它来指定责任主体。例如，有些地方废弃的矿洞不停地排放污水，还有一些尾矿库持续排放污水，有可能这些尾矿库的业主已经破产了，找不着了。这种情况下，就需要政府出面，负责源头的治理，以及排污口的整治，确保事有人管、责有人负。

二是压实属地管理责任。《实施意见》要求建立国家统筹、省负总责、市县抓落实的排污口监督管理工作机制。省级人民政府要统筹组织本行政区域内排污口排查整治工作，结合实际制订工作方案，做好工作调度，压实各方责任。地市级人民政府要做什么呢？要承担主体责任，制订实施方案。即省政府制订工作方案，市政府制订更具体的实施方案，组织开展本行政区域内排污口的溯源整治工作及日常的监督管理，督促相关责任主体落实整治责任，确保改革工作落到实处。谢谢。

澎湃新闻记者：此前生态环境部已经开展了多轮次的入河入海排污口排查，请问排查取得了哪些成效？另外，对于现存的各入河入海排污口掌握情况如何？通过排查发现了排污口的哪些特点？谢谢。

邱启文：谢谢您的提问。刚才我讲了，从 2019 年起，生态环境部会同相关省（自治区、直辖市）相继启动了长江、渤海和黄河排污口的排查整治，主要取得了以下成果，给各位报告一下。

一是基本摸清了排污口底数。通过无人机航测、人工徒步排查、专家质控核查的工作方式，坚持"有口皆查、应查尽查"的原则，应用了一些高科技，也下足了笨功夫，每一个排污口都是到现场徒步核查，摸清了长江、渤海等试点地区的排污口底数。其中，发现长江入河排污口 60 292 个，渤海入海排污口 18 886 个，相比各地及各有关部门此前掌握的数量分别增长了约 30 倍和 25 倍，这是什么概念呢？就是在 2019 年开展排查整治之前，对于长江来说，只有 1 973 个排污口，这次排查翻了约 30 倍。渤海也是一样的，过去掌握不到 800 个排污口，现在，排查以后增长了约 25 倍。同时，黄河的排查整治现在还在进行中，完成了黄河上游和重要支流大概17 000 个排污口的排查。摸清底数为科学整治夯实了坚实的基础。

二是初步厘清了污水排放来源。制定印发排污口监测工作要点等规范性文件，组织各地实施水质监测和溯源，及时掌握污水排放状况和来源。截至 2021 年年底，长江、渤海排污口监测工作基本完成，溯源任务完成八成以上，一些涉及污水管网混接、错接、漏接等难点问题的排查整治工作在持续推进。

三是推动了一批排污口立行立改。按照"一口一策、一抓到底"的原则，推动长江、渤海和黄河试点地区全面完成排污口命名编码和竖标立牌，全面实施排污口"户籍"管理，帮扶各地建设了100多个整治示范工程，出台了三级排查、命名编码等技术标准，指导各地开展整治工作。

在整治工作中，立行立改解决了 8 000 多个污水直排、乱排的问题。

通过这几年排污口排查整治工作，有力地推动了相关流域、海域的水环境质量改善，有数据作为印证。到 2020 年年底，长江干流首次全线达到Ⅱ类水体，2021 年持续保持了Ⅱ类，实现了历史性突破。黄河干流全线达到Ⅲ类水质标准，渤海近岸海域一类、二类水质比例比 2018 年增加了 16.9 个百分点。

刚才，您问到排污口有什么特点？我们总结、梳理了一下，不同流域、海域排污口确实呈现不同的特点。比如，长江入河排污口呈现"四多四少"的特点，就是下游多、上游少，支流多、干流少，混排多、收集少（混排是指各类污水混合排放，收集是指有些生活污水没有很好、集中收集在一起），盲区多、规范少。渤海入海排污口呈现"一多一广、两强一弱"的特点，即排污口数量多、分布广；"两强"就是季节性强、间歇性强，有的可能冬天排、有的可能夏天排，有的可能汛期排、有的可能间歇性排；"一弱"就是基础建设弱。

下一步，我们将在试点基础上，针对不同流域、海域排污口的特点，指导地方科学制订工作方案，扎实有序推进排污口排查整治工作。谢谢。

《南方都市报》记者：此前也有报道提到，生态环境部排查专项整治活动中发现了一大批排污口，情况复杂，您刚才也提到了特点很多，整治难度也比较高，《实施意见》提出"依法取缔一批、清理合并一批、规范整治一批"排污口，请问具体哪些排污口将被取缔、整治？谢谢。

邱启文：正如您刚才说的，排污口虽小，但是问题很复杂，从我们现在掌握的情况来看，这些"口子"有的是明口，有的是暗口，有的是"大口子套小口子"，还有不少是私搭乱接的"口子"错接、混接的问题。为了推动整治工作顺利进行，我们充分吸纳试点的成果和地方经验，明确了"依法取缔一批、清理合并一批、规范整治一批"的分类整治要求。

一是"依法取缔一批"。什么叫"依法取缔一批"呢？就是对违反法律法规规定，在饮用水水源保护区、自然保护地及其他需要重点保护的区域违法设置的排污口，要由属地县级以上人民政府或者生态环境部门依法采取责令拆除、责令关闭等措施予以取缔。当然，在整治过程中，我们特别强调要避免损害群众切身利益，妥善处理历史遗留问题，不能简单"一堵了之"。对确有困难、短期内难以完成排污口整治的企事业单位，合理设置过渡期，帮助指导整治。特别是一些污水管网覆盖不到的地方有生活污水散排排污口，这些要允许有一定的时间真正稳妥地进行整治。完善地下管网、收集管网及规范管理污水处理厂运行都需要一个过程。

二是"清理合并一批"。这方面简单来说分三种情况。第一种情况，对于城镇污水管网覆盖范围内的生活污水散排口，原则上予以清理合并，污水依法规范接入污水收集管网，因为散排口到处冒黑水和污水，长期下去肯定是不行的。第二种情况，工业及其他各类园区或各类开发区内企业现有排污口应尽可能清理合并，污水通过截污纳管由园区或者开发区污水集中处理设施统一处理，即工业园区里的排污口按规定进入园区污水处理设施集中处理后通过规范的"口子"对环境排放。对园区外的排污口怎么办呢？也要尽可能清理合并排污口，原则上一家企业只保留一个排污口。当然有的企业规模大，只留一个排污口不符合实际，这种情况怎么办？那就要保留两个或者多个排污口，但必须向当地生态环境部门备案。第三种情况，对于集中连片的中小型水产养殖排口，鼓励各地统一收集处理养殖尾水，设置统一的排污口。

三是"规范整治一批"。"规范整治一批"就是按照"三个有利于"的原则来开展规范整治。第一个有利于就是有利于明晰责任。着力清理违规接入排污管线的支线、支管，解决借道排污问题；同时，推动共用排污口的排污单位分清责任，即共同使用一个排污口的多家企业要分清污染责任。第二个有利于就是有利于维护管理。包括排污管线老化破损的要及时更新维护，排水不畅的、检查维修难的要及时调整排污口的位置和排污管线走向，设置必要的检查井，为日常检修、清掏等提供方便。第三个有利于就是有利于加强监督。按规定设立标牌，规范设置，便于现场监测和监督检查。从这里也能看到，排污口的排查整治工作是一项系统工程，确实非常复杂，要针对不同的情况采取不同的措施。谢谢。

红星新闻记者：我的问题是，生态环境部如何保证已经查明的排污口依法排污？排查过程中有没有发现排污监测造假的情况？如何处理的？对于偷排和在监测数据上造假的企业是否会采取更为严格的监管措施？谢谢。

邱启文：谢谢您的提问。大家知道，《中华人民共和国水污染防治法》《中华人民共和国水法》《中华人民共和国海洋环境保护法》等对未经审批设置、不按规定设置排污口等违法行为，明确了责令限期拆除、限期恢复原状，对排污口所属排污单位进行停产整治，并处罚款等规定。为落实相关法律要求，《实施意见》要求加大排污口环境执法力度，对违反法律法规规定设置排污口或不按规定排污的，依法予以处罚；对私设暗管接入他人排污口等逃避监督管理借道排污的，要溯源确定责任主体，依法予以严厉查处。同时，要求排污口责任主体严格落实责任，定期巡查维护排污管道，发现他人借道排污等情况的，应立即向属地生态环境部门报告并保留证据。

对排查过程中发现的环境违法问题线索，督促地方依法依规查处。对于偷排、监测数据造假等行为，生态环境部门将保持高压态势，依法严厉打击，并对违法行为进行公开曝光，这些年对类似的情况也多次进行了曝光，推动实施联合惩戒。对于涉嫌犯罪的，与司法机关保持联动，及时将案件移送公安机关，依法追究刑事责任。谢谢。

香港《紫荆》杂志记者：《实施意见》提出要构建"受纳水体—排污口—排污通道—排污单位"全过程监督管理体系，能否介绍一下具体情况？如何保障全过程监督管理？谢谢。

邱启文：谢谢您的提问。入河入海排污口一头连着江河湖海，一头连着生产生活，是打通水里和岸上的关键环节。《实施意见》提出"水陆统筹、以水定岸"的基本原则，就是从水体生态环境功能出发，统筹岸上和水里、陆地和海洋以及流域上下游、左右岸，明确排污口设置管理要求，通过这些要求，倒逼岸上污染治理，实现全过程监督管理。什么是全过程呢？就是受纳水体，排入的江河湖海就是受纳水体，再往上就是排污口，排污口再往上就是排污管线、排污通道，再往上就是排污企业，对整个过程进行全链条的监督管理，推动流域海域生态环境质量的持续改善。怎么做到全过程监管，《实施意见》明确了几件事情：

一是加强规划引领。各级生态环境保护规划、海洋生态环境保护规划及水资源保护规划区划必须充分考虑排污口的设置和管控要求。同时，我们国家还建立了规划环评制度，规划环评要把排污口管控要求的落实情况作为一项重要内容。这是规划引领，实际是解决了一个在前端布局设置的问题，保证科学合理设置排污口。

二是规范设置审核。对环境影响比较大的排污口，比如工业排污口、城镇污水处理厂排污口，这些排污口按规定依法进行审核，所谓审核就是审批，把好准入关。但是，入海排污口是实行备案制，这是规范排污口的审核。

三是强化监督管理。生态环境部门有一个手段，就是核发排污许可证，依法明确排污口责任主体自行监测、信息公开等要求。生态环境部门还要按照"双随机、一公开"的原则，对环境影响较大的排污口开展监督性监测。开展溯源治理，加大对借道排污等行为的监管执法力度。

四是强化科技支撑。刚才说对整个链条进行全过程监督管理（包括排污口的排查溯源），开展各类遥感监测、水面航测、水下探测、管线排查等实用技术的开发和装备的研发。加强基础研究，分析排污口的空间分布及排放规律对受纳水体水质的影响，监管排污口的目的就是要倒逼岸上污染治理，推动整个监管流程全覆盖。谢谢。

《人民日报》记者：邱部长您好，中央经济工作会议要求，必须坚持稳中求进，调整政策、推动改革时要把握好时度效，坚持先立后破、稳扎稳打，请问《实施意见》是如何体现这些要求的？谢谢。

邱启文：谢谢您的提问。大家都知道，中央经济工作会议明确提出，必须坚持稳中求进，要把握好政策出台的时度效，要坚持先立后破、稳扎稳打。《实施意见》完全认真贯彻了中央这个要求，有以下几个方面，从目标确定、排查整治工作安排、监督管理等方面都体现了稳中求进、稳扎稳打、先立后破等要求。我简单地点一点。

一是在工作部署方面，坚持试点先行、稳扎稳打。刚才我也说过，我们从 2019 年开始，先后在长江、黄河、渤海等流域（海域）开展了排污口的排查试点工作。整个长江涉及 63 个城市，我们在全面铺开排查之前，实际上在长江流域选取了重庆市、泰州市先行进行试点，摸索做法、积累经验，并且《实施意见》在明确排查整治任务时，目标任务也是分"两步走"，明确了 2023 年和 2025 年这两个时间节点的排查整治任务。这也体现了稳扎稳打。

二是在排污口排查整治方面，坚持实事求是、民生优先。刚才我介绍过，因为排污口涉及生产生活的方方面面，类型多、问题复杂，有些涉及群众的切身利益。《实施意见》明确提出，对与群众生活密切相关的公共企事业单位排污口、住宅小区排污口及污水处理厂排污口等，应当做好统筹，不能简单地"一堵了之"，搞"一刀切"，这是绝对不允许的，要避免损害群众的切身利益，确保整治工作稳妥有序推进。刚才还说到，对于那些确有困难、短期内又难以完成排污口整治的企事业单位，可以合理设置过渡期，我们会加大技术指导帮扶，帮助他们整治。

三是在排污口的设置管理方面，我们落实中央"放管服"改革要求，减轻企业负担。一方面，下放审批权限，生态环境部本级不审批排污口的设置，授权各流域（海域）监督管理局负责省界还有国境边界的排污口的审批；省与省之间存在一些争议的排污口的审批，还有项目环评报告书中由生态环境部审批的重大项目排污口的审批，其他排污口的审批由省属地化管理，由省级生态环境部门确定分级审批权限。另一方面，刚才也谈到为了减轻企业的负担，提高审批效率，我们做好"一网通办"，实行网上审批，让数据多跑路，让群众少跑腿，这整个考虑都体现了稳扎稳打、稳中求进的要求。

谢谢。

界面新闻记者： 您刚刚介绍了入河入海排污口排查整治的成效，请问三年来我们积累了哪些经验和做法？在下一步做法中如何具体应用？谢谢。

邱启文： 谢谢您的提问。在试点过程中，我们边实践、边总结、边规范，逐步探索形成了一些行之有效的经验做法，概括起来主要有以下几个方面：

一是坚持问题导向。把持续改善流域海域的生态环境质量作为工作的出发点，采取"系统诊断"与"实地检查"相结合的模式，坚持环境问题在哪里，我们的排查力量就投向哪里，水质哪里差我们就重点在哪里进行排查检查，使排查整治与环境质量改善紧密挂钩。哪里问题突出，哪里的污染就突出，肯定那里就有排污口存在，所以就集中在那个地方下力量进行排查。

二是集中力量攻坚。整个长江涉及了 63 个城市，渤海也涉及十几个城市，这个大家还没排查过，所以生态环境部采取"一竿子插到底"的方式，统筹全系统的力量来开展。同时又做好"六个统筹"，就是排查的工作计划、工作任务、时间安排、地域区域、人员和工作方式。对工作方式、人员怎么调度等一系列安排进行统筹，并且充分发挥专家团队的作用，让专业的人干专业的事。我举一个例子，就拿长江入河排污口的排查整治工作来说，因为涉及长江主要干流和支流，涉及 11 个省（直辖市）63 个城市，我们把长江岸线划分为了 1 093 个排查网格，进行网格化排查，累计组织了 4 600 多人次分3批次从长江源头到入海口徒步排查每一段岸线，人员徒步里程超过18万km，相当于绕地球赤道跑了4圈半。可以设想一下，如果没有周密部署，没有统筹全系统的力量，举全系统之力攻坚，这个任务是很难顺利完成的。

三是创新排查方式。发挥卫星遥感特别是"无人机、无人船+大数据"的"千里眼"作用，结合人工实地排查，就是徒步沿着岸线一个一个排查，形成了"无人机航测、人工徒步排查、专家质控核查"三级排查方式。为什么要专家呢？因为一些特殊问题、一些高精尖难度仪器设备，需要专业的人干专业的事，通过专家核实进行质量控制，构建"水—陆—空"一体化的排查模式，基本摸清长江、黄河、渤海这些流域海域的排污口底数。

四是加强指导帮扶。在实践过程中不断探索总结经验，加强调查、分析、研究、论证，形成一些技术规范来指导地方。同时，考虑溯源整治工作量大、难度高的特点，生态环境部帮助各地建设了100多个整治示范工程，大家到那里去看，去那里学。组织做好分阶段整治方案，按照"一口一策"的原则编制方案，为精准科学排查整治提供强有力的支撑。

我想，排污口排查整治试点工作自2019年开展以来，每一个地市、每一个省都有自己的一些有特色的做法。下一步，我们要形成一整套的技术规范加强指导，另外还要让各省、市加强经验交流和技术培训，为下一步全国排污口的排查整治工作发挥很好的借鉴作用。谢谢。

寿小丽：最后一个问题。

封面新闻记者：《实施意见》提出，要在 2025 年年底前，完成七个流域、近岸海域范围内的所有排污口排查，请问有没有具体的时间表和路线图？排查工作的重点和难点在哪里？谢谢。

邱启文：刚才，我介绍了我们国家东、中、西部，一是经济社会发展条件不一样，二是环境质量改善的要求不一样，排污口的整治状况也不一样。针对这种情况，《实施意见》提出要突出重点、分步实施的工作原则。2019 年以来，我们开展了长江、黄河、渤海这些流域、海域排污口的排查整治试点。结合这些试点的经验做法，在目标任务部署上，《实施意见》明确提出，要以长江、黄河、渤海等相关流域、海域为重点，明确阶段性目标任务，率先推进长江入河排污口的监测、溯源、整治。我再解释一下，对现有的排污口要先排查，排查出来以后要监测，监测是为了溯源，即这是谁排的、怎么排过来的、排的什么东西，溯源以后要落实整治责任，找到责任主体。现有的排污口整治后要纳入日常监督管理。所以，对于我们经常说的监测、溯源、整治，我们现在试点的更多是怎么排查，刚才说的溯源任务，长江和渤海的溯源大概也是完成到八成，很多工作还得持续推进。这是我们的重点，也是服务于国家的重大发展战略（如长江经济带、黄河生态保护高质量发展这些重大战略）。

《实施意见》分为两阶段任务，2023 年完成长江、黄河、淮河、海河、珠江、松辽、太湖七大流域的干流及重要支流、重点湖泊、重点海湾排污口的排查，这是排污口的排查，突出干流、重要支流；

2025 年实现全覆盖，七大流域、近岸海域的所有排污口的排查，要基本完成七个流域的干流、重要支流、重点湖泊的排污口整治，一个是排查，一个是整治，这是国家层面的时间表、路线图。针对具体的时间表、路线图，《实施意见》里明确各省级人民政府要结合实际制订工作方案，地市级人民政府要制订实施方案，明确具体的时间表、路线图。我们下一步就是要指导督促各地，加紧拿出地方的工作方案和实施方案，并且扎扎实实、稳妥积极地推进该项工作。

工作的难点和重点，我想确实还有不少，一是排污口问题复杂，刚才说的"大口子套小口子"、私搭乱接的，有明口有暗口，还有从地下暗河和溶洞跑出来的，还有雨天排、汛期排的，平时蓄污，汛期一下就往外排，这些情况非常复杂。二是要求应查尽查，2025 年要实现全覆盖，挑战是很大的。三是排查任务确实也很重。流域岸线长、工作量大，需要多部门协同配合、共同推进，所以为什么这个文件是以国务院办公厅名义印发，是为了明确省级政府负总责、地市级政府承担主体责任，因为这项工作涉及方方面面。

下一步，我们将认真贯彻党中央、国务院决策部署，坚持"有口皆查、应查尽查"的原则，与相关部门和地方一道，发挥各自优势，形成工作合力，推动排查整治工作扎实有序推进。谢谢大家。

寿小丽：谢谢邱启文副部长，谢谢各位记者朋友，今天的国务院政策例行吹风会就到这里。大家再见。

"经济和生态文明领域建设与改革情况"新闻发布会摘录

2022 年 5 月 12 日

生态环境部副部长叶民

中宣部对外新闻局副局长、新闻发言人寿小丽：女士们、先生们，大家上午好！欢迎出席中宣部新闻发布会，今天我们举行"中国这十年"系列主题新闻发布会的第三场。我们邀请到中央财办分管日常工作的副主任韩文秀先生，国家发展改革委副主任胡祖才先生，科技部副部长李萌先生，生态环境部副部长叶民先生，商务部副部长兼国际贸易谈判副代表王受文先生，中国人民银行副行长陈雨露先生，请他们为大家介绍经济和生态文明领域建设与改革情况，并回答大家感兴趣的问题。

....

海报新闻记者：我们注意到，2020年中共中央办公厅、国务院办公厅出台了指导意见，对构建现代环境治理体系做出了系统性安排。请问，构建现代环境治理体系与建设国家治理体系和治理能力现代化是什么关系？都包含了哪些内容，目前进展如何？下一步又有哪些考虑？谢谢。

生态环境部副部长叶民：谢谢您的提问。生态环境治理体系是国家治理体系和治理能力现代化建设的重要内容，也是实现美丽中国目标的重要制度保障。2020年中共中央办公厅、国务院办公厅印发了《关于构建现代环境治理体系的指导意见》，首次明确了现代环境治理体系的基本内容。

近年来，各地区、各部门认真落实党中央、国务院的决策部署，取得了一些成效。下面，介绍一些主要的亮点内容。

一是夯实党政主体责任方面。中央和各省分别制定了生态环境保护的责任清单，各级人民政府每年向同级人大、省级政府每年向国务院报告生态环境的目标任务完成情况。党中央对省级党委、政府污染防治攻坚战的成效进行考核，开展并持续深化中央生态环境保护督察，各省也建立了省级环保督察制度，这些举措有力推动了"党政同责""一岗双责"的落实。

二是生态环境法治建设方面。"十三五"以来，先后制（修）订了大气、水、土壤污染防治法等 13 部法律和 17 部行政法规。全国人大常委会每年开展生态环境领域的执法检查，基本完成全国生态环境综合行政执法改革，加强行政执法与刑事司法的衔接，加大惩戒力度，形成高压态势。

三是健全市场机制方面。全国碳排放权交易市场启动上线交易。长江、黄河建立了全流域的横向生态保护补偿机制。设立国家绿色发展基金。据有关部门统计，截至 2021 年年底，绿色信贷余额增长至 15.9 万亿元，绿色财税金融作用不断增强。

四是引导企业责任方面。将全国 330 多万个固定污染源纳入排污管理，发布实施《环境保护综合名录（2021 年版）》《环境信息依法披露制度改革方案》等，引导企业低碳绿色转型发展。

五是构建全民行动体系方面。发布了《公民生态环境行为规范（试行）》，出台《"美丽中国，我是行动者"提升公民生态文明意识的行动计划（2021—2025 年）》，推动形成绿色生活方式。

面向 2035 年美丽中国建设目标，对照减污降碳协同增效、深入打好污染防治攻坚战的要求，环境治理体系建设仍然任重道远。下一步,一是进一步压实地方生态环境保护责任,完善省以下生态环境机构监测监察执法垂直管理制度。二是持续强化企业环境治理责任,依法实施排污许可管理制度。三是强化社会监督,继续推动环保设施向公众开放。四是强化市场体系建设,创新环境治理模式,提高市场主体参与的积极性。谢谢。

………………

封面新闻记者: 近年来,企业无证偷排、超标排放行为时有发生,前一段时间生态环境部通报了一批排污许可领域的典型案例。请问,生态环境部在全面推进排污许可制,构建以排污许可制为核心的固定污染源体系建设上还将有哪些安排?谢谢。

叶民: 感谢您对排污许可制度的关心。前段时间,生态环境部公布了一批排污许可典型违法案件,目的是引导企业守法,指导基层执法,取得了积极反响。排污许可制度是国家环境治理体系的重要组成部分,近年来,生态环境部以习近平生态文明思想为指引,坚决贯彻落实党中央、国务院的决策部署,持续推进排污许可的改革,做的工作可以从以下几个方面来总结:

一是建立体系。将排污许可制度纳入大气、水、土壤、固体废物、噪声等多部法律。国家发布了《排污许可管理条例》,制定了分类管理名录,发布了76项排污许可技术规范、45项自行监测指南。

二是全面覆盖。将全国330多万个固定污染源全部纳入排污许可管理,其中核发排污许可证35万余张,实行排污许可登记的是294万多家,下达限期整改通知书6 000多张,实现了排污许可环境监管的全覆盖。

三是融合制度。对 40 多个排污量比较小的行业，将环评登记与排污许可登记管理合并，减轻企业的负担。联合税务部门统一环境保护税污染物排放量的计算方法，稳步推动排污许可与环境监测、统计等各项制度衔接。

四是严格监管。2021 年共查处排污许可案件 3 500 多件，罚款超过 3 亿元。国家和地方持续通报违法典型案例，起到了比较好的震慑作用。此外，还开展了提升排污许可证质量和执行报告提交率的"双百"任务。

五是做好服务。建成全国统一的固定污染源排污许可管理信息平台，出台排污许可证电子证照标准，实现一网通办、跨省通办、全程网办。

下一步，生态环境部将以排污许可制为核心，积极衔接各项固定污染源环境管理制度，贯彻落实《关于加强排污许可执法监管的指导意见》，全面推进"一证式"管理，努力构建企业持证排污、政府依法监管、社会共同监督的执法新格局。同时还要加强宣传培训指导，提升排污单位知法、守法的意识和能力，让监管既有力度还有温度。谢谢。

"美丽中国·绿色冬奥"专场

新闻发布会实录

2022 年 2 月 18 日

发布会现场

2022北京新闻中心主任田玉红：各位记者朋友，大家上午好！欢迎出席2022北京新闻中心——"美丽中国·绿色冬奥"专场新闻发布会。提到绿色冬奥，相信大家都注意到了，我们的"水立方"变成了"冰立方"，首钢工业遗产化身"雪飞天"，千余辆氢能大巴穿梭于赛场，三大赛区26个场馆实现100%绿电供应……中国以实际行动兑现了绿色办奥的庄严承诺，也向世界集中展现了中国坚持绿色发展、建设美丽中国的坚强决心和不懈努力。

为了让各位媒体朋友更好地了解中国生态文明建设及绿色冬奥的相关情况，今天，我们邀请到中国工程院院士、生态环境部环境规划院院长、中国环境科学学会理事长王金南先生，生态环境部综合司副司长万军先生，生态环境部大气环境司副司长张大伟先生，为大家介绍相关情况，回答各位关心的问题。

下面，首先请中国工程院院士、生态环境部环境规划院院长、中国环境科学学会理事长王金南介绍"十三五"以来中国生态文明和美丽中国建设的成效。

王金南：感谢主持人。各位媒体朋友，大家上午好。这段时间，我们大家都沉浸在世界关注、精彩无比的北京冬奥会中。北京冬奥会充分展示了各国奥运健儿奋力拼搏的体育精神，冬奥会即将迎来圆满谢幕，在这个特殊时刻，作为参与国家生态环境保护管理和研究人员，我们今天非常高兴参加"美丽中国·绿色冬奥"主题新闻发布会，与大家交流分享"十三五"以来中国生态文明和美丽中国建设的成效，特别是绿色冬奥的喜悦和收获。

大家知道，1972 年中国政府开启了环境保护事业，今年正好是中国生态环境保护 50 年。中国生态环境保护从早期的"三废"治理，到重点污染城市治理，到"三河三湖二区一市一海"（也就是耳熟能详的"33211"），到污染物总量削减，到环境质量改善，到三大行动计划和污染防治攻坚战，再到 2017 年党的十九大提出的 2035 年基本实现美丽中国目标，尤其是"十三五"以来美丽中国建设的这五年，中国的生态环境保护实现了历史性、转折性、全面性的跨越。中国生态环境保护正在进入一个以降碳为重点战略方向，推动减污降碳协同增效、促进经济社会发展全面绿色转型、实现生态环境质量改善由量变到质变的关键时期，全面开启了建设人与自然和谐共生的现代化、蓝天碧水净土绿地美丽中国的新征程。

这五年来，美丽中国建设取得阶段性进展。五年来，绿色发展成效逐步显现，煤炭消费占能源消费的比重下降到 56% 左右，清洁能源比重上升至 25.3%，光伏、风能装机容量和发电量、新能源汽车产销量均居世界首位，其中 2021 年新能源汽车销售量同比增长 1.6 倍，占世界销售量的一半以上，成为世界利用新能源和可再生能源的第一大国。2020 年，中国单位国内生产总值二氧化碳排放量比 2015 年下降 18.8%，比 2005 年下降了 48.4%，超过向国际社会承诺的 40% ~ 45% 目标，也是全球能耗强度降低最快的国家之一，基本扭转了二氧化碳排放快速增长的局面。

这五年来，中国的生态环境质量持续改善。2017—2021 年，全国地级及以上城市 $PM_{2.5}$ 浓度下降 25%，优良天数比例上升 4.9 个百分点，重污染天数下降近四成，蓝天白云、繁星闪烁已经成为常态。全国达到或好于Ⅲ类水体比例上升至84.9%，劣Ⅴ类水体比例下降至1.2%，清水绿岸、鱼翔浅底景象明显增多。土壤安全利用水平稳定提升，初步划定生态保护红线，持续开展大规模国土绿化行动，森林覆盖率达到23.04%，根据美国NASA观测的数据，2000年以来，全球新增的绿化面积约25%来自中国，生态系统格局与生物多样性保护整体稳定，给老百姓留住了更多的鸟语花香、田园风光。老百姓对蓝天碧水的幸福感和认可度大幅上升，创造了最大发展中国家在经济社会快速发展的同时有效保护环境的成功实践。

这五年来，现代生态环境治理能力不断提升。主体功能区制度逐步健全，中央生态环境保护督察向纵深发展，排污许可、生态补偿、禁止洋垃圾入境等环境治理制度加快推进，生态文明"四梁八柱"制度体系基本形成。同时积极参与全球环境与气候治理，做出力争2030年前实现碳达峰、2060年前实现碳中和的庄严承诺，把"双碳"目标纳入生态文明建设和高质量发展的整体布局。

这五年来，绿色办奥从理念到行动，由愿景变现实。习近平总书记反复强调要突出绿色办奥理念，把发展体育事业同促进生态文明建设结合起来，让体育设施同自然景观和谐相融，确保人们既能尽享冰雪运动的无穷魅力，又能尽览大自然的生态之美。这既是中华文明对奥林匹克精神的生动诠释，也是习近平生态文明思想在北京冬奥会的深入实践。

中国政府全面落实绿色办奥举措，充分改造、利用"鸟巢""水立方"、五棵松等原有奥运场馆，新增场地从设计源头减少对环境影响，国家速滑馆"冰丝带"成为世界上第一座采用二氧化碳跨临界直冷系统制冰的大道速滑馆，碳排放趋近于零；冬奥会全部场馆达到绿色建筑标准，常规能源 100% 使用绿电。冬奥会节能与清洁能源车辆占全部赛时保障车辆的 84.9%，为历届冬奥会最高。在开幕式上以"不点火"代替"点燃"、以"微火"取代熊熊大火，充分体现低碳环保，可以说这是绿色奥运的新起点。通过使用大量光伏和风能发电、地方捐赠林业碳汇、企业赞助核证碳减排量等方式，圆满兑现北京冬奥会实现碳中和的承诺，北京冬奥会成为迄今为止第一届碳中和的冬奥会。我们看到有关媒体和权威杂志的报道也印证了这一点，中国举办了一届绿色冬奥会，展示了其在绿色技术领域的领先地位。《自然》杂志撰文指出，北京冬奥会所采取的减排措施大大超过往届冬奥会，尽管此次冬奥会减少的碳排放只是中国总碳排放的沧海一粟，但它证明了在更广范围活动中实现碳中和是可行的。

这五年来，作为"双奥"之城的北京，在空气质量改善方面创造了特大城市大气污染治理的世界奇迹。大家知道，自 2008 年北京奥运会以来，我们不懈努力治理京津冀地区的大气污染。改善北京生态环境质量，特别是赛期空气质量同样是中国冬奥申办时的庄重承诺。通过打好污染防治攻坚战，采取了一系列生态环境保护与治理重大举措，北京空气质量大幅改善。2021 年，北京 6 项主要污染物首次全部达标，$PM_{2.5}$ 浓度降至 33 μg/m^3，相比 2017 年下降 40%，优良天数达到 288 天，比 2017 年增加 62 天，"北京蓝"日益成为常态，特别是冬奥会期间的北京空气质量达到了有 $PM_{2.5}$ 监测以来最好水平，有几天的 $PM_{2.5}$ 浓度甚至出现个位数。联合国环境规划署高度评价北京市大气污染治理成效，认为创造了特大城市大气污染治理的北京奇迹，为发展中国家城市提供了值得借鉴的经验。这里往西 20 多千米原是赫赫有名的首钢，为改善北京空气质量首钢进行了整体搬迁，目前这里已经打造成为北京冬奥组委办公地和自由式滑雪项目的大跳台比赛场地，实现了由"炼钢之火"到"雪舞冰飞"的华丽蜕变，这是绿色办奥、美丽中国的一个生动实践和一道亮丽景观。

各位媒体朋友，正如我们冬奥会主题口号"一起向未来"所诠释的北京冬奥会精神一样，中国将以绿色冬奥为契机，按照生态文明和美丽中国建设战略部署，抓重点、补短板、强弱项，深入打好污染防治攻坚战，加快推动经济社会发展全面绿色转型，扎实推进碳达峰、碳中和工作，持续改善生态环境质量，推动生态文明和美丽中国建设迈上新台阶。同时，为构建人类命运共同体、建设美丽地球家园做出新的更大贡献。下面，我们愿意回答大家关心的问题。谢谢各位！

田玉红：好，谢谢王金南院长，下面把时间交给在座的媒体朋友，大家可以提问了。提问采用交传，提问之前先通报一下自己媒体的名称。

《香港经济导报》记者：王院士您好，我们了解到您是生态环境领域的全国人大①代表，也是北京市人大②代表，曾建议北京率先建成美丽中国北京样板，还提交过绿色低碳办奥的建议。请问，您对北京冬奥会绿色办奥的实践成果有何评价与体会？

王金南：奥运会是一种体育竞赛。非常惭愧，我读大学的时候体育成绩不太好，但我的母校有着非常重视体育的传统，60年前就提出"为祖国健康工作五十年"，强调"育人至上，体魄与人格并重"的办学理念。虽然我体育成绩不好，但关注体育赛事，包括奥运会。北京冬奥会筹办以来，我一直关注着冬奥的绿色低碳建设。

记得那是在2017年北京市人大会议上，我提出了"让北京冬奥会给世界留下宝贵的绿色低碳遗产"建议，希望通过制订北京冬奥会可持续发展行动方案，在策划筹办、赛事举办、赛后循环利用全过程贯彻可持续绿色低碳理念，在普及冰雪运动的同时，提升全民绿色可持续理念和绿色低碳素质，将可持续性理念和要求与奥林匹克文化和中国传统文化相结合，为子孙后代留下绿色低碳、可持续性的奥运遗产。

目前来看，北京冬奥会践行绿色办奥的成果得到国际社会的充分肯定，国际奥委会北京冬奥会协调委员会主席小萨马兰奇接受采访时，认为北京冬奥会将成为"最绿色"的奥运会。最近，许多国际媒体都报道了绿色冬奥最佳实践，充分肯定了北京冬奥会在绿色低碳和可持续性方面取得的骄人成绩。

---

① 全国人大指中华人民共和国全国人民代表大会。
② 北京市人大指北京市人民代表大会。

在筹办过程中，习近平总书记非常关注绿色冬奥筹办工作，前后5次实地考察北京冬奥会，要求突出绿色办奥理念，把发展体育事业同促进生态文明建设结合起来。

北京冬奥组委与主办城市政府共同努力。一是积极推动低碳项目建设，充分应用低碳技术，通过低碳能源利用、低碳场馆建设、低碳交通、低碳办公等低碳管理措施，采取林业碳汇、企业捐赠等方式实现碳补偿，首次实现奥运赛事碳中和；二是打造绿色赛区，最大限度利用2008年北京奥运会的场馆遗产及其他现有场馆和设施，所有新建场馆均采用高标准的绿色设计和施工工艺，延庆和张家口的场馆建设以"山林场馆、绿色冬奥"为目标，采取避让、减缓、重建、补偿等保护措施，从设计源头减少对环境的影响。张北的风点亮北京冬奥会的灯、北京延庆赛区树木二维码管理等生动故事也越来越为人熟知，特别是节能与清洁能源车辆占全部赛时保障车辆的84.9%，为历届冬奥会最高。

北京冬奥会的绿色低碳实践，已经成为美丽中国亮丽底色的实践典范，为后代留下了丰富、宝贵的可持续性奥运遗产。一句话，北京冬奥的绿色低碳格外好！谢谢！

《北京杂志》记者：请问王院士，建立健全生态产品价值实现机制，是践行"绿水青山就是金山银山"理念的关键路径，也是中国特色生态文明建设新模式。请问，在推进生态产品价值实现机制过程中，包括北京冬奥会有哪些创新性举措？

王金南：谢谢记者朋友的提问。"绿水青山是金山银山"，冰天雪地也是金山银山，冰雪为媒、冰雪有价，这次冬奥赛场所在地北京、张家口，将气候资源、冰雪优势转化为新的发展契机，带动区域冰雪运动产业和旅游发展，就是我们身边生态产品价值实现的生动实践。围绕生态产品价值实现和自然资本保值增值，主要有下列做法和举措：

一是将生态产品价值实现提升到国家发展战略高度。"十四五"规划明确提出"建立生态产品价值实现机制"，国家专门出台了《关于建立健全生态产品价值实现机制的意见》。

二是打通了"绿水青山"和"金山银山"统一核算体系。生态环境部发布了陆域生态产品总值（GEP）核算技术指南，建立 GEP核算体系。本人牵头完成了全球 179 个国家的 GEP 核算，以及我国连续 6 年 31 个省（自治区、直辖市）的 GEP 核算。

三是实施山水林田湖草沙冰一体化保护修复，提升优质生态产品供给。在京津冀水源涵养区，祁连山、长白山、长江三峡等生态功能重要区域，组织实施 35 个生态保护修复重大工程。在江苏、山东一些地区推进采煤塌陷区、矿区生态修复，把塌陷区建设成为湿地公园，把矿坑废墟转变为 5A 级景区。

四是探索创新生态环境导向的开发模式，我们叫 EOD 模式，促进区域生态产品价值转化。2021 年 4 月，确定第一批 36 个试点项目，以生态保护和环境治理为基础，实施区域综合开发，实现生态环境资源化和产业化。

五是开展生态权益交易和生态补偿，让"好山好水"有了价值实现的途径。例如，福建省南平市的"森林生态银行"和新安江流域生态补偿，让生态受益地区以资金补偿、园区共建、产业扶持、技术培训等方式向生态保护地区购买生态产品。

六是积极开展优质生态资源的产业化经营、品牌化发展，将生态产品与各地独特的自然历史文化资源相结合，发展生态旅游、生态农业等绿色产业。如浙江省丽水市根植山水底蕴打造的"丽水山耕""丽水山居"等覆盖全区域、全品类、全产业链"山"字系品牌享誉全国。

中国的生态产品价值实现实践模式得到了国际社会的认可。2016年，联合国环境规划署发布《绿水青山就是金山银山：中国生态文明战略与行动》报告，充分肯定了中国的具体实践。谢谢！

凤凰卫视记者：党的十九大提出，到2035年基本实现社会主义现代化和美丽中国目标；到本世纪中叶，建成富强民主文明和谐美丽的社会主义现代化强国。请问，目前美丽中国建设都取得了哪些进展和成效，下一步还有哪些举措？谢谢。

万军：谢谢您的提问。这次北京冬奥会，大家都看到北京、河北的天更蓝、空气更清新、环境更美好了，这正是美丽中国建设的重要成果。自提出美丽中国建设目标以来，中国坚决向污染宣战，实施大气污染防治、水污染防治、土壤污染防治三大行动计划。2018年召开全国生态环境保护大会，高规格出台坚决打好污染防治攻坚战的意见，持续推动产业、能源、交通、用地结构调整，坚决打赢打好蓝天、碧水、净土三大保卫战和七大标志性战役，推进山水林田湖草沙系统治理，应该说这些措施都取得了很好的成效。

到 2021 年，全国 339 个地级及以上城市 $PM_{2.5}$ 平均浓度为 30 μg/m³，比 2015 年下降 35%，全国优良（Ⅰ～Ⅲ类）水质断面比例上升到 84.9%，比 2015 年增加 18.9 个百分点，碳排放强度持续下降，大家都能感受到，我们的蓝天白云、清水绿岸明显增多。全国各地区、各部门、企业工厂和社会各界，广泛动员，全民行动，形成了一批保护生态环境、建设美丽中国的典范。塞罕坝林场建设者、浙江省"千村示范、万村整治"工程等获得联合国"地球卫士奖"。

"十四五"时期，是面向 2035 年美丽中国建设目标起步开局的五年，国家制定了《关于深入打好污染防治攻坚战的意见》《关于完整准确全面贯彻新发展理念 做好碳达峰碳中和工作的意见》，编制了《"十四五"生态环境保护规划》，为持续改善生态环境质量、实现生态文明建设新进步设计了战略路径和行动体系。

下一步，为建设青山常在、绿水长流、空气常新的美丽中国，我们将坚持以习近平生态文明思想为指导，以实现减污降碳协同增效为总抓手，统筹污染防治、生态保护和应对气候变化，促进经济社会发展全面绿色转型，扎实做好碳达峰、碳中和工作，推进中国的生态环境持续改善、全面改善、根本好转，鼓励各地深入开展美丽中国地方实践，努力建设天蓝、地绿、水清的中华民族美好家园，为共建清洁美丽世界做出中国贡献。谢谢！

《中国青年报》记者：请问张大伟副司长，我们注意到这次冬奥会开幕以来北京市空气质量始终维持在优良水平，请问主要原因是什么？都采取了哪些措施？谢谢。

张大伟：如您所言，冬奥会开幕以来，北京市空气质量持续优良，蔚蓝的天空将运动员在冰雪赛场上的表现衬托得更加精彩纷呈。监测数据显示，2月4—17日，北京市 $PM_{2.5}$ 平均浓度为 24 $\mu g/m^3$，京、津、冀三地 $PM_{2.5}$ 浓度同比下降 40% 以上，周边地区同比下降 30% 以上；特别是 2 月 4 日开幕式当天，北京市 $PM_{2.5}$ 日均浓度更是低至 5 $\mu g/m^3$，"北京蓝"成为冬奥会亮丽底色，得到国际、国内社会的一致好评。能够取得如此成绩，主要得益于"人努力"和"天帮忙"，具体来说有以下四点原因。

一是持续开展大气污染治理工作。2013 年以来，中国政府先后发布实施《大气污染防治行动计划》《打赢蓝天保卫战三年行动计划》，将京津冀及周边地区作为国家大气污染防治重点区域，持续开展秋冬季大气污染综合治理攻坚行动，加快推进区域产业、能源、运输结构调整。我列几组数据供大家参考。京津冀及周边区域内，煤电机组 2 亿 kW 全面完成超低排放改造，超过 3 亿 t 粗钢产能已完成或正在实施超低排放改造；排查并分类整治涉气"散乱污"企业 6.2 万家，实现动态清零。燃煤锅炉 35 蒸吨以下的全面淘汰，现存燃煤锅炉数量仅为 2013 年的 1/50；散煤替代累计完成 2 100 万户，基本实现平原地区散煤清零，减少燃煤使用量 5 000 万 t 左右。全面推行车用油品和发动机国六排放标准，与 2013 年相比，油品硫含量下降 90% 以上，新生产重型货车污染物排放水平下降 90% 以上，均达到国际先进水平；提前淘汰国三排放标准①及以下营运柴油货车100万辆。通过上述大气污染治本措施，区域污染物排放强度大幅降低，空气质量显著改善，2021年，京津冀区域$PM_{2.5}$平均浓度比2013年下降63%，重度及以上污染天数减少88%；北京市$PM_{2.5}$浓度从89.5 $\mu g/m^3$下降到33 $\mu g/m^3$，重度及以上污染天数从58天减少到8天。

二是春节烟花爆竹禁燃禁放管控到位。历史监测数据表明，每年春节期间集中燃放烟花爆竹都会引发重污染天气。今年春节期间，北京及周边8省（自治区、直辖市）严格实施烟花爆竹禁售、禁燃、禁放，广大群众积极支持、清新过节，取得良好效果。区域内，除夕、初一、初五和十五等重点时段均未出现污染高值，空气质量总体优良，北京市$PM_{2.5}$平均浓度与去年春节相比下降80%以上，均为历史最高水平。

三是赛事期间精准实施区域联防联控。生态环境部会同北京、河北等8省（自治区、直辖市）统筹赛事期间经济社会平稳运行、能源供给和人民群众温暖过冬，对部分污染重、排放量大、经济影响相对较小的企业和车辆采取了临时性管控，措施精准到具体企业、具体工艺、具体设备和具体车辆。同时，冬奥会正值春节期间，部分企业放假停工，区域内社会经济活动水平大幅下降，交通流量明显降低。综合评估显示，区域内污染物排放减少三成以上，进一步助推了空气质量改善。

---

① 国三排放标准指国家第三阶段机动车污染物排放标准。

四是气象条件总体有利。赛事期间北京市冷空气活动较频繁，与历史同期相比，气压和风速偏高，平均温度和相对湿度偏低。特别是开幕式前后，北京、张家口等城市持续受到偏北冷空气影响，大气扩散条件相对较好，有利于污染物浓度下降。

总之，冬奥会期间的良好空气质量，充分体现了多年大气污染治理攻坚克难的成效。我们也清醒地认识到，当前京津冀地区大气污染物排放总量仍然偏高，遇到不利气象条件，环境容量降低，空气质量还会有所波动，需要我们咬定青山不放松，持续发力、久久为功，推动空气质量持续改善，让"北京蓝"常在、"中国蓝"常在。

央视中文国际频道记者：请问王院士，我们注意到北京冬奥会非常注重公众参与，在普及冬奥文化的同时，积极引导公众形成绿色健康的生活方式，这也是中国生态文明建设的一个重要体现。请问在"十四五"时期，中国还会采取哪些措施使更多的公众参与到生态文明和美丽中国的建设中来？谢谢。

王金南：谢谢您提的问题。公众参与是现代环境治理的重要标志，更是生态文明和美丽中国建设的重要途径和组成部分。北京冬奥会之所以如此低碳绿色，重要的一条就是广泛的公众参与。自2018年起，生态环境部等部门开展了为期三年的"美丽中国，我是行动者"主题实践活动。各地生态环境部门组织开展近两万多项活动，线上、线下约15亿人次参与，抖音平台视频播放量达近31亿次。教育部将生态文明建设纳入国民教育体系。共青团中央开展保护"母亲河"、"三减一节"和垃圾分类行动。全国妇联以"绿色家庭"

创建为载体，充分发挥妇女和家庭在生态文明建设中的重要作用。

"十四五"时期，将采取四个方面措施让更多的公众参与生态文明和美丽中国建设。一是开展提升公民生态文明意识行动。生态环境部等 6 部门联合印发《"美丽中国，我是行动者"提升公民生态文明意识行动计划》，谋划了十大专题行动，系统推进全民参与美丽中国建设。二是继续增强全社会生态文明意识。将生态文明教育纳入到国民教育体系、职业教育体系和党政领导干部培训体系当中。开展生态环境科普活动，创建一批生态文明教育场馆，丰富新时代生态文化体系。三是积极鼓励公众践行绿色低碳生活。组织开展节约型机关、绿色家庭、绿色学校、绿色社区等创建活动。全面推广低碳、节能、节水、环保、再生等绿色产品使用。推广绿色出行。四是推进生态文明建设全民行动。落实企业生态环境责任，拓展生产者责任延伸制度覆盖范围。工会、共青团、妇联等群团组织积极动员广大职工、青年、妇女参与生态环境保护。完善公众监督和举报反馈机制，强化公众监督与参与。期待各位媒体朋友，与我们一起参与生态文明和美丽中国建设。谢谢！

《光明日报》记者：请问王金南院士，我们知道党的十八大报告提出了把生态文明建设放在突出地位，将生态文明建设纳入中国特色社会主义事业总体布局，努力建设美丽中国，实现中华民族永续发展。那么近年来，我国生态文明建设取得哪些成效？

王金南：感谢您的提问。党的十八大以来，以习近平同志为核心的党中央以前所未有的力度抓生态文明建设，我国生态文明建设从认识到实践发生历史性、转折性、全局性变化。中国在实现世所罕见的经济快速发展奇迹和社会长期稳定奇迹的同时，取得了举世瞩目的绿色发展奇迹，为全面建成小康社会增添了绿色底色和质量成色，主要成效体现在五个方面。

第一，生态文明战略地位显著提升。在"五位一体"总体布局中，生态文明建设是其中的一位；在新时代坚持和发展中国特色社会主义基本方略中，坚持人与自然和谐共生是其中的一条；在新发展理念中，绿色是其中的一项；在"十三五"三大攻坚战中，污染防治是其中的一战；在建成社会主义现代化强国目标中，美丽中国是其中的一个目标。这"五个一"，鲜明体现了生态文明建设在新时代党和国家事业发展中的地位。

第二，绿色发展成效不断显现。去年，我国煤炭占一次能源消费比重降低到56%左右，清洁能源占比达25.3%，新能源汽车销售量和保有量居全球第一，中国是全球能耗强度降低最快的国家之一，基本扭转了二氧化碳排放快速增长的局面，正在走出一条人与自然和谐共生的中国式现代化道路。

第三，生态环境质量明显改善。前面两位发言人已经介绍了很多，我总体概括为，蓝天白云、繁星闪烁成为常态；清水绿岸、鱼翔浅底景象明显增多。与碳中和相关的森林面积和森林蓄积连续30年保持"双增长"，留住了更多鸟语花香、田园风光。

第四，生态文明制度体系更加健全。建立健全环境保护"党政同责""一岗双责"，生态文明"四梁八柱"制度体系基本形成，覆盖各类环境要素的法律法规体系基本建立。

第五，全球环境治理贡献日益凸显。为《巴黎协定》的达成和生效做出了重大贡献，庄严承诺力争 2030 年前实现碳达峰、2060 年前实现碳中和。中国成功举办《生物多样性公约》第十五次缔约方大会第一阶段会议。消耗臭氧层物质（ODS）淘汰量占发展中国家淘汰量的 50% 以上。我国已成为全球生态文明建设的重要参与者、贡献者、引领者。谢谢！

田玉红：谢谢王院长，也谢谢万司长、张司长，今天为我们大家介绍了中国重视生态环境、建设美丽中国的相关情况，三位嘉宾在中间提供了很多有价值的数据，这些数据工作人员都已经整理好了，放在门口，大家可以自己拿取。因为时间关系，今天上午的新闻发布会就到此结束，谢谢大家的光临，谢谢。

1月

1月例行新闻发布会实录
——聚焦水生态环境保护

2022 年 1 月 24 日

1 月 24 日，生态环境部举行 1 月例行新闻发布会。生态环境部总工程师、水生态环境司司长张波出席发布会，介绍水生态环境保护有关情况。生态环境部新闻发言人刘友宾主持发布会，通报近期生态环境保护相关重点工作进展，并共同回答了大家关心的问题。

1月例行新闻发布会现场（1）

1月例行新闻发布会现场（2）

刘友宾：新年好！欢迎参加生态环境部新年首场例行新闻发布会。

今天发布会的主题是深入打好碧水保卫战。我们邀请到生态环境部总工程师、水生态环境司司长张波先生介绍我国水生态环境保护情况，并回答大家关心的问题。

下面，我先通报几项我部近期重点工作。

一、全国生态环境保护工作会议安排部署 2022 年重点工作

生态环境部近日在京召开 2022 年全国生态环境保护工作会议，总结 2021 年生态环境保护工作，分析当前面临形势，安排部署 2022 年重点任务。

过去一年，生态环境系统深入贯彻习近平生态文明思想，认真落实党中央、国务院决策部署，国民经济和社会发展规划中生态环境领域 8 项约束性指标顺利完成，污染物排放持续下降，生态环境质量持续改善。

2021 年，全国地级及以上城市优良天数比例为 87.5%，同比上升 0.5 个百分点；$PM_{2.5}$ 浓度为 30 $\mu g/m^3$，同比下降 9.1%；全国地表水优良水质断面比例为 84.9%，同比上升 1.5 个百分点；劣 V 类水质断面比例为 1.2%，同比下降 0.6 个百分点；单位国内生产总值二氧化碳排放指标达到"十四五"序时进度要求；氮氧化物（NO_x）、挥发性有机物（VOCs）、化学需氧量（COD）、氨氮（$NH_3\text{-}N$）4 项主要污染物总量减排指标顺利完成年度目标。生态环境保护实现

"十四五"起步之年良好开局。

2022年，生态环境部将贯彻落实党的十九大和十九届历次全会精神以及中央经济工作会议精神，深入学习贯彻习近平生态文明思想，在工作思路上，坚持方向不变、力度不减，更加突出精准治污、科学治污、依法治污，积极服务"六稳""六保"工作，协同推进经济高质量发展和生态环境高水平保护。在工作部署上，坚持稳字当头、稳中求进，统筹发展与保护，把握好工作节奏，突出工作重点。在工作推进上，更加坚持问题导向，更加坚持依法监管，更加坚持指导帮扶，更加坚持改革创新。

生态环境部将有序推动绿色低碳发展，深入打好污染防治攻坚战，加强生态保护监管，推进生态环境保护督察执法和风险防范，确保核与辐射安全，加快构建现代环境治理体系，以优异成绩迎接党的二十大胜利召开。

二、全国碳排放权交易市场第一个履约周期顺利收官

全国碳排放权交易市场是推动实现我国碳达峰、碳中和目标的重要政策工具。全国碳排放权交易市场第一个履约周期共纳入发电行业重点排放单位2 162家，年覆盖温室气体排放量约45亿t二氧化碳。

生态环境部扎实推进全国碳排放权交易市场建设各项工作，构建了支撑全国碳排放权交易市场运行的政策法规和技术规范体系，制订并发布第一个履约周期配额分配实施方案，完成基础支撑系统

建设，强化数据质量管理，指导地方生态环境部门和控排企业加强能力建设。

自 2021 年 7 月 16 日启动上线交易以来，全国碳排放权交易市场整体运行平稳，市场活跃度稳步提高。截至 2021 年 12 月 31 日，碳排放配额累计成交量 1.79 亿 t，累计成交额 76.61 亿元，成交均价 42.85 元 /t，履约完成率达 99.5%（按履约量计），全国碳排放权交易市场第一个履约周期顺利收官。

总体来看，全国碳排放权交易市场基本框架初步建立，价格发现机制作用初步显现，企业减排意识和能力水平得到有效提高，促进企业减排温室气体和加快绿色低碳转型的作用初步显现。

下一步，我们将深入贯彻习近平生态文明思想和党中央关于碳达峰、碳中和的重大战略决策，修订完善相关法规制度和技术规范，切实抓好全国碳排放权交易市场建设，推动经济高质量发展。

三、2021 年度美丽河湖、美丽海湾优秀案例发布

美丽河湖、美丽海湾是贯彻落实习近平生态文明思想，实现河湖"清水绿岸、鱼翔浅底"，海湾"水清滩净、鱼鸥翔集、人海和谐"美丽景象，建设美丽中国好经验、好做法的集中体现，是人民群众身边的优质生态产品。

2021 年，生态环境部组织开展了美丽河湖、美丽海湾优秀案例征集活动，经过网上公示、专家评议、公众投票以及现场核查等环节，通过综合评议，确定了 18 个美丽河湖案例和 8 个美丽海湾案例。美

丽河湖案例中,马踏湖、新安江黄山段、密云水库、哈拉哈河阿尔山段、邛海、下渚湖、泸沽湖云南部分、霍童溪蕉城段、浦阳江浦江段为优秀案例;淇河鹤壁段、日照水库、漓江、茅洲河、海河河北区段、汉江汉中段、沙湖、石羊河武威段、马金溪开化段为提名案例。美丽海湾案例中,青岛灵山湾、秦皇岛湾北戴河段、盐城东台条子泥岸段、汕头青澳湾为优秀案例;福州滨海新城岸段、深圳大鹏湾、温州洞头诸湾、大连金石滩湾为提名案例。

下一步,生态环境部将会同有关部门和地方持续推进美丽河湖、美丽海湾优秀案例,深入总结好、凝练好、宣传好优秀案例,推介好的经验、好的做法、好的机制,让人民群众更直观地感受到河湖、海湾之美,让各地"学有榜样、做有标尺、行有示范、赶有目标",推动形成顶层设计与基层创新有机结合的工作体系,推动美丽河湖、美丽海湾保护与建设不断走向深入。

四、中国完成《斯德哥尔摩公约》全面淘汰 20 种(类)持久性有机污染物的履约任务

2021 年是我国签署《关于持久性有机污染物的斯德哥尔摩公约》(以下简称《斯德哥尔摩公约》)二十周年。二十年来,我国加速淘汰和削减持久性有机污染物(POPs)的生产、使用和排放,取得积极进展。

一是建立国家履约协调机制。生态环境部牵头成立国家履行《斯德哥尔摩公约》工作协调组,建立国家履约专家委员会,强化属地

责任，落实企业主体责任，全面协调开展履约工作。

二是强化POPs的淘汰和削减。淘汰六溴环十二烷等20种（类）POPs，清理处置历史遗留的上百个点位10万余t POPs，提前七年完成含多氯联苯电力设备下线和处置的履约目标。全国主要行业二噁英排放强度大幅下降。

三是推动行业高质量发展。强化POPs替代品和替代技术的研发和应用，助力钢铁、化工、造纸、建材等十余个行业绿色转型升级。履约行动每年减少数十万吨POPs的生产和环境排放。我国环境和生物样品中有机氯类POPs含量水平总体呈下降趋势。

中国还深入参与《斯德哥尔摩公约》下各项规则和技术文件的制定，面向发展中国家开展履约技术培训和能力建设，分享中国履约经验。

下一步，我们将进一步强化履约顶层设计，一如既往地严格践行履约承诺，深入参与全球行动，为共建地球生命共同体贡献力量。

五、中国提交《关于汞的水俣公约》第一次（完整版）国家报告

2021年12月，中国正式向《关于汞的水俣公约》秘书处提交了第一次（完整版）国家报告，向国际社会报告了中国的履约成果。

为落实《关于汞的水俣公约》要求，中国停止了烧碱、聚氨酯等7个行业的用汞工艺，禁止了添汞电池、开关继电器等九大类添汞产品的生产和进出口，禁止开采新的原生汞矿，禁止新建氯乙烯

单体的用汞工艺，现有聚氯乙烯生产的单位产品用汞量较 2010 年下降超过 50%。

截至 2020 年年底，全国煤电总装机容量的 89% 已实现超低排放，并采用协同高效脱汞技术，脱汞效率可达 95% 左右，大气汞排放浓度普遍可达到 5 $\mu g/m^3$，远低于 30 $\mu g/m^3$ 的国家标准。

此外，早在公约生效前，中国就已淘汰了用汞的手工和小规模采金工艺，禁止了添汞的农药和化妆品的生产。

中国将继续严格履行公约义务，为共建清洁美丽的地球家园做出应有的贡献。

刘友宾：下面，请张波先生介绍情况。

生态环境部总工程师、水生态环境司司长张波

去年全国水质优良水体比例为 84.9%，水生态环境质量持续改善

张波：尊敬的各位新老朋友，大家好！各位都十分关注、关心和支持水生态环境保护工作，借此机会向大家表示敬意和感谢！春节到了，提前给大家拜个早年，祝大家新春快乐、万事如意。

接下来我先通报一下水生态环境保护方面的情况，然后回答大家的问题。

2021年是党和国家历史上具有里程碑意义的一年，在以习近平同志为核心的党中央坚强领导下，全国各级各部门深入贯彻习近平生态文明思想，认真落实党中央、国务院决策部署，"十四五"生态环境保护工作的开局良好。

开展长江经济带工业园区污水处理设施整治专项行动，1 064家工业园区全部建成污水集中处理设施，累计建成6.62万km污水管网。295个地级及以上城市（不含州、盟）黑臭水体基本消除，人居环境明显改善，进一步提升了人民群众获得感、幸福感、安全感。将1.2万余座污水集中处理设施纳入环境监管，城市生活污水集中收集效能明显提升。紧盯长江警示片问题整改，对披露的484个问题，已完成整改437个。加强自然保护地生态环境监管，长江经济带11省（直辖市）自然保护区发现整改问题点位2 654个，已完成整改2 374个。开展尾矿库污染治理"回头看"，初步排查发现2 100多个环境问题，正在推动边排查边整改。不断强化饮用水水源保护，

累计划定乡镇级集中式饮用水水源保护区 19 132 个，进一步巩固提升县级以上城市集中式饮用水水源地规范化建设水平，确保群众饮水安全。

2021 年，全国水质优良水体比例为 84.9%，丧失使用功能的水体比例为 1.2%。顺利完成年度目标任务，水生态环境质量保持持续改善的势头。2021 年长江流域水质优良的国控断面比例为 97.1%，同比增加 1.2 个百分点，长江干流水质保持 II 类。黄河干流全线达到了 III 类水质，去年黄河流域干流有 90% 以上的断面达到了 II 类以上的水质，黄河水质也得到了显著改善。

尽管水生态环境保护取得了显著的成效，但是工作不平衡、不协调的问题依然突出。少数地区消除劣 V 类断面难度很大，部分区域城乡面源污染严重，部分重点湖泊蓝藻、水华多发、频发，生态系统严重失衡等问题亟待解决。

下一步，我们将以习近平生态文明思想为指导，认真贯彻党中央、国务院决策部署，坚持稳中求进，坚持系统治理，坚持精准治污、科学治污、依法治污，以深入打好污染防治攻坚战，推进落实"十四五"重点流域水生态环境保护规划为主线，不断提升水生态环境治理体系和治理能力现代化水平，持续改善水生态环境质量。谢谢大家！

刘友宾：下面请大家提问。

"十四五"时期优良水体比例目标定为85%

中央广播电视总台央视记者：中央经济工作会议强调要坚持稳字当头、稳中求进，请问"十四五"深入打好碧水保卫战当中有哪些政策举措？

张波："十四五"是我国水生态环境保护的关键时期，必须始终坚持稳字当头、稳中求进。在这里我很乐意通过这位记者的问题，向大家汇报一下我们的考虑。

从国际比较来看，我国水环境理化指标方面的治理成效是相当显著的。用各国可比的理化指标做一些统计比较，当前已经接近或已达到中等发达国家水平。但同时，还有一些明显短板。比如，一些地方生态用水保障明显不足，河流、湖泊断流、干涸的现象还比较普遍。比如，城乡面源污染在治理上还存在"瓶颈"。再如，重点湖泊蓝藻、水华居高不下，水生态系统严重失衡的问题还十分突出。我们不宜在"十四五"期间过于追求以水环境理化指标评价为主的优良水体比例。"十四五"时期优良水体比例的目标定为85%，比2020年的83.4%上升了1.6个百分点，五年才上升1.6个百分点，这与"十三五"时期的改善幅度相比已经是相当稳了。每年的目标也是按照时序进度来设置的。这实际上发出了清晰的信号，不鼓励各地去追求过高的优良水体比例，而希望把工作重心放在夯实工作基础、补齐工作短板、提高工作质效上。

与此同时，我们还充分考虑自然因素的影响，实事求是地开展水质评价、考核、排名，有效地指导地方把重点放在通过"人努力"推进环境质量改善上，适时修订相关的考核评价标准。

在"进"的方面，"十四五"时期我们将始终坚持山水林田湖草沙系统治理，着力推动水生态环境保护由污染治理为主向水资源、水生态、水环境协同治理、统筹推进转变。同时，鼓励有条件的地方先行、先试，力争在城乡面源污染防治和生态保护修复等若干难点和关键环节实现突破。"十四五"时期，只要扎扎实实构建起"三水统筹"的工作格局，"十五五"时期、"十六五"时期再不断深化完善，就会为实现2035年美丽中国建设目标奠定一个良好的基础。谢谢大家！

经过这几年的努力，90%以上的黑臭水体比较稳定地解决了黑臭的问题

新华社记者：2021年中央生态环境保护督察曝光了一些城市黑臭水体问题，其中一些经济发达地区的黑臭水体问题还比较严重。请问为什么会出现这种状况？目前城市黑臭水体整治的总体成效如何？

张波：黑臭水体是群众身边的突出问题，实质是污水、垃圾直排环境问题。任何一个城市，不管外表多么光鲜，只要还有黑臭水体，就说明其环境基础设施建设还不到位、还不合格。

"十三五"期间，党中央明确要求，要坚决打赢打好黑臭水体攻坚战，各地认真贯彻党中央、国务院决策部署，下了很大的力气，

总体上取得了显著成效。

295个地级及以上城市，当初的黑臭水体问题是很严重的，我们到一些城市，想找哪条河不臭很难，几乎条条河都臭。经过这几年的努力，应该说90%以上的黑臭水体比较稳定地解决了黑臭的问题。生活在黑臭水体旁边的老百姓获得感、幸福感增强了很多。通过黑臭水体的治理，沿河环湖开展生态修复，把城市一些比较低价值的空间改造成了高价值的空间，提升了周边的人气，带动了招商引资，形成了新的经济隆起带。黑臭水体治理这三年，据不完全统计全国直接投入超过了1.5万亿元，一定程度上也拉动了经济增长。

但是，这项工作进展不平衡，少数地方做事情"花架子"多，治标不治本。有的地方靠撒药治污，有的地方靠加盖板遮人耳目，有的地方靠调水冲污，等等。这些所谓"聪明的做法"一度很盛行。但是群众举报、媒体监督、中央生态环境保护督察把这些问题曝了光，摆在"桌面"上，让所谓的"聪明人"丢了面子。有的城市确实也花了不少钱，但是工作质量不行。管网收集的不是污水，而是雨水、地下水。城市污水处理厂进水浓度很低，几乎不处理都基本达标了，这说明工作不扎实。有的地方环境卫生管理粗放，大排档经常把污水、垃圾倒在雨水箅子里，甚至清扫的垃圾都往雨水箅子里倒。一下雨，黑臭水体就出来了，一些地方初期雨水COD浓度高达2 000 mg/L，一般的生活污水COD浓度约300 mg/L，可见雨水管道"藏污纳垢"问题有多严重！

还有一些地方经济政策不到位，国家三令五申污水垃圾收费政策要基本涵盖各项成本。但是一些地方至今也没有完全落实。市场的作用发挥不出来，财政的力量又捉襟见肘，这就使得污水收集处理长效机制很难建立起来。

黑臭水体治理是一场硬仗，治的是黑臭水体，比的是各地推动高质量发展的理念、能力和作风。建议当前黑臭水体治理落后的地区向先进的地区取取经。每一个黑臭水体治理较好的城市，工作上都是勇于担当、非常务实的。没有硬功夫，打不赢黑臭水体这一仗。

下一步，生态环境部将坚决贯彻党中央、国务院的决策部署，深入打好黑臭水体治理攻坚战。充分运用卫星遥感、现场核实、群众举报等各个渠道，加强监督。中央生态环境保护督察也会始终把黑臭水体治理作为重要关注内容进行监督。今后哪个地方黑臭水体治理后又返黑、返臭，群众不满意，我们都会纳入国家清单，实行清单管理、跟踪督办、逐一销号。在这个问题上我们的态度是明确的，那就是不获全胜，绝不收兵。谢谢大家！

将研究出台长江流域水生态考核办法及其实施细则，探索开展评价考核试点

《中国青年报》记者：2022 年生态环境部提出要重点出台长江流域水生态考核办法及其实施细则，并开展考核试点。关于考核的设想是什么？具体有哪些打算？目前工作进展如何？

张波：刚才已经谈到了这方面的问题。目前，我们以水环境理

化指标为代表的优良水体比例是比较高的，成效是显著的。但是，同时要看到，在水生态系统失衡方面的问题是严重的，这个突出短板补不上去，美丽中国的建设目标就很难全面实现。我们不能单兵突进，畸重畸轻，必须要突破水生态保护修复难题。怎么来突破？在长江流域开展水生态试点，是贯彻落实党中央、国务院决策部署的具体举措，有利于落实山水林田湖草沙系统治理的科学理念，聚焦流域突出的问题，精准传导生态环境保护责任，通过解决流域的突出问题，推动长江经济带高质量发展。

具体工作中，有这几方面的考虑：

一是综合治理、系统治理、源头治理。建立以"水生态系统健康"指标为核心，以"水生境保护""水环境保护"和"水资源保障"三方面指标为支撑的指标体系。努力实现由污染治理为主向水资源、水生态、水环境系统治理、统筹推进转变。通过考核，扎扎实实把系统治理的新格局建立起来。

二是问题导向、突出重点。长江流域水生态方面的问题还是比较复杂的，解决问题总是要以问题为导向，突出重点。比如，长江自然岸线破坏是比较突出的问题，我们要设立一个指标，引导地方因地制宜开展岸线保护修复工作。我们还会兼顾长江的源头以及长江上游、中游、下游特点差异，制定符合地方实际的评价考核方法。

三是简便易行、逐步完善。先建立国内已有较为成熟的指标体系，在操作层面上实现可监测、可评价、可考核，合理设置阶段性目标任务，后续在试点实践中再逐步完善。

四是加强协同、形成合力。一方面衔接深入打好污染防治攻坚战、长江十年禁渔、高质量发展综合绩效评价等重点工作；另一方面做好部门间政策及标准规范的协同，共同推进长江流域水生态考核机制。

这项工作十分复杂，如何实现保护与发展的双赢，把好事做好，对我们是一个挑战。我们将认真贯彻党中央、国务院的决策部署，会同有关部门研究出台长江流域水生态考核办法及其实施细则，探索开展评价考核试点，为全面推行长江流域水生态考核工作奠定基础。谢谢大家！

通过"问题发现和推动解决"工作机制，推动工作滞后地区改进工作

澎湃新闻记者： 我关注的是地表水环境情况，从国家地表水考核的排名情况来看，我国地表水不平衡的情况依然存在，对于地表水考核不达标的省（市），我们将采取哪些措施？

张波： 我们国家很大，工作中存在不平衡现象也是必然的。有先进地区，也必然会有滞后地区。推动工作滞后的地区改进工作，我们有一套打法，叫作"问题发现和推动解决"工作机制。这个机制包含四个环节。

一是分析预警。我们每个月会进行全国水生态环境形势的分析，精准识别突出问题和工作滞后地区，向省级生态环境部门发出

预警，告知各地存在的突出问题。各地自己去调查问题背后的原因是什么，自己去组织整改，调查和整改的情况要在一定时间内报给我们。

二是调度通报。每个季度向社会公开信息，向省政府通报全国水生态环境的形势，包括存在的问题。适时召开工作滞后地区调度会，请先进地区介绍经验，工作滞后地区也要表个态，研究怎么来推动工作，有关信息要向媒体公开。

三是独立调查。针对突出问题久拖不决的，我们会组织相关流域局开展独立调查，帮着地方分析问题在哪里，症结在哪里，如何解决这些问题。调查之后会把调查的结果移交给地方，督促整改。对于确实比较落后的地方，我们也会组织专家做一些指导帮扶的工作。

四是跟踪督办。所有的突出问题都会进行清单管理、跟踪督办。突出问题久拖不决的还会作为线索移交中央生态环境保护督察，也会作为长江经济带生态环境警示片、黄河流域生态环境警示片拍摄的素材。

据了解，不少地方开始借鉴部里的做法，推行分析预警、调度通报、独立调查、跟踪督办机制。这样的机制在全国形成以后，就会事半功倍，以更高的效率解决问题。谢谢大家！

只有建立了必要的环境经济政策体系，社会资本和第三方机构才愿意承担建设运营的工作

《南方都市报》记者： 中央生态环境保护督察发现多地污水处理设施严重不足的情况，请问如何解决这个问题？

张波： 这个问题刚才我在回答黑臭水体相关问题的时候，也涉及了一些。解决好这个问题我认为要做到三点：

一是高度重视、勇于担当。污水收集处理设施能力不足、质量不高、运行不好，这在不少地方确实是"老大难"问题。抓紧解决这些问题，是城市高质量发展的必然要求，也是人民群众的殷切期望。在这个问题上一定要勇于担当，不要因为是"老大难"问题，就绕着问题走，"击鼓传花"留给下一届。为官一任，就要下决心解决好这个问题。

二是精准科学、力戒虚功。解决这些问题，一定要从当地实际出发，精准分析问题在哪里、症结在哪里，科学谋划对策、推动落实。以广州为例，广州的黑臭水体治理也面临很多困难，我去广州调研的时候发现他们有一个好的办法，即把城市划分成几万个排水单元，一个商户就是一个单元，一个小区、一幢楼也可以是一个单元，相应制定达标的工作规范，一个一个地抓达标，像绣花一样把城市环境管理的水平提高上来。这才是硬功夫！少数地方搞所谓"加盖板""加药""调水冲污"等治标不治本、弄虚作假的办法，我建议趁早绝了这个念想，今后不会有市场，只会让当地丢人，不会

带来任何好处。

三是完善机制、加强监督。国家从十几年前就要求建立污水垃圾收费政策和工作机制，一些地方时至今日还没有落实，这是不应该的。只有建立了必要的环境经济政策体系，市场才能发挥作用，社会资本和第三方机构才愿意承担建设运营的工作。所以各地一定要按照国家要求，完善环境经济政策，健全相关收费机制，充分发挥市场作用，可持续地做好污水垃圾基础设施建设和运营工作。同时，还要加强监督，通过黑臭水体治理，倒逼各地加快补齐城市污水设施建设的短板。这方面媒体的监督作用也很重要，希望大家积极参与和支持我们的工作。谢谢大家！

"一个落实，三个结合"推动河（湖）长制

荔枝新闻记者： 近日印发的《"十四五"水安全保障规划》提出要发挥河（湖）长制作用，加强水源涵养区保护，加大重点河湖保护和综合治理力度。请问生态环境部下一步会有什么相关举措？如何完善湖长制组织体系，防止制度"空转"和流于形式？如何协调解决湖泊保护治理跨区域、跨流域问题？

张波： 河湖治理涉及各个部门、各行各业，在全世界都是一个难题。过去有人说，"九龙治水"不好，一龙治水就好吗？把这项工作都给生态环境部门或是哪一个部门，就能解决问题吗？我们一定要跳出非一即九、非九即一的线性思维。河（湖）长制是充分发

挥我国政治体制优势，探索建立的很好的制度安排。实际上，它是党委、政府领导干部牵头建立的一种权威高效的协调机制，它并没有改变党委、政府的主体责任，在这个协调机制下，各部门、各方面加强协同，形成河湖治理的合力。

生态环境部门推动河（湖）长制，可以概括为"一个落实，三个结合"。一是认真贯彻党中央、国务院关于建立河（湖）长制的决策部署，会同相关部门共同监督指导各地落实河（湖）长制。二是与依法治污有机结合，认真贯彻落实《中华人民共和国环境保护法》《中华人民共和国水法》《中华人民共和国长江保护法》等法律要求，健全相关标准规范，依法推进河湖治理。三是与科学治污相结合，按照"十四五"时期重点流域水生态环境保护规划及其他相关规划明确的目标任务，结合各地实际推进河湖治理。房子是一块砖一块砖盖起来的，河湖治理是一个项目一个项目建设积累起来的。只有坚持问题导向，精准科学地提炼和实施项目，才能扎扎实实做好河湖治理。四是与深化改革有机结合，按照生态文明体制改革的总体要求，深化流域生态环境管理体制机制改革，落实流域上下游、左右岸责任，加强流域区域协同、部门协同、行业协同，形成河湖治理的强大合力。谢谢！

生态环境部高度重视冬奥会赛区及周边区域环境治理工作

《环球时报》记者：北京冬奥会、冬残奥会赛期日益临近，请问赛事期间空气质量如何保障？保障措施是否会对经济社会产生影响？

刘友宾：办好北京冬奥会、冬残奥会是大家共同的愿望。生态环境部高度重视冬奥会赛区及周边区域环境治理工作，通过实施《大气污染防治行动计划》《打赢蓝天保卫战三年行动计划》等，加快推进产业、能源、运输结构调整，连续五年开展秋冬季大气污染综合治理攻坚行动，京津冀及周边地区空气质量改善取得显著成效。

以北京市为例。2013—2021 年，北京市 $PM_{2.5}$ 浓度从 89.5 $\mu g/m^3$ 下降到 33 $\mu g/m^3$，重污染天数从 58 天下降到 8 天，环境空气质量持续改善，人民群众的生态环境获得感显著增强。

北京冬奥会、冬残奥会赛期正值我国北方地区冬春交汇季节，环境气象条件极为不利。为营造良好的办赛环境，北京、河北等周边省（市）以人大决定或立法等形式，授权当地政府在冬奥会筹备和举办期间可依法依规采取必要的行政措施，对污染重、排放量大、经济影响相对较小的企业和车辆进行临时性管控。

当预测到可能出现重污染天气时，各地将依照《中华人民共和国大气污染防治法》相关规定，及时启动应急预案，根据预警等级，在绩效分级的基础上，对不同排放源采取差异化的应急减排措施，降低污染物排放强度。

各项减排措施要做到精准、科学，做好信息公开，尽可能减少对经济社会的影响，尤其对涉及民生、能源供应、居民取暖、疫情防控等给予充分保障。

再过几天，北京冬奥会将正式拉开序幕，相信在社会各方的共同努力下，中国一定会为世界奉献一届精彩、非凡、卓越的奥运盛会。

18个省级行政区签订13个横向生态补偿协议，跨界断面水质稳中有升

界面新闻记者：流域横向生态保护补偿建设是大家关注的焦点，容易出现权责不明确的问题，发展阶段和水平不同，对流域生态保护补偿的理解、认知和诉求也存在较大的差异。在这种情况下，如何做到统筹协调，确保生态保护补偿顺利开展？

张波：严格意义上的流域生态补偿确实比较复杂，需要做好上下游生态产品的价值核算。对于生态补偿的标准，一些同志认为是不是国家出一个统一的补偿标准比较好，其实不然，各地的实际情况千差万别，补偿标准要因地而异。而且上下游往往还有争议，不大可能全国出一个统一的标准就能化解这个复杂的问题。现在的做法就是从流域上下游比较容易接受的一些点上先做补偿，比如先围绕上下游交界断面的水环境质量以及上下游水源地的保护开展一些补偿。先易后难，逐步完善。

在中央财政的大力支持下，目前我们已经协调18个相关省级行

政区，签订了 13 个跨省的流域横向生态补偿协议，其中半数的流域已经完成了至少一轮补偿协议。新安江流域已经完成了第三轮的流域补偿工作，目前安徽、浙江两省正在协商协议顺延的事宜。补偿机制实施后，跨界断面水环境质量稳中有升，流域上下游协同能力明显提高，以生态补偿助推上游地区绿色发展的效果也初步显现。比如，新安江流域设立了全国首个跨省流域绿色发展基金，安徽、浙江两省正在探索共同打造新安江流域绿色产业合作示范区，探索"造血型"生态补偿机制。也就是说，生态补偿不单是资金补偿，还要通过产业合作，形成一种"造血型"的补偿机制，显然这是很有益的探索。

下一步，我们将积极配合财政部，继续支持推进生态保护补偿机制建设，鼓励各地先行先试，推动流域生态保护补偿成为流域绿色发展的一个重要抓手，不断提升流域管理水平。谢谢！

认清流域特点，打好黄河治理攻坚战

《光明日报》记者：根据 2022 年全国生态环境保护工作会议，今年生态环境部将持续推进黄河流域"清废行动"以及入河排污口排查整治。请问黄河流域水生态环境保护今年的重点举措是什么？对于黄河流域部分干支流水质较差的问题该如何解决？

张波：黄河流域与全国其他流域在治理的基本规律上是一样的，但是黄河流域有自身的特点。首先是水资源短缺的问题，这是黄河流域的突出特点。我们一定要按照"四水四定"的理念，坚决扭转在缺水地区盲目发展大量高耗水行业的做法。

其次是水环境治理的问题，黄河流域现在看来污染最重的就是中游部分地区，上游因为人类活动很少，所以污染并不是很突出，主要是水生态方面的问题；下游主要是入海口湿地生态保护等问题。所以黄河的污染主要集中在中游。一是工业园区污染治理要补欠账。工业企业要进园区，园区要建污水集中处理设施，要稳定达标排放，相关设施要与生态环境部门联网，这些基础工作要做好。二是城市环境基础设施的短板要加快补齐。沿黄省（自治区）相对来说经济还不是那么发达，地方财政也不是很富裕，所以在城市环境基础设施建设、黑臭水体治理等方面存在着很多短板。三是一些地方城市环境卫生管理粗放。污水、垃圾沿河倾倒甚至直排雨水管道的现象屡见不鲜，旱季"藏污纳垢"、汛期"零存整取"，城市面源污染十分严重。

下一步，要通过加强工业园区污染治理和黑臭水体治理，引导和推动黄河流域尤其是中游地区加快补齐环境基础设施短板，努力补上这一课。谢谢！

受疫情影响，COP15 第二阶段会议会期及组织形式待定

《南华早报》记者：原计划于今年 4 月举行的 COP15 第二阶

段会议是否会因疫情影响再度推迟？请介绍一下目前的工作情况。

刘友宾：受新冠肺炎疫情影响，2020 年 COP15 会期两次推迟。经与《生物多样性公约》秘书处和主席团协商，并报请党中央、国务院批准，最终确定 COP15 分两阶段在昆明召开。其中，第一阶段会议已于 2021 年 10 月 11—15 日以线上、线下结合的方式在昆明顺利召开。

根据《生物多样性公约》秘书处消息，受全球疫情影响，原定于今年 1 月在瑞士日内瓦召开的 COP15 线下续会已确定推迟举行，具体举办时间将在本月底确定。

受日内瓦会议推迟举行影响，再考虑会后尚需一定时间完成"框架"相关内容的磋商等，原定于今年上半年举行的 COP15 第二阶段会议举办时间可能也会受到影响。

目前，中方和《生物多样性公约》秘书处、COP15 主席团及各缔约方保持密切沟通，将统筹考虑今年联合国系统全年的会议安排、"框架"磋商及相关文件准备所需时长、全球疫情形势等因素，共同协商确定 COP15 第二阶段的具体会期及组织形式，并制定相应的防疫措施。届时，我们将第一时间向媒体朋友们通报有关情况。

锚定"美丽中国"目标，坚持山水林田湖草沙系统治理

《新京报》记者："十四五"重点流域水生态环境保护规划进

展如何，有哪些特点？

张波：“十四五”重点流域水生态环境保护规划目前已编制完成，正在按照程序推进会签报批等工作，应该不久会跟大家见面。规划既注重总结党的十八大以来的好经验、好做法（在“十四五”时期巩固深化），又锚定2035年美丽中国建设的目标，对有关工作和目标进行了完善。概括来讲，有三个特点。

一、坚持山水林田湖草沙系统治理。“十四五”时期是我国水生态环境保护事业进入新阶段的关键时期，要着力推动水生态环境保护，由认污染治理为主向水资源、水生态、水环境协同治理、统筹推进转变。

水资源方面，推动完善水资源管理的基础制度，把生态用水保障放在更加突出的位置。去年实施的《中华人民共和国长江保护法》，明确把生态用水列为仅次于生活用水的第二位，优先满足城乡居民生活用水，保障基本生态用水，并统筹农业、工业等生产用水，在基础制度上有了很大的突破。

此外，我们还将推动开展区域再生水循环利用试点。所谓区域再生水循环利用，就是将达标排放的尾水经人工湿地水质净化工程等生态措施进一步改善后，在一定区域统筹用于生产、生态、生活。这项工作意义很大，因为各地的用水规模都很大，达标排放的尾水规模也很大，这是一个非常稳定的水源。用好这个水源，对于化解生态用水保障的难题、改变以高耗水为代价的发展模式有重要意义。

环保工作实际上有三个阶段，初级阶段是污染治理，我们都是从污染治理阶段走过来的。中级阶段就是生态保护和污染治理协同推进。最终我们还要步入高级阶段，就是要做好循环利用的文章。污染物是放错了地方的资源，只有做好这篇文章，我们才能真正实现减污降碳协同增效，从根本上实现保护与发展双赢。高水平的环境保护一定是污染治理、生态保护、循环利用有机结合的工作体系。

区域再生水循环利用就代表了这样一个方向。这项工作做好了，不仅老百姓有很好的获得感、幸福感，也会实现减污降碳协同增效，给各地带来一些新的经济机遇。希望大家努力做好这项工作，力争在"有河有水"上实现突破。

在水生态方面，聚焦流域的重要空间，按照流域生态功能需要明确管控要求，推动转变以生态破坏为代价的生产、生活方式；加强河湖生态保护修复，逐步恢复水体生态功能和生物多样性，力争在"有鱼有草"上实现突破。

水环境方面，一方面深化污染减排，治理环境破坏；另一方面针对人民群众亲水的需求，有针对性地改善水环境，力争在"人水和谐"上实现突破。

二、聚焦群众身边的突出生态环境问题。2019年启动规划编制工作以来，我们认真贯彻《中华人民共和国水污染防治法》关于流域规划编制的法律要求，聚焦群众关心的突出问题，督促指导各地做实地市水生态环境保护规划要点。在试点的基础上，组织32个工作组逐个地市进行督导帮扶，最终形成了比较符合各地实际的359份地级行政区的规划要点，为流域规划编制奠定了坚实的基础。在指标设计上，除了以往专业性比较强的常规指标，还设计了方便群众理解、判断、监督的亲民指标，比如，城市建成区黑臭水体比例，恢复"有水"河流数量，重现土著鱼类、土著植物的水体数量等指标，指导各地从群众最关心、最期盼的事情做起，扎实推动水生态环境保护。

三、顶层设计和基层创新有机结合。一方面，按照"河湖统领、三水统筹"的规划编制思路，指导地方搞清楚问题、症结、对策、落实等"四个在哪里"，科学提炼重点任务和项目，加强项目管理，以项目实施推动规划落实。另一方面，鼓励指导有条件的地方先行、先试，力争在城乡面源污染防治和生态保护修复等若干难点和关键环节实现突破。2021年，我们首次开展了美丽河湖优秀案例征集活动，聚焦各地美丽河湖保护与建设的突出问题、主要做法、治理成效、经验启示，提炼成效好、可持续、能复制的好经验、好做法，充分发挥基层创新生动鲜活的榜样作用，推动形成顶层设计与基层创新有机结合的工作体系，把我国美丽河湖保护和建设不断引向深入。谢谢大家！

刘友宾：各位记者朋友，再过七天，我们将迎来虎年春节，提前祝大家虎虎生威！阖家幸福吉祥！

今天的发布会到此结束。谢谢大家！

1月例行新闻发布会背景材料

2021年，是党和国家历史上具有里程碑意义的一年，在以习近平同志为核心的党中央坚强领导下，全国各级各部门深入贯彻习近平生态文明思想，认真落实党中央、国务院决策部署，立足新发展阶段，贯彻新发展理念，构建新发展格局，推动高质量发展。水生态环境质量持续改善，"十四五"水生态环境保护工作取得良好开局。

一、2021年水生态环境保护工作情况

（一）巩固深化碧水保卫战成果

一是深入打好长江保护修复攻坚战。认真落实习近平总书记重要批示要求，研究起草长江流域水生态考核办法（试行），已经推动长江经济带发展领导小组全体会议审议通过。制订印发《生态环境部深入打好长江保护修复攻坚战工作方案》。研究制订《深入打好长江保护修复攻坚战行动方案》。全力支持配合各民主党派中央、无党派人士开展民主监督。持续紧盯突出问题整改，截至2021年年底，长江经济带生态环境警示片披露的484个问题，已整改完成437个。加强自然保护地生态环境监管，长江经济带11省（直辖市）自然保护区发现整改问题点位2 654个，已完成整改2 374个。指导沿江省（直辖市）全面开展尾矿库污染治理"回头看"，初步排查发现2 100多个环境问题，正在推动边排查边整改。

二是深入打好城市黑臭水体治理攻坚战。295个地级及以上城市（不含州、盟）黑臭水体基本消除，有力促进了城市品质提升和人居环境改善，提升了人民群众获得感、幸福感、安全感。"十三五"期间，地级及以上城市新建污水管网 9.9 万 km，新增污水处理能力 4088 万 t/d，据估算，用于黑臭水体整治的直接投资约 1.5 万亿元。在 5 个省级行政区 11 个典型县级城市调研的基础上，研究制订《"十四五"城市黑臭水体整治环境保护行动方案》，配合住房和城乡建设部编制《深入打好城市黑臭水体治理攻坚战实施方案》。强化日常督查和抽查，对发现的完成治理黑臭水体的返黑、返臭等问题，及时反馈相关省级行政区，督促继续开展整治。

三是强化饮用水水源保护。明确 1342 个县级以上城市集中式饮用水水源清单和考核目标，提升规范化建设水平。推动乡镇级集中式饮用水水源保护区划定，完成 19132 个乡镇级水源保护区划定。评估 3645 个县级以上集中式饮用水水源环境状况，更新 4.78 万个乡镇及以下集中式饮用水水源信息。联合印发《丹江口库区及上游水污染防治和水土保持"十四五"规划》，支持服务南水北调后续工程高质量发展。

四是巩固工业和城镇水污染治理成效。研究制定入河入海排污口监督管理改革文件，目前已经中央全面深化改革委员会（以下简称中央深改委）审定。开展长江经济带工业园区污水处理设施整治专项行动，1064 家工业园区全部建成污水集中处理设施，累计建成 6.62 万 km 污水管网。对 581 家"三磷"企业开展"回头看"，推动 183 家存在生态环境问题的"三磷"企业完成整治任务。联合印发《关于推进污水资源化利用的指导意见》，明确污水资源化利用的重点领域、重点工程。出台《区域再生水循环利用试点实施方案》，明确试点范围、主要任务。将 1.2 万余座污水集中处理设施纳入环境监管，城市生活污水集中收集效能明显提升，有效改善了城市人居环境。

（二）谋划推动"十四五"重点流域水生态环境保护工作

一是编制"十四五"重点流域水生态环境保护规划。建立"河湖统领""三水统筹""四个在哪里"的技术路线，突出"有河有水、有鱼有草、人水和谐"的目标导向，在试点的基础上，组织 32 个工作组逐个地市进行督导帮扶，最终形成了比较符合各地实际的 359 份地级行政区的规划要点。目前规划已编制完成，正在按程序报批。

二是组织开展美丽河湖优秀案例征集活动。首次开展美丽河湖优秀案例征集活动，聚焦各地美丽河湖保护与建设的突出问题、主要做法、治理成效、经验启示，提炼成效好、可持续、能复制的好经验、好做法，充分发挥基层创新生动鲜活的榜样作用，推动形成顶层设计与基层创新有机结合的工作体系，把我国美丽河湖保护与建设不断引向深入。

三是开展重点湖库水生态保护修复。修订《重点湖库水华预警工作机制》，指导地方及时稳妥做好太湖、滇池、洱海等水华防控工作。出台《人工湿地水质净化技术指南》《河湖生态缓冲带保护修复技术指南》等技术文件。以重点湖泊为突破口，推动全国湖库生态保护修复，指导太湖流域完成池塘生态化改造 5 万亩①；帮扶呼伦湖完成渔业公司退捕转产、乌尔逊河环境整治与生态恢复工程等任务；组织南四湖流域四省建立水生态环境治理保护联防联控机制。

（三）完善问题发现和推动解决机制

印发《水生态环境问题发现和推动解决工作机制（试行）》，坚持和完善分析预警、调度通报、独立调查、跟踪督办有机结合的工作机制。引入汛期污染强度用于研判全国水生态环境形势。实施问题清单管理，逐月开展水生态环境形势分析，精准识别水生态环境突出问题和工作滞后地区，并及时发出预警。按季度向各省级人民政府通报全国水生态环境质量状况、水生态环境突出问题和工作滞后地区，加大信息公开力度，压实有关地方主体责任。针对久拖不决的突出问题组织开展独立调查和督导帮扶，协助问题所在行政区域研究对策，指导推动问题解决。全年共预警 832 个问题，就 48 个问题开展独立调查。建成全国水生态环境综合管理平台并投入运行。

2021 年，全国水质优良水体比例为 84.9%，丧失使用功能水体比例为 1.2%，顺利完成年度目标任务，水生态环境质量保持了持续改善的势头。

---

① 1 亩 ≈ 666.67 m^2。

二、当前存在的主要问题

尽管水生态环境保护取得了显著成效，但工作不平衡、不协调的问题依然突出，少数地区消除劣V类断面难度大，部分区域城乡面源污染严重，部分重点湖泊蓝藻、水华多发、频发，生态系统严重失衡等问题亟待突破。

三、2022年主要工作考虑

以习近平生态文明思想为指导，认真贯彻党中央、国务院的决策部署，坚持稳中求进，坚持系统治理，坚持精准治污、科学治污、依法治污，以深入打好污染防治攻坚战、推进落实"十四五"重点流域水生态环境保护规划为主线，不断提升水生态环境治理体系和治理能力现代化水平，持续改善水生态环境质量，为开创水生态环境保护新局面，实现2035年美丽中国建设目标奠定良好基础。

一是深入打好碧水保卫战。印发实施《深入打好长江保护修复攻坚战行动方案》。完善定期调度机制，扎实推进长江经济带生态环境警示片披露问题整改、水生生物多样性保护、尾矿库污染治理、保障生态用水等各项任务落地实施。指导长江流域省份编制实施总磷污染控制方案，配合开展长江"三磷"专项排查整治行动。全力配合做好各民主党派中央、无党派人士开展长江生态环境保护民主监督工作。开展城市黑臭水体整治环境保护行动，以提升城市污水垃圾收集处理效能为重点，立足监督职能，发现问题，分清责任，跟踪督办，督促有关地方加快补齐城市环境基础设施短板，建立健全长效机制，努力从根本上解决城市水体黑臭问题。出台排污口监督管理改革文件，研究制定"1+N"配套规定及技术规范，构建政策制度体系。指导各地深入开展长江、黄河等重点流域入河排污口排查整治，组织开展长江经济带省（直辖市）、沿黄省（自治区）工业园区水污染整治专项行动。制定农药等行业水污染物排放标准，推动南四湖等有条件的流域编制水污染物排放标准，精准服务重点区域、重点行业绿色发展。强化水质目标管理，督促指导各地落实"十四五"县级及以上城市集中式饮用水水源水质保护目标。巩固提升全国县级及以上城市集中式饮用水水源地规范化建设水平,持续推进乡镇级集中式饮用水水源保护区划定工作。

二是扎实推进"十四五"重点流域水生态环境保护。坚持和完善分析预警、调度通报、独立调查、跟踪督办有机结合的工作机制。逐月开展水生态环境形势分析,定期印发预警函和通报函,适时召开工作滞后地区调度会,加大信息公开力度,压实有关地方主体责任。针对久拖不决的突出问题组织开展独立调查和督导帮扶,做好长江经济带生态环境警示片、黄河流域生态环境警示片拍摄。坚持以用促建,不断完善全国水生态环境综合管理平台,精准识别水生态环境突出问题和工作滞后地区。以长江流域为重点探索开展水生态考核试点。以京津冀、黄河流域等缺水地区为重点,组织开展区域再生水循环利用试点,探索污水处理协同减污降碳的有效路径。开展汛期污染强度分析,聚焦工作滞后地区,力争突破城乡面源污染防治"瓶颈"。开展河湖水生植被恢复、氮磷通量监测等试点。支持各地开展跨省流域上下游生态保护补偿试点。筛选美丽河湖优秀案例,组织开展美丽河湖优秀案例实地调研和工作研讨,推动形成顶层设计与基层创新有机结合的工作体系。

2_月

2月例行新闻发布会实录
——聚焦高质量发展

2022 年 2 月 23 日

    2 月 23 日，生态环境部举行 2 月例行新闻发布会。生态环境部综合司司长孙守亮、生态环境部环境规划院副院长严刚出席发布会，介绍"统筹谋划，推进高质量发展"相关工作。生态环境部新闻发言人刘友宾主持发布会，通报近期生态环境保护相关重点工作进展，并共同回答记者提问。

2 月例行新闻发布会现场（1）

2 月例行新闻发布会现场（2）

刘友宾：新闻界的朋友们，上午好！欢迎参加生态环境部 2 月例行新闻发布会。

今天发布会的主题是统筹谋划，推进高质量发展。我们邀请到生态环境部综合司司长孙守亮先生介绍去年我国生态环境保护工作的进展、今年的工作打算和"十四五"生态环境保护工作思路等情况，并和生态环境部环境规划院副院长严刚先生一起回答大家关心的问题。

下面，我先通报几项生态环境部近期的重点工作。

一、《2020 年中国生态环境统计年报》公布

《2020 年中国生态环境统计年报》已完成并公开出版，公布了 2020 年全国污染物排放及治理、生态环境管理等情况，覆盖全国 31 个省（自治区、直辖市）及新疆生产建设兵团。

2020 年，全国废水中 COD 排放量为 2 564.8 万 t，NH_3-N 排放量为 98.4 万 t，废气中二氧化硫（SO_2）排放量为 318.2 万 t，NO_x 排放量为 1 019.7 万 t，颗粒物排放量为 611.4 万 t，VOCs 排放量为 610.2 万 t。全国一般工业固体废物产生量为 36.8 亿 t，综合利用量为 20.4 亿 t，处置量为 9.2 亿 t。全国工业危险废物产生量为 7 281.8 万 t，利用处置量为 7 630.5 万 t。2020 年全国环保产业营业收入约 1.95 万亿元，其中环境服务业营业收入约 0.65 万亿元。

《2020 年中国生态环境统计年报》数据主要来源于排放源统计调查。按照生态环境保护工作需要，与 2019 年相比，统计年报

内容增加了工业源、生活源、移动源的 VOCs 排放情况，农业源和生活源污染排放统计扩大了调查覆盖范围，年报数据增加了重点城市（区域）、重点流域污染排放情况。年报中首次发布了环境服务业财务统计、化学品环境国际公约管控物质生产或库存总体情况等相关内容。

此外，为推进实现减污降碳协同增效，生态环境部组织一体开展环境污染物与温室气体统计核算，在国家统计局批准实施的排放源统计调查制度中，已将二氧化碳（CO_2）等温室气体排放情况纳入其中。

下一步，生态环境部将持续推动生态环境统计改革，不断提高生态环境统计数据发布的时效性，丰富生态环境统计数据的发布形式和内容。

二、2022 年六五环境日主题确定

6 月 5 日是《中华人民共和国环境保护法》（2014 年 4 月修订）规定的环境日。生态环境部确定今年环境日的主题为"共建清洁美丽世界"。

共谋全球生态文明建设，是习近平生态文明思想的重要组成部分。习近平总书记多次倡议"共建清洁美丽世界"，提出与国际社会携手，共同构建地球生命共同体，体现了大国情怀和责任担当。在联合国第一次人类环境会议召开五十周年之际，中国将"共建清洁美丽世界"作为六五环境日的主题，旨在深入宣传贯彻习近平生

态文明思想,促进全社会增强生态环境保护意识,投身生态文明建设,在共建美丽中国的同时,进一步体现中国在全球生态文明建设中的重要参与者、贡献者和引领者作用。

六五环境日当天,我们将会同中央文明办、辽宁省人民政府在辽宁省沈阳市举办 2022 年六五环境日国家主场活动,号召全社会共同参与建设美丽中国的全民行动,向国际社会展示我国生态文明建设的显著成效和社会各界积极参与的生动场景,讲好中国生态环境保护故事,为共建清洁美丽世界贡献中国智慧和中国方案。

三、生态环境部完成年度建议提案办理工作任务

2021 年,生态环境部承办全国两会建议提案 1 024 件,包括人大建议 637 件、政协提案 387 件。其中,主办 279 件,承办总量和主办件数量同比增长均达到 20% 以上。

生态环境部积极贯彻以人民为中心的发展思想,把办理建议提案作为坚持精准治污、科学治污、依法治污的内在要求,高标准、高效率、高质量完成了年度建议提案办理工作任务,持续实现主办件沟通率、按期办结率、代表委员满意率三个百分之百。

从建议提案内容看,代表委员对碳达峰、碳中和领域问题最为关注。此外,围绕长江、黄河、太湖等重点流域(湖泊),京津冀、长三角、青藏高原、南水北调水源区等重点区域,代表委员对生态环境保护与绿色发展、生态修复与生态补偿、联防联控与协同治理等提出较多建设性意见建议,并对生态产品价值转化、新型污染物

治理、优化环境执法方式等给予较多关注。

办理过程中，生态环境部积极应对疫情带来的不利影响，加强与代表委员的沟通交流，认真梳理代表委员重点关注问题和意见建议，将代表委员提出的好方法、好建议作为生态环境工作的"锦囊妙计"。同时，健全答复承诺事项台账制度，实行跟踪督办，确保如期兑现。

今年全国两会即将召开，生态环境部将深入贯彻习近平生态文明思想，以更高标准办理好建议提案，把代表委员的真知灼见更好地体现到生态环境保护工作中，转化为以高水平保护推动高质量发展的政策措施，不断提升生态环境治理能力和水平。

刘友宾：下面，请孙守亮司长介绍情况。

生态环境部综合司司长孙守亮

"十四五"生态环境保护工作实现了良好开局

孙守亮： 各位新闻界的朋友，大家上午好！很高兴在虎年的首场新闻发布会上跟大家见面、沟通和交流，现在还是农历正月，借这个机会祝记者朋友们新春愉快！

按照此次新闻发布会聚焦的主题，我主要围绕去年工作进展、今年工作安排和《"十四五"生态环境保护规划》（以下简称《规划》）三个方面的情况与媒体朋友沟通交流。

一、关于 2021 年工作进展。大家知道，刚刚过去的 2021 年是我们党和国家历史上具有里程碑意义的一年，也是"十四五"起步、开局之年。这一年我们在习近平生态文明思想的科学指引下，认真落实党中央、国务院的决策部署，扎实做好"十四五"生态环境领域顶层设计工作。中共中央、国务院印发实施《关于深入打好污染防治攻坚战的意见》等文件，对今后五年深入打好污染防治攻坚战、进一步加强生态环境保护工作，做出全面部署。

这一年我们保持战略定力，巩固拓展"十三五"时期蓝天、碧水、净土三大保卫战的成果，在精准治污、科学治污、依法治污上下功夫，全国 1.45 亿 t 钢铁产能完成全流程超低排放改造，持续开展重点区域秋冬季大气污染治理攻坚行动和夏季臭氧治理攻坚，建立健全长江流域水生态考核指标体系，着力提升城市黑臭水体治理成效，新增 1.6 万个行政村完成了环境整治。

这一年我们紧盯解决老百姓身边的突出生态环境问题，扎实开展"我为群众办实事"实践活动，广大群众生态环境的获得感、幸福感不断增强。2021年国民经济和社会发展计划确定的生态环境领域8项约束性指标顺利完成，生态环境质量持续改善，"十四五"生态环境保护工作实现了良好开局。好局面来之不易，需要我们大家一起倍加珍惜，进一步巩固好、发展好。

二、关于2022年工作安排。前段时间召开的全国生态环境保护工作会议对今年的工作做了部署安排。做好今年工作，总的要求是深入贯彻习近平生态文明思想，按照党中央、国务院的决策部署，坚持稳中求进的工作总基调，在坚持方向不变、力度不减的同时，更加突出精准治污、科学治污、依法治污，以实现减污降碳协同增效为总抓手，统筹污染治理、生态保护、应对气候变化，深入打好污染防治攻坚战，促进经济社会发展全面绿色转型，持续提高生态环境治理现代化水平，积极服务"六稳""六保"工作，协同推进经济高质量发展和生态环境高水平保护，助力保持经济运行在合理区间、保持社会大局稳定，以优异成绩迎接党的二十大胜利召开。

按照以上总要求，部署了六个方面的工作重点。一是有序推动绿色低碳发展。二是深入打好污染防治攻坚战。三是持续强化生态保护监管。四是确保核与辐射安全。五是严密防控环境风险。六是加快构建现代环境治理体系。对每个方面都有具体的任务安排。

以上是去年和今年的工作情况，我也注意到记者朋友们做了大量有广度、有深度、有力度、有温度的宣传报道，传递了很大的正能量，给予了我们很大支持。

三、关于《规划》。大家知道这个《规划》承担着很重要的使命，是今后五年生态环境保护的一项顶层设计，被列为国家级重点专项规划。按照国务院的部署要求，《规划》编制工作由生态环境部具体牵头承担，目前已经顺利完成了各个环节的工作，《规划》文本正在按程序向社会公开。《规划》面向美丽中国远景建设目标，提出了环境治理、应对气候变化、环境风险防控、生态保护四个方面的目标指标，明确了推动绿色低碳发展、控制温室气体排放、改善大气环境、提升水生态环境等一系列重点任务。还部署了若干与目标指标、重点任务相匹配的重大工程，内容十分丰富，在许多方面有新突破、新拓展、新提升，绘就了"十四五"生态环境保护的路线图和施工图。

与此同时，生态环境领域的各项专项规划，以及污染防治攻坚战各个标志性战役的行动方案，也基本同步完成编制，正在陆续出台。

接下来我和我的同事愿意回答大家关心的问题，谢谢。

刘友宾： 下面，请大家提问。

2021 年国民经济和社会发展计划确定的生态环境领域 8 项约束性指标顺利完成

海报新闻记者： 刚刚孙司长介绍了 2021 年生态环境保护工作进展，请问能否详细介绍一下具体情况？如何评价这一年的总体表现？谢谢。

孙守亮：首先，感谢您的提问。生态环境事业总是在继往开来、接续奋斗中向前迈进的。尤其在 2021 年这个重要节点，全国生态环境系统从党的百年奋斗中汲取智慧和力量，以高度的政治责任感和历史自觉大力推动生态文明建设，扎实做好生态环境保护各项工作，经过不懈努力，在"十四五"开局之年交出了一份亮丽的答卷。刚才我也讲到，好局面来之不易，成绩也可圈可点。

从目标指标完成情况来看，2021 年国民经济和社会发展计划确定的生态环境领域 8 项约束性指标顺利完成了。这里有几组数据：①全国地级及以上城市空气质量优良天数比例去年达到 87.5%，同比上升 0.5 个百分点；$PM_{2.5}$ 浓度去年达到 30 $\mu g/m^3$，同比下降 9.1%；臭氧（O_3）浓度为 137 $\mu g/m^3$，同比下降 0.7%。也就是说，连续两年实现了 $PM_{2.5}$ 和 O_3 浓度"双下降"。②全国地表水 Ⅰ～Ⅲ类水质断面比例去年达到 84.9%，同比上升了 1.5 个百分点。③单位国内生产总值二氧化碳排放降低指标预计达到"十四五"序时进度要求。④NO_x、VOCs、COD、NH_3-N 4 项主要污染物总量减排指标，预计均完成年度目标。这些数据都是相当提振信心、鼓舞士气的。

再从重点工作推进情况看，可以用 5 个关键词来概括：

第一个是"构建"："十四五"顶层设计系统构建。对此，全国生态环境保护工作会议做了系统梳理，我们已经形成了"11699"的顶层设计框架，即：一个意见，推动出台《关于深入打好污染防治攻坚战的意见》，这是中共中央、国务院印发的，是总纲；一部规划，编制完成《规划》，这是路线图、施工图；还有 6 份重要改革文件、9个专项规划、9个攻坚战专项行动方案，这些是任务书、工作台账。所以，整个设计十分清晰、明确，便于落实落地。

第二个是"攻坚"：污染防治攻坚战扎实有力推进。蓝天、碧水、净土三大保卫战都有新进展、新成效。比如碧水保卫战，着力推动建立健全长江流域水生态考核指标体系，长江入河排污口监测工作基本完成；加快黄河流域环境治理步伐，完成黄河干流上游和中游部分河段7 827 km岸线排污口排查，登记入河排污口4 434个；经过接续努力，累计划定乡镇集中式饮用水水源保护区19 132个，城市黑臭水体治理成效得以巩固、提升；同时，海水养殖生态环境监管工作、海洋垃圾污染防治工作都在扎实推进。蓝天保卫战、净土保卫战情况在参阅材料中都做了介绍。

第三个是"绿色"：推动绿色低碳发展取得新成效。加强"两高"项目生态环境源头防控。落实能源保供部署。全国碳排放权交易市场第一个履约周期顺利结束。推动《联合国气候变化框架公约》第二十六次缔约方大会（COP26）取得积极成果。

第四个是"强化"：生态保护监管持续强化。成功举办COP15第一阶段会议，通过并发布《昆明宣言》。制定生态保护红线监督办法。开展"绿盾2021"自然保护地强化监督。

第五个是"提升"：生态环境治理效能不断提升。巩固排污许可全覆盖成果，累计将304.24万个固定源纳入排污管理。印发实施《关于深化生态环境领域依法行政 持续强化依法治污的指导意见》。联合开展打击危险废物和自动监测数据弄虚作假违法犯罪专项行动。

全年共调度处置各类突发事件 147 起，同比下降 8.1%。

当然我们也要保持清醒，生态文明建设仍处于压力叠加、负重前行的阶段，生态环境保护工作面临诸多挑战：一是生态环境保护结构性压力仍然较大，产业结构调整和能源转型发展任重道远。二是生态环境改善基础还不稳固，重点区域、行业污染问题仍然突出，生态环境质量从量变到质变的"拐点"还没有到来。三是生态环境治理能力和水平有待提高，环境基础设施存在突出短板，基层治理和执法监管能力有待加强，一些地方和企业依法治污的自觉性需要着力提高。对这些问题，我们高度重视，将采取切实措施予以解决。谢谢。

《"十四五"生态环境保护规划》正在按程序向社会发布

新华社记者：我们关注到近期多地《"十四五"生态环境保护规划》已经陆续印发了，想请问国家层面的《"十四五"生态环境保护规划》的制定情况如何，预计何时发布？与《"十三五"生态环境保护规划》相比，《"十四五"生态环境保护规划》有哪些比较明显的变化？谢谢。

孙守亮：前面介绍情况时，我简要谈到了《规划》的情况。大家知道，编制实施五年规划是我国治国理政的重要方式，一部好的规划既科学、有前瞻性，又务实、有可操作性，对于贯彻国家意志、有效引导社会资源、凝聚社会共识，都至关重要。自"五五"时期以来，我国已经连续编制实施了9个生态环境保护五年综合规划，对统领和指导全国生态环境保护工作发挥了纲举目张的作用。按照党中央、国务院的决策部署，生态环境部从2019年2月牵头启动了第10个生态环境保护五年规划的研究编制工作。目前《规划》正在按程序向社会发布。

《规划》的特点可以概括为"五个坚持""六个突出"。

"五个坚持"是《规划》编制的基本遵循。

一是坚持新发展理念，以生态环境高水平保护促进经济高质量发展。二是坚持以减污降碳为总抓手，推动生态环境综合治理、系统治理、源头治理。三是坚持突出精准治污、科学治污、依法治污，深入打好污染防治攻坚战。四是坚持深化改革创新，完善生态环境监督管理制度体系。五是坚持稳中求进总基调，推动重点领域工作取得新突破。

"六个突出"是指《规划》的亮点和创新之处。

一是突出系统观念。在重点任务部署上，更加注重生态系统各要素的系统考虑、整体推进，突出流域上下游、左右岸、干支流协同治理，统筹水资源、水环境、水生态治理，统筹地上和地下、陆地和海洋、城市和农村。

二是突出问题导向。着力解决三类问题：既要基本解决长期存在的突出问题，如基本消除重污染天气和城市黑臭水体；又要有效遏制住趋势性、苗头性问题，如控制臭氧污染、新污染物污染；还要加快解决群众反映的热点、难点问题，如噪声污染、餐饮油烟、恶臭异味等问题。

三是突出协同增效。注重各项政策措施关联性和耦合性，重点在减污降碳协同增效、多污染物协同控制、各要素协同治理、区域协同防治等方面下大力气，以"协同"的手段达到"增效"的效果。

四是突出绿色引领。将推动绿色低碳发展作为一项实实在在的重点任务，明确环境保护纳入宏观经济治理体系的举措，聚焦国家重大战略打造绿色发展高地，加快推动产业结构、能源结构、运输结构调整与绿色升级，支持绿色技术创新，推动形成高质量发展绿色增长点。

五是突出底线思维。注重统筹发展和安全，把人民身体健康放在第一位，切实保障生态环境安全，严守生态环境底线，守住自然生态安全边界。

六是突出激励示范。一方面，强调发挥市场机制激励作用，创新经济政策和工具，推动提供更多优质生态产品。另一方面，通过选典型、树样板、立标杆，发挥示范带动作用，建成一批美丽海湾、美丽河湖和"无废城市"等典型样板。

总体来说，"十四五"生态环境保护在思路上的重大变化之一是稳妥处理了"两个关系"。一个是"稳和进"的关系，我们强调稳中求进，协同推进经济高质量发展和生态环境高水平保护。另一个是"量和质"的关系，不单纯追求"量的改变"，更注重"质的提升"，强调内涵发展，强调群众获得感。也就是说，要面子，更要里子；

要颜值，更要品质。我们理解，这就是习近平总书记指出的要推动实现生态环境质量改善从量变到质变的转变。只有这样，生态环境才能实现根本好转，美丽中国建设才前景可期。

按照以上总体考虑，《规划》部署了 12 个方面的重点任务，涵盖了各要素、各环节，体现了可操作、可落实的要求。相信大家很快就能见到《规划》文本了。在这里拜托大家，《规划》公开发布后，进一步加大宣传、报道的力度，一如既往地助力生态环境事业发展。谢谢。

持续完善支持服务企业绿色发展政策机制的顶层设计

《每日经济新闻》记者：我的问题是关于目前企业面临的绿色发展转型需求，请问在支持服务和引导企业绿色发展方面，生态环境部门有哪些创新举措？后续将如何继续完善和推进？谢谢。

孙守亮：感谢您的提问。一段时间以来，生态环境部做了大量卓有成效的工作，特别是认真贯彻党中央、国务院的决策部署，相继出台并实施了《关于生态环境领域进一步深化"放管服"改革 推动经济高质量发展的指导意见》《关于支持服务民营企业绿色发展的意见》《关于进一步深化生态环境监管服务 推动经济高质量发展的意见》等文件。通过这些文件，指导整个生态环境系统深入推进"放管服"改革，优化企业营商环境，全力支持服务企业绿色发展、高质量发展。

第一，在放权层面上，持续推进简政放权，优化环评审批服务。连续发布《建设项目环境影响评价分类管理名录》（2019年版）和《建设项目环境影响评价分类管理名录》（2021年版），精简环评审批事项，下放环评审批权限，实施网上审批，提高审批效率。降低了51个二级行业环评类别，取消了40个二级行业登记表填报。目前，占环评总量80%左右的登记表项目改为备案，平均审批时间压缩至法定时限的一半，大幅减轻了企业的负担。建立国家、地方、利用外资层面"三本台账"重大项目环评审批服务体系，通过提前介入、加强指导、开辟绿色通道，优化审批服务。制订实施环评审批正面清单，施行豁免一批、告知承诺一批、优化服务一批。出台《排污许可管理条例》，实现排污许可"一证式"管理全覆盖。

第二，在监管工作上，不断强化政企信任，开展监督帮扶行动。实施重污染天气分级应急差异化管控措施，建立和形成监督执法正面清单常态化制度，总体实行"分类监管、差异化管理、动态调整、可进可出"的监管机制。精准区分五种情况：一是充分信任的正面清单企业；二是对污染排放量小、环境绩效水平高的企业，免除现场执法检查；三是对环境违法行为轻微并及时纠正且未造成环境危害后果的企业，不予处罚；四是对存在问题的地方和企业，尤其是对涉及关系国计民生的重要行业，从实际出发，科学合理推进问题整改；五是对能力不足的企业，加强帮扶指导。2021年年底，清单内企业达到3.1万余家，各级生态环境部门通过在线监控、视频监控等科技手段开展非现场检查7.1万余次，做到对守法企业无事不扰，对违法企业利剑高悬，维护合法企业权益，营造良好市场环境。

第三，在服务行动中，深入基层企业，加大科技帮扶。建立了国家生态环境科技成果转化综合服务平台，为企业提供政策解读，帮助企业制订环境治理解决方案。开展环境综合治理托管服务模式试点，提升环境协同治理的服务水平。全面实施"百城千县万名专家生态环境科技帮扶"行动。对近1万家民营企业开展绿色低碳发展问卷调查，精准了解和对接企业的政策需求。

第四，加大绿色投资激励。会同财政部、国家税务总局、中国人民银行等部门，制定绿色金融政策，落实绿色税收优惠，推动设立国家绿色发展基金，推动建立环境信用的信息共享机制和结果运用机制，将企业环境信用评价结果应用于绿色信贷、市场监管、价格调节等领域，不断完善绿色投资激励机制。

下一步，我们将继续深化部门合作，持续完善支持服务企业绿色发展政策机制的顶层设计和实施应用。一是不断健全环评审批和监督执法正面清单常态长效机制，深化企业源头治理的主体作用。二是继续完善国家生态环境科技成果转化综合服务平台，强化功能，使平台长期发挥作用。三是加快发展环保产业，持续推广生态环境整体解决方案、托管服务和第三方治理。四是持续健全生态环境经济政策，扩大税收优惠范围，完善绿色电价政策，大力发展绿色金融。

总之，支持服务企业，我们体会最重要的是转变理念，一是要换位思考；二是要主动服务；三是要及时回应；四是要无事无需不扰；

五是要结果评价。相信假以时日，我们支持服务企业绿色发展的效果一定会充分释放出来。谢谢。

推动减污降碳一体谋划、一体部署、一体推进、一体考核

《光明日报》记者："双碳"工作现在备受社会关注，我们应该如何理解"碳污同源"的说法？生态环境部门在推动减污降碳协同增效方面的着力点放在哪里？具体的推进举措有哪些？谢谢。

孙守亮：请严院长从专家的角度做一个解读。

生态环境部环境规划院副院长严刚

严刚：感谢您的提问。我国生态环境问题，本质上是高碳能

源结构和高能耗、高碳产业结构问题，污染物与 CO_2 排放呈现显著同根同源性。研究表明，我国主要大气污染物排放源中，几乎所有 SO_2 和 NO_x 排放源，50% 左右的 VOCs 和 85% 左右的一次 $PM_{2.5}$（不含扬尘）排放源，都与 CO_2 排放源高度一致。与一些发达国家基本解决环境污染问题后再转入强化碳排放控制阶段不同，当前我国生态文明建设面临协同推进生态环境根本好转和碳达峰、碳中和的战略任务，要发挥后发优势，实施减污降碳协同治理，统筹推动生态环境保护和应对气候变化工作，实现环境效益、气候效益和经济效益的多赢。比如，水泥行业同时是减污和降碳的重点行业，通过水泥窑协同处置生活垃圾和工业固体废物能有效激发行业技术变革和绿色低碳转型。

"十四五"时期是我国深入打好污染防治攻坚战、持续改善生态环境质量的关键五年，也是实现我国 2030 年前碳达峰的关键期和窗口期。这两项重大任务，难度和挑战都非常大，需要按照党中央的统一部署，推动减污降碳一体谋划、一体部署、一体推进、一体考核，实现目标协同、区域协同、措施协同、政策协同和监管协同。具体来看：

一是强化源头防控协同。切实发挥好降碳行动对生态环境质量改善的源头牵引作用，把实施结构调整和绿色升级作为减污降碳的根本途径，强化资源能源节约高效利用和低碳转型，加快形成有利于减污降碳的产业结构、能源结构和生产方式、生活方式。

二是加强措施优化协同。基于生态环境质量改善需求，优化全国降碳空间布局和措施路径，增强生态环境改善目标对能源和产业布局的引导约束，加大环境污染严重、生态环境敏感地区的结构调整和布局优化力度，在加大降碳的同时实现生态环境更大的效益。

三是加强环境治理协同。增强污染防治与碳排放治理的协调性。统筹水、气、土、固体废物和温室气体等多领域减排要求，优化治理目标、治理工艺和技术路线，强化多污染物与温室气体协同控制。

四是推进政策创新协同。依托现有生态环境制度体系，建立健全一体推进减污降碳的管理制度、基础能力和市场机制。比如，在环境影响评价中开展碳排放评价，通过这项措施严把新上项目碳排放关。鼓励地方先行先试，创新管理方式，形成各具特色的典型做法和有效模式，加强推广应用。谢谢。

2022年生态环境保护工作坚持稳中求进、着眼长远

红星新闻记者： 请问孙司长，今年生态环境保护在目标设定和重点工作安排上是怎样考虑和部署的？将从哪些方面发力？谢谢。

孙守亮： 感谢您的提问，您的问题体现了您对今年特殊形势的关切，我们都有同感。做好生态环境工作必须围绕大局、服务大局、推动大局，坚定不移在大局下行动，展现生态环境的责任担当。所以在今年生态环境保护工作的总体把握上，我们认真学习、深刻领会、坚决贯彻中央经济工作会议精神，切实发挥职能作用，在坚持方向

不变、力度不减的同时，更好把握工作的时、度、效。在年度目标设置和工作任务安排上，坚持做到"两个充分体现"：一是充分体现稳字当头、稳中求进。综合考虑经济平稳运行、常态化疫情防控、生态环境改善的需要，不设定过高的目标，但力争高质量完成，把工作重心放到提升工作质效上来。二是充分体现远近结合、着眼长远。保持战略定力，落实《关于深入打好污染防治攻坚战的意见》《规划》等任务要求，多措并举，确保年度目标任务圆满完成，为长远发展打下坚实基础，创造良好条件。

在重点工作推进方面，我们强调要从实际出发，在重点区域、重点领域、关键指标上实现新突破。主要是六个方面的工作：

一是有序推动绿色低碳发展。充分发挥生态环境保护的引领优化和倒逼作用，积极主动服务"六稳""六保"工作。严格"两高"项目生态环境准入，加强项目环评审批服务。做好全国碳排放权交易市场后续履约周期管理，健全碳排放数据质量管理长效机制。

二是深入打好污染防治攻坚战。认真落实党中央、国务院的部署，推进实施好8个标志性战役，即重污染天气消除、臭氧污染防治、柴油货车污染治理、城市黑臭水体治理、长江保护修复、黄河生态保护治理、重点海域综合治理、农业农村污染治理。这些标志性战役有新增的，也有延续的，要着力打好8个标志性战役，着力解决群众身边的突出生态环境问题，巩固生态环境改善成效。

三是持续强化生态保护监管。做好COP15第二阶段会议筹备，建立完善生态保护红线生态破坏问题监督机制，持续开展"绿盾"

自然保护地强化监督。

四是严密防控环境风险。精准有效地做好常态化疫情防控生态环境保护工作，妥善处置各类突发环境事件，提升应急保障能力。

五是确保核与辐射安全。加强监管能力建设，持续强化各方面的监管措施。

六是加快构建现代环境治理体系。完成第二轮中央生态环境保护督察，完善生态环境法律法规标准体系，强化生态环境领域的科技支撑，推进生态环境保护全民行动。谢谢。

以更大力度抓好生态环境保护政策体系和市场机制建设

《中国日报》记者：健全生态环境政策是"十四五"期间深化改革的重点方向，请问生态环境部在这方面工作有哪些进展？下一步有什么考虑和部署？谢谢。

孙守亮：感谢您的提问。大家知道，推进现代环境治理是一项系统工程，政府调控和市场机制都是不可或缺的，必要的行政手段很重要，经济手段也非常关键。当前形势下，运用市场手段对生态环境保护进行调节激励将发挥越来越重要的作用。党的十八大以来，我们在运用财税金融工具、搭建市场交易平台、深化生态保护补偿制度改革、创新经济政策工具等方面进行了积极探索，取得了较好的成效。

一是绿色财税金融作用不断增强。据初步调度，截至 2021 年年底，我国绿色债券存量规模 1.16 万亿元。环境保护税相关工作有序推进，2020 年全国入库总额 207 亿元，2018 年以来，因低标准排放污染物享受减税优惠累计超过 100 亿元。我国绿色信贷余额由 2013 年的 5.2 万亿元增长至 2021 年的 15.9 万亿元，清洁能源产业绿色信贷余额突破 3 万亿元。

二是环境权益交易市场不断完善。全国碳排放权交易市场第一个履约周期顺利收官，纳入发电行业重点排放单位 2 162 家，碳排放配额累计成交 1.79 亿 t，累计成交额 76.61 亿元。持续推进排污权有偿使用和交易试点工作，2021 年 1—11 月全国 14 个试点地区排污权有偿使用和交易总金额超过 10 亿元，其中一级市场占比为 60%，二级市场占比为 40%。

三是生态保护补偿制度改革不断深化。加快建立长江、黄河全流域横向生态保护补偿机制，2021 年在水污染防治资金中，安排长江、黄河补偿引导资金分别达到了 20 亿元、10 亿元。支持地方推进流域上下游横向生态补偿机制建设，在水污染防治资金中安排补偿奖励资金 6 亿元。

四是环境经济政策工具不断丰富。发布《环境保护综合名录（2021 年版）》，包括 932 项 "双高" 产品、159 项除外工艺和 79 项环境保护重点设备，引导企业低碳绿色转型发展。据初步统计，2018 年以来为购置环境保护综合名录中相关设备的企业免税超百亿元。加强环境保护信用评价制度建设，推动环境保护信用信息与相关部门互联互通、共享共用，有利于依法依规推进守信联合激励和失信联合惩戒。

下一步，我们将以更大力度抓好生态环境保护政策体系和市场机制建设，做到政策手段和市场手段双管齐下，创新制度、优化方法、加大储备，切实把激发市场活力这篇"大文章"做实、做优，做出好的成效来。具体有以下四方面考虑：

一是持续完善绿色财税和绿色金融政策。支持开展脱硫脱硝除尘排放、碳捕集利用与封存等项目的企业享受所得税税收优惠。积极开展气候投融资试点工作。

二是加快推进碳排放权等市场化交易。做好全国碳排放权交易市场第二个履约周期管理。继续深化规范排污交易试点。

三是不断完善生态保护补偿制度。加快建立长江、黄河全流域横向生态保护补偿机制。

四是强化运用政策工具。建立健全环境保护信用评价制度体系，积极推动综合名录的应用，建立环境成本合理负担机制，努力使绿色产品、绿色技术、绿色工艺获得更大的市场空间。谢谢。

推动建立企业自律、管理有效、监督严格、支撑有力的环境信息依法披露制度

南方周末记者：今年2月8日起，《企业环境信息依法披露管理办法》正式实施。请问该办法对促进企业环境信息披露具有怎样

的作用？下一步有何工作考虑？谢谢。

孙守亮：各方非常关注企业环境信息依法披露，这项工作现在收到比较好的效果，变化很大，这个方面前段时间也做了一些研究、跟踪，我想请严院长从专家的角度来解读。

严刚：感谢您的提问。依法开展环境信息披露是企业的社会责任，是消除信息不对称导致市场失灵和社会监督失焦的重要基础，也是国际上落实企业环境责任的通行做法。党的十九大报告明确提出要健全信息强制性披露制度，党中央、国务院也将健全企业依法信息披露制度作为一项重要的改革任务。面向构建现代环境治理体系的要求，需要在企业披露、部门监管、公众监督等方面进行整体设计和系统部署，推动建立一个企业自律、管理有效、监督严格、支撑有力的环境信息依法披露制度。主要开展了以下工作：

一是健全制度体系。2020年12月，中央深改委审议通过了《环境信息依法披露制度改革方案》,着眼于便于社会公众获取相关信息，形成了总体框架和改革思路。去年12月，生态环境部印发并实施《企业环境信息依法披露管理办法》《企业环境信息依法披露格式准则》等配套文件,进一步细化了各方责任、工作程序、工作机制、违规罚则、技术标准等制度体系。

二是明确披露重点。聚焦重点企业和重要环境信息精准发力。依法依规将污染物排放量大、环境风险高、排放有毒有害物质、社会关注度高、与公民利益密切相关的企业确定为环境信息披露主体，全面反映企业遵守生态环境法律法规和环境治理的情况。当企业环境行为可能对社会、公众及投资者产生重大影响或引发市场风险时，要求及时披露相关重要环境信息，进一步保障公众知情权，防范环境风险和市场风险。

三是强化部门协同。信息披露的最终目的是促进信息使用，更好地服务环境管理。环境信息披露改革明确了十余个相关部门的管理职责，建立了信息共享机制，形成了管理合力。

同时，应用信息化手段，建立完善企业环境信息依法披露系统，公布企业披露内容，为企业减负的同时，便于社会公众获取信息。

下一步，将加大宣传、解读与培训力度，指导地方和企业做好信息披露，加强部委间协调联动，开展跟踪评估工作，持续深化企业环境信息依法披露制度改革。谢谢。

积极加强塑料污染治理，提高塑料废物环境无害化管理水平

路透社记者：联合国环境大会将于 2 月底至 3 月初举行，并将讨论制定首个应对塑料污染的全球条约。请问中国会支持这个条约吗？在治理塑料污染方面，生态环境部开展了哪些工作？取得了哪些成效？下一步有何安排？

刘友宾：塑料污染防治是当前国际社会共同面临的环境挑战，亟须共同采取行动。中国政府历来高度重视塑料污染治理工作，早在 2007 年就出台了限制生产销售使用塑料购物袋的政策措施，是国

际上较早开展塑料污染治理的国家之一。

塑料污染防治涉及多个环节、多个部门，生态环境部立足自身职责，积极加强塑料污染治理。一是配合全国人大完成《固体废物污染环境防治法》修订，对农用薄膜、包装物、一次性塑料制品的污染防治做出规定，明确相关违法行为的法律责任，大幅提高法律约束力和震慑力。

二是联合有关部门印发《关于进一步加强塑料污染治理的意见》和《"十四五"塑料污染治理行动方案》，对加强塑料污染治理做出总体部署安排，完善塑料污染全链条治理体系。连续两年联合有关部委组织开展塑料污染治理专项行动，对各地工作进展情况进行检查，有效推动各地按期完成各项任务。

三是大力推进"无废城市"建设试点，将快递绿色包装使用比例、地膜回收率等作为试点指标，指导重庆、深圳、三亚、绍兴等地在城市层面探索可复制、可推广的塑料污染治理模式。

同时，我们还积极参与并促成在《巴塞尔公约》现有机制下加强塑料废物越境转移管控，推动缔约方大会通过《巴塞尔公约》《塑料废物修正案》，提高塑料废物环境无害化管理水平。

下一步，我们将落实好塑料污染治理的法律要求，推动《关于进一步加强塑料污染治理的意见》《"十四五"塑料污染治理行动方案》等落地见效，精准、科学、依法治理塑料污染。同时，进一步加强与国际社会的合作，积极向国际社会贡献中国经验、中国智慧。

"十四五"时期黄河流域生态环境保护将狠抓源头治理

澎湃新闻记者：请问今年生态环境部在推进国家重大战略生态环境保护方面有哪些考虑？如何推进落实黄河流域生态环境保护专项规划？"十四五"时期对黄河流域环境污染综合治理有哪些安排？谢谢。

孙守亮：请严院长给记者朋友们介绍这方面的情况。

严刚：感谢您的提问。生态环境部高度重视国家重大战略区域生态环境保护工作，深入推进区域治理和机制建设。比如，在落实京津冀协同发展战略中，强化完善生态环境保护联防联控机制，扎实抓好雄安新区和白洋淀生态环境治理；在长三角一体化发展中，着力推动整合区域大气、水污染联防联控机制，形成联保共治新格局。

黄河是中华民族的母亲河，是我国重要的生态屏障。按照党中央、国务院的决策部署，生态环境部不断加大黄河流域生态保护和环境综合治理力度，促进流域生态环境质量持续改善。具体有以下三方面工作：

一是推动黄河流域绿色转型发展。坚持依法治理、规划先行，积极推动黄河保护立法，牵头编制《黄河流域生态环境保护规划》，着眼生态保护和高质量发展，在全流域绿色转型发展上做出部署，进行科学谋划。推动沿黄9省（自治区）建立"三线一单"生态环境分区管控体系，初步划定1万多个环境管控单元，加强源头防控，抑制不合理用水需求。

二是加强流域环境系统治理。将黄河生态保护治理攻坚战作为深入打好污染防治攻坚战 8 个标志性战役之一。分阶段开展黄河流域入河排污口排查整治专项行动。加强重要支流和沿黄湖泊污染治理，着力整治黑臭水体。加大资金支持力度，"十三五"期间，为沿黄 9 省（自治区）安排中央环保专项资金 1 052 亿元，重点支持流域水、大气、土壤等污染防治和农村环境整治。坚持问题导向，拍摄完成了黄河流域生态环境警示片及配套问题清单，推动解决了一批突出生态环境问题。

三是持续加强生态保护修复。支持沿黄 9 省（自治区）基本完成生态保护红线评估调整工作。开展黄河流域生态状况变化调查评估。持续开展秦岭生物多样性调查。安排引导资金 20 亿元，推动建立全流域横向生态保护补偿机制。推动实施脆弱生态系统保护与修复等重点科技专项。这方面，有基础性工作，也有机制性探索，目前来看效果正在逐步显现。

"十四五"时期，将以全力落实《黄河流域生态环境保护规划》为抓手，推动实施好黄河流域生态保护治理攻坚战，强化流域治理工作的系统统筹。一方面，狠抓源头治理。协同推进减污降碳，提高能源化工行业清洁化生产水平，加大重点支流的综合治理，推动完善流域生态保护补偿机制。另一方面，强化生态保护监管。推动实施分区、分类生态保护，加大对上游水源涵养区、中游水土保持、下游黄河三角洲湿地保护的支持力度。坚持科学施策，稳步推进，按生态规律办事，展现黄河流域治理保护成效，让黄河成为造福人民的幸福河。谢谢。

统筹生态环境保护与经济社会发展取得显著成效

《南方都市报》记者：面对当前严峻复杂的经济形势，生态环境部在统筹生态环境保护与经济社会发展方面总结了哪些经验？如何理解2022年全国生态环境保护工作会议上提出的有利于"稳经济、保民生、促增长的环境政策"？谢谢。

孙守亮：感谢您的提问，也感谢记者朋友的鼓励。正如您刚才指出的那样，面对当前严峻复杂的经济形势，我们在统筹生态环境保护与经济社会发展方面开展了一系列工作，也取得了显著成效。这个过程中我们充分发挥职能作用，针对我国经济发展面临需求收缩、供给冲击、预期转弱的形势，全力推进落实好"六保"工作，尤其是保基本民生、保市场主体、保粮食能源安全。我们适时分析环境经济形势，提出了"三个更加""六个做好"的思路举措，打出一套行之有效的组合拳。

所谓"三个更加"，一是更加突出精准、科学、依法；二是更加强化指导、帮扶、服务；三是更加注重包容、适度、求实。这三方面，既是思路要求，也是整个生态环境系统的共识。

所谓"六个做好"，这是工作的着力点。一是做好环评服务，支撑能源供应；二是做好监督帮扶，守牢法治底线；三是做好热源保障，确保温暖过冬；四是做好精准应对，强化秋冬季大气治理；五是做好"两高"管控，遏制"两高"项目盲目发展；六是做好政策解读，回应社会关切。

这里我跟大家分享两个实例。一是为了做好能源保供，服务经济平稳运行，我们创新了能源电力保供相关环评政策，也包括会同有关部门专门出台文件督促煤炭大省做好相关工作，要求在严守生态环保底线的前提下，加快环评手续办理，助力提升释放合法煤炭产能 1.4 亿 t/a。二是推进北方地区清洁取暖，这是一项重大的民生工程，我们进一步明确按照宜电则电、宜气则气、宜煤则煤、先立后破、不立不破、有备无患的原则，指导地方科学规划清洁取暖技术路线。同时，组织开展"双替代"专项检查，对 2021 年新改造的村庄任务落实和保障情况开展逐村入户排查，走访村庄 1.6 万个，入户核查 5 万多户，发现问题第一时间督促整改，把好事办实、实事办好，确保群众温暖过冬。

这样的例子还有很多，由此启示我们，稳经济、保民生、促增长和绿色低碳发展，根本上是一致的，都统一于高质量发展，统一于以人民为中心。实践中我们更加清醒地认识到，推进生态环境治理是一项系统工程，必须坚持系统观念，做到统筹兼顾，协调处理好与经济社会发展和保障民生的关系。这就是我们反复强调的，要在多重目标中寻求动态平衡，实现最佳的综合效益。

所以在今年的工作部署中，统筹好生态环境保护与经济社会发展方面的要求更突出，现实针对性也更强。我们对重点工作科学把握时序、节奏和步骤，做到四个进一步强化：

一是进一步强化问题导向。认真分析和识别影响生态环境质量的主要矛盾和矛盾的主要方面，做到问题、时间、区域、对象、措施"五个精准"。

二是进一步强化依法监管。落实好依法行政、依法治理、依法保护，确保守住生态环境保护的底线。推动实现从污染预防到污染治理和排放控制的全过程监管，让企业守法成为常态。

三是进一步强化指导帮扶。在重点任务推进中，对地方进行督促和指导的同时，加强支持和帮扶，帮助发现问题并共同推动解决。对企业等市场主体，既要做到依法严格监管，又要做到热情服务，帮助企业解决实际问题，就是最好的服务。

四是进一步强化改革创新。着力优化工作方式方法，不断增强环境政策的预期性，加快形成与治理任务、治理需求相适应的生态环境治理能力和治理水平。谢谢。

刘友宾：今天的发布会到此结束。谢谢各位！

2月例行新闻发布会背景材料

"十四五"时期，是开启全面建设社会主义现代化国家新征程、谱写美丽中国建设新篇章、向第二个百年奋斗目标进军的开局起步时期。2021年是党和国家历史上具有里程碑意义的一年，也是"十四五"生态环境保护开局之年。生态环境系统深入贯彻习近平生态文明思想，认真落实党中央、国务院的决策部署，准确把握进入新发展阶段、贯彻新发展理念、构建新发展格局、推动高质量发展的要求，扎实推进各项工作，"十四五"生态环境保护实现良好开局。2022年将以积极的姿态、科学的谋划、务实的举措，确保各项生态环境目标任务落实、落细、落到位。

一、2021年生态环境保护工作进展

在习近平生态文明思想的指引下，污染防治攻坚战深入开展，生态环境质量持续改善，广大群众生态环境的获得感、幸福感不断增强。2021年国民经济和社会发展计划确定的生态环境领域8项约束性指标顺利完成。全国地级及以上城市空气质量优良天数比例为87.5%，同比上升0.5个百分点；$PM_{2.5}$浓度为30 $\mu g/m^3$，同比下降9.1%；地表水 I～III 类水质断面比例为84.9%，同比上升1.5个百分点；单位国内生产总值二氧化碳排放降低指标预计达到"十四五"序时进度要求；NO_x、VOCs、COD、NH_3-N 4项主要污染物总量减排指标预计完成年度目标。

主要开展了五方面工作：

一是"十四五"生态环境领域顶层设计系统构建。中共中央、国务院印发并实施的《关于深入打好污染防治攻坚战的意见》（以下简称《意见》），国务院印发的《"十四五"生态环境保护规划》，是"十四五"时期深入打好污染防治攻坚战、进一步加强生态环境保护的顶层设计。同时，生态环境部牵头研究 6 份重点领域改革文件，正在陆续出台 9 个"十四五"生态环境保护重点领域专项规划和 9 个污染防治攻坚战专项行动方案。

二是污染防治攻坚战扎实有力推进。蓝天保卫战方面，全国 1.45 亿 t 钢铁产能完成全流程超低排放改造。北方地区完成散煤治理约 420 万户。推进重点区域空气质量改善监督帮扶，持续开展重点区域秋冬季大气污染综合治理攻坚行动和夏季臭氧治理攻坚，臭氧浓度上升态势得到有效遏制。碧水保卫战方面，建立健全长江流域水生态考核指标体系。长江入河排污口监测工作基本完成，完成黄河干流上游和中游部分河段 7 827 km 岸线排污口排查，登记入河排污口 4 434 个。累计划定乡镇级集中式饮用水水源保护区 19 132 个。持续提升城市黑臭水体治理成效，推进海水养殖生态环境监管和海洋垃圾污染防治。净土保卫战方面，完成企业用地调查的地方成果审查和国家成果集成，新增完成 1.6 万个行政村环境整治，完成 400 余个较大面积农村黑臭水体整治。开展 68 个国家级化工园区和 9 个重点铅锌矿区地下水环境状况调查评估。稳步推进"无废城市"建设试点。

三是推动绿色低碳发展取得新成效。积极服务"六稳""六保"。深入推进"放管服"改革，推进重大项目和能源保供项目落地实施，助力释放合法煤炭产能 1.4 亿 t/a。坚决遏制"两高"项目盲目发展，印发《关于加强高耗能、高排放建设项目生态环境源头防控的指导意见》。支持配合出台碳达峰、碳中和"1+N"政策体系，启动全国碳排放权交易市场上线交易，全国碳排放权交易市场第一个履约周期顺利结束。推动 COP26 取得积极成果。加快"三线一单"成果落地应用。持续推进国家重大战略生态环境保护工作，联合国家发展改革委、重庆市人民政府、四川省人民政府印发《成渝地区双城经济圈生态环境保护规划》。

四是生态环境安全监管取得进一步成效。成功举办 COP15 第一阶段会议。开展"绿盾 2021"自然保护地强化监督，开展生态保护红线监督试点。强化"一废一库一品"（危险废物、尾矿库、化学品）环境监管，深入推进危险废物整治三年行动。严格核与辐射安全监管，深入开展全国核与辐射安全隐患排查三年行动。

五是生态环境治理效能持续提升。持续巩固排污许可全覆盖成果，累计将300多万个固定源纳入管理范围。推进出台环境噪声污染防治法、排污许可管理条例。分三批对17个省（自治区）及2家中央企业开展中央生态环境保护督察。推动建立以自动监控为核心的远程监管体系，充分运用大数据指引精准打击违法行为。出台《关于加强生态环境监督执法正面清单管理推动差异化执法监管的指导意见》。全面加强生态环境监测体系建设。

经过一年的工作实践，进一步深化了对生态环境保护工作的规律性认识，体现在"五个必须"。一是必须坚持以习近平生态文明思想为指引；二是必须坚持稳字当头、稳中求进；三是必须做到统筹兼顾，处理好生态环境保护、经济社会发展和保障民生的关系；四是必须创新方式方法，不断提升生态环境治理能力和治理水平；五是必须守牢底线不动摇，依法依规推进各项工作。

二、"十四五"生态环境保护工作部署

党的十九届五中全会建议和"十四五"规划纲要将生态文明建设放在更加重要的位置，明确了"十四五"期间以及展望到2035年美丽中国建设目标，全面部署推动绿色发展、促进人与自然和谐共生的重点任务和重大改革举措。《意见》和《规划》构成我国"十四五"生态环境保护顶层设计。

按照国务院的统一部署，生态环境部牵头编制《规划》。经过调查研究、科学论证，充分听取各方面意见，目前《规划》正在按程序向社会发布。

总体考虑主要有五个方面：一是完整、准确、全面贯彻新发展理念。充分发挥生态环境保护促进经济社会发展全面绿色低碳转型的作用，加快推动产业结构、能源结构、交通运输结构优化调整，从源头上解决生态环境问题。二是坚持以改善生态环境质量为核心。从生态系统整体性和流域系统性出发，强化"三水"统筹、陆海统筹、减污增容并重，推动生态环境综合治理、系统治理、源头治理。三是坚持精准治污、科学治污、依法治污。保持力度、延伸深度、拓宽广度，深入打好污染防治攻坚战，集中力量攻克老百姓身边的突出生态环境问题。四是坚持深化改革创新。加快构建现代环境治理体系，健全生态环境监管体系，形成齐抓共管、各负其责的生态环境保护工作格局。五是坚持稳中求进总基调。推动重点领域工作取得新突破。

面向美丽中国远景建设目标，提出了环境治理、应对气候变化、环境风险防控、生态保护四个方面的指标，明确了推动绿色低碳发展、控制温室气体排放、改善大气环境、提升水生态环境等方面的重点任务，部署了重点行业大气污染治理、水生态环境提升、重点海湾生态环境综合治理等领域的重点工程。

为系统安排"十四五"生态环境保护工作，我们坚持以五年综合规划为纲，专项规划为目，形成可操作、可落实的施工图、路线图、任务书。目前，生态环境部已经印发或基本编制完成空气质量改善、重点流域、海洋生态环境保护等专项规划和污染防治攻坚战专项行动方案。

三、2022年工作安排

2022年是推动落实"十四五"顶层设计、实现生态文明建设新进步的重要一年，做好生态环境保护工作意义重大。总的要求是坚持以习近平新时代中国特色社会主义思想为指导，全面贯彻党的十九大和十九届历次全会精神以及中央经济工作会议精神，深入贯彻习近平生态文明思想，弘扬伟大建党精神，坚持稳中求进工作总基调，完整、准确、全面贯彻新发展理念，服务和融入新发展格局，在坚持方向不变、力度不减的同时，更好统筹疫情防控、经济社会发展、民生保障和生态环境保护，更加突出精准治污、科学治污、依法治污，以实现减污降碳协同增效为总抓手，统筹污染治理、生态保护、应对气候变化，深入打好污染防治攻坚战，促进经济社会发展全面绿色转型，持续推进生态环境治理体系和治理能力现代化，积极服务"六稳""六保"工作，协同推进经济高质量发展和生态环境高水平保护，助力保持经济运行在合理区间、保持社会大局稳定，以优异成绩迎接党的二十大胜利召开。

在工作把握上：一是统筹发展与保护。坚持系统观念，在经济社会发展大局中推进生态环境保护工作。二是把握好工作节奏。合理设置阶段性任务目标，科学把握时序、节奏和步骤。三是突出工作重点。更加坚持问题导向、更加坚持依法监管、更加坚持指导帮扶、更加坚持改革创新。在重点区域、重点领域、关键指标上实现新突破。

重点任务包括扎实有序推动绿色低碳发展、深入打好污染防治攻坚战、持续加强生态保护监管、确保核与辐射安全、严密防控环境风险、加快构建现代环境治理体系等。

3月例行新闻发布会实录
——聚焦固体废物与化学品环境管理

3_月

2022年3月30日

3月30日，生态环境部举行3月例行新闻发布会。生态环境部固体废物与化学品司司长任勇出席发布会，介绍固体废物与化学品环境管理有关情况。生态环境部新闻发言人刘友宾主持发布会，通报近期生态环境保护相关重点工作进展，并共同回答了大家关心的问题。

3月例行新闻发布会现场（1）

3月例行新闻发布会现场（2）

刘友宾：新闻界的朋友们，上午好！欢迎参加生态环境部3月例行新闻发布会。

今天的发布会，我们邀请到生态环境部固体废物与化学品司司长任勇先生，向大家介绍我国固体废物与化学品环境管理工作情况，并回答大家关心的问题。

下面，我先通报几项我部重点工作。

一、第二轮第六批中央生态环境保护督察全面启动

经党中央、国务院批准，第二轮第六批中央生态环境保护督察已全面启动，组建5个中央生态环境保护督察组对河北、江苏、内蒙古、西藏、新疆5个省（自治区）和新疆生产建设兵团开展督察进驻。

督察工作始终将习近平总书记重要指示批示贯彻落实情况作为重中之重，坚持服务大局，坚持系统观念，坚持严的基调，坚持问题导向，坚持精准、科学、依法，重点关注被督察对象立足新发展阶段、贯彻新发展理念、构建新发展格局、推动高质量发展情况；京津冀协同发展、长江经济带发展、长三角一体化发展、黄河流域生态保护和高质量发展等重大国家战略实施中生态环境保护要求落实情况；严格控制"两高"（高耗能、高排放）项目盲目上马，以及去产能"回头看"落实情况；重大生态破坏、环境污染、生态环境风险及处理情况；上一轮督察发现问题整改落实情况；人民群众反映突出的生态环境问题立行立改情况；生态环境保护思想认识、

工作推进和"党政同责""一岗双责"落实情况等。

3月23—25日，各督察组陆续进驻，分别设立专门值班电话和邮政信箱，受理被督察对象生态环境保护方面的来信来电举报。督察组全体成员将严格执行《中央生态环境保护督察纪律规定》和当地疫情防控相关要求，接受被督察对象和社会监督。在后续工作中，将严格落实中央有关要求，进一步为基层减负，简化程序、优化流程，不断提高督察工作的精准性、针对性，确保有序、有效完成督察任务。

二、北京冬奥会、冬残奥会空气质量保障任务顺利完成

北京冬奥会、冬残奥会赛事期间，北京、张家口市 $PM_{2.5}$ 平均浓度分别为 36 $\mu g/m^3$ 和 22 $\mu g/m^3$，同比分别下降 56.1% 和 50%；冬奥会期间，两地空气质量每日达标，实现了赛前承诺。同时，区域联防联控成效凸显，京津冀及周边地区 $PM_{2.5}$ 平均浓度为 52 $\mu g/m^3$，同比下降 20%；重污染天数同比减少 90% 以上。"冬奥蓝""北京蓝"得到国际、国内社会的一致好评。

近年来，生态环境部持续深化大气污染治理工作，从根本上降低大气污染物排放。为营造北京冬奥会、冬残奥会良好的赛事环境，生态环境部会同北京、河北等8省（自治区、直辖市）统筹经济社会平稳运行、能源保供和人民群众温暖过冬，坚持精准治污、科学治污、依法治污，对部分污染重、排放量大、经济影响相对较小的企业和高排放车辆依法采取临时性管控，措施精准到具体企业、生产工艺环节和车辆。此外，广大群众积极支持烟花爆竹禁燃、禁放，

助力空气质量进一步改善。

冬奥会、冬残奥会期间的良好空气质量充分体现了多年大气污染治理攻坚的成效，是社会各界共同努力的结果。生态环境部将以此为契机，深化区域大气污染联防联控联治，推动空气质量持续改善，让人民群众有越来越多的环境获得感。

三、首个生态保护监管规划印发

生态环境部近日印发了《"十四五"生态保护监管规划》（以下简称《监管规划》），这是我国首次制定生态保护的监管规划。

《监管规划》以建立健全生态保护监管体系为主线，提升生态保护监管协同能力和基础保障能力，有序推进生态保护监管体系和监管能力现代化，守住自然生态安全边界，持续提升生态系统质量和稳定性，筑牢美丽中国根基。

《监管规划》明确了"十四五"生态保护监管的五项重点任务，包括深入开展重点区域监督性监测、推进生态状况及生态保护修复成效评估、完善生态保护监督执法制度、强化生态保护监管基础保障能力建设和提升生态保护监管协同能力等。

到 2025 年，将建立较为完善的生态保护监管政策制度和法规标准体系，初步建立全国生态监测监督评估网络，对重点区域开展常态化遥感监测，生态保护修复监督评估制度进一步健全，自然保护地、生态保护红线监管能力和生物多样性保护水平进一步提高，"绿盾"自然保护地强化监督专项行动范围全覆盖，自然保护地不合理开发活动基本得到遏制。

　　刘友宾：下面，请任勇先生介绍情况。

生态环境部固体废物与化学品司司长任勇

固体废物污染防治要抓好两条主线，守住一个底线，突出两个抓手

　　任勇：谢谢友宾先生。各位媒体朋友们，大家上午好！

　　很高兴与各位在阳春三月见面，也借此机会感谢各位朋友长期以来对固体废物与化学品环境管理工作的关心、理解和支持。

　　固体废物污染防治，一头连着减污，一头连着降碳，是生态文明建设的重要内容，也是深入打好污染防治攻坚战的重要任务。努力让城乡"无废"、环境健康安全是实现美丽中国建设目标的重要方面。党中央、国务院高度重视固体废物污染防治和新污染物治理，习近平总书记多次主持召开会议研究部署有关工作并做出重要指示批示。《关于深入打好污染防治攻坚战的意见》明确提出，到2025年，固体废物和新污染物治理能力明显增强。在今年刚刚闭幕的全国人民代表大会上，李克强总理在《政府工作报告》中强调，要加强固体废物和新污染物治理。

2022年是我们全面落实"十四五"生态环境保护各项决策部署的关键之年，固体废物与化学品环境管理工作的总体要求是，深入贯彻习近平生态文明思想，全面落实全国生态环境保护工作会议安排部署，把握一个"总基调"，做到四个"坚持"。"总基调"就是坚持稳中求进的工作总基调，四个"坚持"即坚持更加突出精准治污、科学治污、依法治污的工作方针，坚持固体废物污染防治"减量化、资源化、无害化"的工作原则，坚持打牢基础、健全体系、严守底线、防控风险、改革创新的工作思路，坚持突出重点、统筹兼顾、系统推进的工作方法。

对于重点工作任务的安排，可以概括为：抓好两条"主线"，守住一条"底线"，突出两个"抓手"。抓好两条"主线"，一条主线是对固体废物特别是危险废物从产生、收集、贮存、转移到利用处置强化全链条环境监管；另一条主线是对有毒有害化学物质强化全生命周期环境风险管理。守住一条"底线"，就是要严守危险废物、尾矿库、化学品、重金属，就是通常说的"一废一库一品一重"

的生态环境风险防控这条"底线"。突出两个"抓手",一个是新污染物治理,一个是"无废城市"建设。这样,确保全面完成《关于深入打好污染防治攻坚战的意见》和《"十四五"生态环境保护规划》所确定的有关工作任务,持续提升固体废物与化学品环境治理体系和治理能力。

工作目标要求可以概括为三句话:改善生态环境质量、助推绿色低碳循环发展、维护健康安全。首先,要有效防控固体废物和有毒有害化学物质污染环境,拓展和延伸深入打好污染防治攻坚战的广度和深度,推进生态环境质量持续改善;其次,充分发挥固体废物减量化、资源化、无害化在减污降碳协同增效方面的重要作用,助推绿色低碳循环发展;最后,有效防控生态环境风险,切实维护人民群众健康和生态环境安全,以优异成绩迎接党的二十大胜利召开。

各位朋友,以上是我们今年乃至"十四五"一段时期内有关固体废物污染防治与化学品环境管理工作的总体考虑和工作安排。下面我很高兴回答各位媒体朋友关心的问题。谢谢。

刘友宾:下面请大家提问。

新污染物需多部门跨领域协同治理,实施全生命周期环境风险管控

海报新闻记者:今年《政府工作报告》中提出了新污染物的治理,我们也关注到今天发布会的主题也提到了新污染物的治理,我想问

一下新污染物的概念是什么？"新"在哪里？有什么特点？以及在治理方面面临着什么困难？

任勇：谢谢您的提问，从改善生态环境质量和环境风险管理的角度看，新污染物是指那些具有生物毒性、环境持久性、生物累积性等特征的有毒有害化学物质，这些有毒有害化学物质对生态环境或者人体健康存在较大风险，但尚未纳入环境管理或者现有管理措施不足。目前，国际上广泛关注的新污染物有四大类：一是持久性有机污染物，二是内分泌干扰物，三是抗生素，四是微塑料。这四类物质界定为新污染物的前提是其排放到环境中。

说它"新"在哪儿？可从两个方面去理解：一方面是相对于大家熟悉的如 SO_2、NO_x、$PM_{2.5}$ 等常规污染物而言。另一方面，新污染物种类繁多，更重要的特点"新"是因为其种类还可能会持续增加。随着对化学物质环境和健康危害认识的不断深入以及环境监测技术的不断发展，可能被识别出的新污染物还会持续增加。大家注意到联合国环境规划署对新污染物的英文用词为"emerging pollutants"，其中"emerging"是进行时，说明新污染物可能还会不断增加，这是"新"。

治理之所以难，是由于新污染物具有五个方面的特征。

一是危害比较严重。新污染物对器官、神经、生殖发育等方面都可能有危害，其生产和使用往往与人类生活息息相关，对生态环境和人体健康存在较大风险。

二是风险比较隐蔽。多数新污染物的短期危害不明显，可是一旦发现其危害性时，它们可能已经通过各种途径进入环境中。

三是环境持久性。新污染物大多具有环境持久性和生物累积性，在环境中难以降解并在生态系统中易于富集，可长期蓄积在环境中和生物体内。

四是来源广泛性。我国是化学物质生产和使用大国，在产、在用的有数万种，每年还新增上千种新化学物质，其生产消费都可能存在环境排放。

五是治理复杂性。对于具有持久性和生物累积性的新污染物，即使其以低剂量排放到环境中，也可能危害环境、生物和人体健康，对治理程度要求高。此外，新污染物涉及行业众多，产业链长，替代品和替代技术研发较难，需多部门跨领域协同治理，实施全生命周期环境风险管控。谢谢。

生态环境部会同国家发展改革委等 13 个部门正在研究制订新污染物治理行动方案

界面新闻记者：刚刚您介绍了新污染物治理方面的一些情况，我想了解一下生态环境部在新污染物治理方面做了哪些努力？下一步有什么具体安排？谢谢。

任勇：党中央、国务院高度重视新污染物治理工作。2018 年 5 月，习近平总书记在全国生态环境保护大会上提出，要对新的污染物治理开展专项研究和前瞻研究。2020 年 10 月、2021 年 4 月，习近平总书记先后在党的十九届五中全会和中央政治局第二十九次集体学习时进一步强调，要重视新污染物治理。《关于深入打好污染防治攻坚战的意见》和"十四五"规划纲要对新污染物治理做出了明确安排和部署，要求制订新污染物治理行动方案。

近年来，生态环境部会同相关部门，在有毒有害化学物质环境风险管理方面主要开展了四方面工作，为新污染物治理工作打下了较好的基础。

第一，推动建立法规标准体系。研究推动有毒有害化学物质环境风险管理立法，修订《新化学物质环境管理登记办法》。同时，制定化学物质环境风险评估技术方法等技术规范。

第二，加强源头准入管理。持续开展新化学物质环境管理登记，防范具有不合理环境风险的新化学物质进入经济社会活动和生态环境中。例如，2021年，共批准登记564种新化学物质，提出500多项环境风险控制措施。

第三，推动有毒有害化学物质环境风险管控。开展化学物质环境风险评估，印发两批《优先控制化学品名录》，列入共计40种（类）应优先管控的化学物质，推动通过禁止生产使用、实施清洁生产、产品中含量限制管控，以及纳入大气、水、土壤有毒有害污染物名录等措施，初步沿着全生命周期环境风险管控的思路去管控有毒有害化学物质的环境风险。

第四，积极参与全球化学品履约行动。以履行《斯德哥尔摩公约》《关于汞的水俣公约》为抓手，限制、禁止了一批公约管控的有毒有害化学物质的生产和使用。在履行《斯德哥尔摩公约》行动中，我国已淘汰了 20 种（类）持久性有机污染物。

在这些工作的基础上，特别是通过对习近平生态文明思想和有关重要指示批示精神的深入学习贯彻，我们对新污染物治理工作的认识进一步深化。

开展新污染物治理是污染防治攻坚战向纵深推进的必然结果，是生态环境质量持续改善进程中的内在要求。黄润秋部长在今年全国生态环境保护工作会议上指出，新污染物治理就是深入打好污染防治攻坚战要延伸深度、拓展广度的具体体现。我们不难判断出，当我国水、大气、土壤环境质量持续改善，"蓝天白云、鱼翔浅底"正在逐步成为常态时，在生态环境质量从量变向质变的改善过程中，生态环境健康安全必然成为人民对日益增长的优美生态环境需求的重要方面。

按照党中央、国务院的决策部署，生态环境部会同国家发展改革委等 13 个部门正在研究制订新污染物治理行动方案，提出了"十四五"期间我国新污染物治理工作总体要求、主要目标、行动举措和保障措施。

新污染物治理总体思路是通过对有毒有害化学物质环境风险筛查和评估，"筛""评"出需要重点管控的新污染物，然后，对重点新污染物实行全过程管控，包括对生产使用的源头禁限、过程减排、末端治理。所以，总体思路可概括为"筛、评、控""禁、减、治"。

新污染物治理的很多措施是通过在水、大气、土壤污染治理中落实的，体现化学品环境管理对环境污染防治的"牵引驱动"的特点和规律。下一步，新污染治物理行动方案印发后，我部将会同有关部门认真落实方案规定的各项举措和任务。谢谢。

守住进口、鉴别、出口等关键环节，防范变相进口洋垃圾

《中国日报》记者：从去年开始，我国已全面禁止洋垃圾入境，但一些企业仍然通过走私等方式进口洋垃圾，请问生态环境部在继续做好禁止洋垃圾入境方面还将开展哪些工作？

任勇：在以习近平同志为核心的党中央坚强领导下，在总书记的亲自谋划、部署和推动下，2017—2020 年，经过四年的努力，我国如期实现了在 2020 年年底固体废物进口清零的目标，发达国家将我国作为"垃圾场"的历史一去不复返了。全面禁止进口洋垃圾作为我国生态文明建设的标志性成果，写入《中共中央关于党的百年奋斗重大成就和历史经验的决议》。

全面禁止进口洋垃圾后，巩固改革成果仍面临一些新挑战。例如，一些不法企业和个人受利益驱使，通过伪报、"影子商品""蚂蚁搬家""偷梁换柱"等隐蔽方式走私洋垃圾，增加了执法打击难度。2021 年，海关总署共立案侦办废物走私犯罪案件 110 起，查证涉案废物 4.2 万 t。另外，再生原料进口、保税维修、再制造等新业态快速发展，存在一定变相进口洋垃圾的风险。

下一步，生态环境部将会同有关部门，认真落实《深入打好污染防治攻坚战的意见》提出的全面禁止进口洋垃圾的决策部署，制订实施深化巩固禁止洋垃圾进口工作方案，会同海关、商务等部门，聚焦主要矛盾，守住进口、鉴别、出口等关键环节。

一是严防洋垃圾走私和变相进口洋垃圾。针对洋垃圾走私呈现的新特点，配合海关总署等有关部门强化"源头控、口岸防、国内查、后续打"的全链条防控。规范再生原料产品进口管理，引导企业依法开展再生原料产品进口业务，严防不符合标准的再生原料披着合法外衣变相入境。强化保税维修、再制造等新业态管理，研究制定环境管理要求，防范变相进口洋垃圾。

二是完善禁止洋垃圾进口配套监管制度。落实《中华人民共和国固体废物污染环境防治法》（2020年4月修订）有关要求，加强进口货物固体废物属性鉴别工作的管理，做好鉴别仲裁工作。加大协调力度，协助做好无法退运洋垃圾的无害化处置工作。建立信息共享机制，加强保税维修重点企业固体废物转移的监管。

三是加强固体废物出口监管。履行《控制危险废物越境转移及其处置巴塞尔公约》的责任义务，防止我国固体废物出口造成进口国环境污染。组织修订《危险废物出口核准管理办法》，进一步强化危险废物出口监管，明确非公约管控固体废物的出口管理要求。

沿长江省（市）2 450 多座尾矿库排查出各类生态环境问题 2 100 多个，正在有序推进治理

新华社记者：我关注的是尾矿库的问题。我们国家尾矿库数量多，安全环境隐患突出，生态环境部在尾矿库环境风险管控方面做了哪些工作？下一步有哪些工作安排？谢谢。

任勇：正如您刚才所说，我们国家尾矿库的数量多，情况复杂。我国现有近万座尾矿库，其分布和环境风险情况可以用 4 个"近1/3"来描述：华北地区分布近 1/3，长江流域分布近 1/3，在用的占近 1/3，环境风险相对比较高的占近 1/3。所以，总体上，一方面我国尾矿库数量大、情况复杂、环境风险高、监管难度大；另一方面，这些尾矿库中还有一部分存在污染治理设施建设不到位、监管不到位、运行不规范的问题，环境风险隐患比较突出。

生态环境部高度重视尾矿库环境风险的防控工作，多措并举，持续强化尾矿库环境监管，积极推进尾矿库污染防治和环境风险防控工作。近两年主要做了以下三方面工作。

第一，完善尾矿库污染防治的法规制度。我部正在修订《尾矿污染环境防治管理办法》，制定尾矿库污染隐患排查技术指南，密切衔接《中华人民共和国固体废物污染环境防治法》（2020 年 4 月修订）等法律法规对尾矿库的环境管理要求，明确细化尾矿库污染防治的责任和要求。我们印发了《尾矿库环境监管分类分级技术规范》，建立以环境风险防控为核心的分类分级管理制度，提高尾矿

库污染防治和环境风险管控的精准性和科学性。

第二，持续推进重点地区的尾矿库环境污染治理。印发了《加强长江经济带尾矿库污染防治实施方案》，深入推进长江经济带尾矿库治理情况"回头看"，巩固提升治理的成效。截至2021年年底，沿长江省（直辖市）2 450多座尾矿库排查出各类生态环境问题2 100多个，正在有序推进治理。配合有关部门制订了《"十四五"黄河流域尾矿库治理实施方案》以及加快推进嘉陵江上游尾矿库治理的文件，督促推动有关省级行政区开展尾矿库的综合治理。

第三，开展尾矿库环境风险隐患排查治理。去年，我部将尾矿库污染排查治理纳入年度统筹强化监督，组织7个工作组对湖北、湖南等7个省9个地市的尾矿库开展抽查。我们还组织各流域监督管理局督促指导流域各省级行政区加强汛期尾矿库环境风险隐患排查治理，并对189座尾矿库开展了抽查，发现各类问题500多个，正在跟踪督促整改。通过排查治理，及时消除了一批环境风险隐患。

下一步，我部将牢固树立底线思维，针对尾矿库环境管理突出问题，着力加强打基础、补短板建设，有效防控尾矿库环境风险。一是加快出台《尾矿污染环境防治管理办法》《尾矿库污染隐患排查治理技术指南（试行）》，以风险防控为核心实施尾矿库分类、分级环境管理，坚决守住生态环境安全底线。二是持续推进长江经济带、黄河流域等重点区域、流域尾矿库污染治理，加强各地汛期尾矿库污染隐患排查治理。三是提高尾矿库环境监管基础能力，进一步完善尾矿库环境基础信息，构建尾矿库环境管理信息系统，借助信息化手段提升尾矿库环境管理能力和水平。四是进一步加强业务培训和指导帮扶，提升各地生态环境部门尾矿库污染治理水平和环境监管能力。

我就回答到这儿，谢谢。

各地落实"两个100%"工作要求，毫不放松抓实抓细疫情防控相关环保工作

中央广播电视总台央视记者：近期，我国多地出现聚集性疫情，请问目前中高风险地区医疗废物、医疗污水的处理处置情况如何？

任勇：我先通报一下总体的情况，之后有针对性地回答您关注的问题。

2020年，疫情发生以来，国务院及生态环境部等部门相继印发实施多个关于加强涉疫医疗废物和废水处置能力建设与监管文件及相关技术规范，对推动提升医疗废物和医疗污水的处理处置能力和监管水平发挥了非常大的作用。

我给大家通报一组数字，截至去年年底（2021年年底），全国医疗废物集中处置能力约215万t/a，这个数字比疫情前（2019年年底）提高了39%；另外，各地具备医疗废物应急处置能力近200万t/a，这是总体情况。

针对疫情发展态势，我部建立工作机制，定期对中高风险等级地区开展集中调度，今年年初以来实行每日调度，指导督促重点地

区严格落实"两个100%"工作要求。各位媒体朋友可能都了解，"两个100%"工作要求，一个是医疗机构及设施环境监管与服务100%全覆盖，另一个是医疗废物、医疗污水及时有效收集和处理处置100%全落实。

近期，全国本土聚集性疫情发生以来，从调度情况看，全国中高风险地区医疗废物、医疗污水处理处置情况平稳有序，医疗废物、医疗污水处理处置能力充足。

医疗废物方面，我部指导各地在保持常规处置能力稳定运行的基础上，提升医疗废物转运及应急处置能力。全国涉及中高风险地区的市（州）和直辖市中，约七成的中高风险地区医疗废物日处置负荷率都在50%以下，所有疫情医疗废物均做到了日产日清，此外还储备了较为充足的协同应急处置能力，已做好应急准备，可随时启用。

医疗污水方面，我部指导各地做好医疗污水和城镇污水处理环境监管工作，加强对定点医院污水处理设施以及接收定点医院和集中隔离场所污水的城镇污水处理厂的动态监管，对发现定点医院存在污水处理设施管理运行不规范、医院污水消毒不到位等问题，均已督促当地立即整改。目前，总体来看，定点医院和城镇污水处理厂污水处理能力满足需求，运转正常。

下一步，我部将密切关注疫情防控形势，继续紧盯并及时调度中高风险地区疫情防控生态环境保护工作情况，指导帮扶各地落实"两个100%"工作要求，毫不放松抓实抓细近期聚集性疫情应急处

置和常态化疫情防控相关环保工作，牢牢守住疫情防控最后一道防
线。谢谢。

"无废城市"建设试点顺利完成改革任务，达到预期成效

《光明日报》记者： 2019 年，生态环境部确定了 11 个城市作
为"无废城市"建设试点，请问目前试点工作进展成效如何？是否
初步形成可复制、可推广的"无废城市"建设示范模式？

任勇： 按照党中央、国务院的决策部署，2019 年以来，生态环
境部会同相关部门指导深圳等 11 个城市和雄安新区等 5 个特殊地区
开展"无废城市"建设试点工作，顺利完成改革任务，达到预期成效。

总体上看，试点成效体现在三方面：一是统筹推进高水平保护
与高质量发展。试点城市通过统筹经济社会发展与固体废物污染防
治工作，一方面提升了固体废物利用处置能力和监管水平，试点地
区落实了 1 000 余项能力保障任务，工程项目近 600 项，解决了一
些历史遗留固体废物环境问题，加快了城乡环境基础设施补短板工
作进程，带动了固体废物利用处置工程建设；另一方面，通过转变
生产生活方式，实现固体废物减量化，反过来，通过固体废物减量化、
资源化、无害化措施，减少了碳排放，倒逼生产生活方式绿色转型。
二是"无废"理念逐步得到认同。试点城市通过开展形式多样的宣
传教育活动，推进节约型机关、绿色饭店、绿色学校等 7 200 多个"无

废细胞"建设，营造了良好的"无废"社会氛围。三是示范带动作用明显。浙江省率先在全省域开展"无废城市"建设，广东省提出粤港澳大湾区9城同建"无废湾区"，重庆市、四川省全面启动成渝地区双城经济圈"无废城市"共建。

具体来讲，通过"无废城市"建设试点形成了一批可复制、可推广的模式，主要体现在以下四个方面：

在工业绿色生产方面，通过优化产业结构、提升工业绿色制造水平，推动工业固体废物减量化与资源化。包头市统筹推进钢铁、电力等产业结构调整和资源能源利用效率提升，工业固体废物产生强度一年降低了4%。铜陵市、盘锦市、瑞金市等地通过"无废矿山""无废油田"建设，从源头上减少了工业固体废物产生量；通过生态修复将废弃矿山变成"绿水青山"；通过发展旅游观光又将其转化为"金山银山"。

在农业绿色生产方面，通过与美丽乡村建设、农业现代化建设相融合，推动主要农业废弃物有效利用。徐州市建立了秸秆高效还田及"收、储、用"一体多元化利用模式，光泽县发展了种养结合生态农业模式，西宁市建设"生态牧场"模式等，这些做法实现了秸秆、畜禽粪污全量利用。威海市推广生态养殖模式，建成14个国家级海洋牧场。重庆市统筹供销合作社农资供应与农膜回收体系，2020年农膜收集率达到90%以上。

在践行绿色生活方式方面，通过宣传引导和管理制度创新，探索城乡生活垃圾和建筑垃圾源头减量和资源化利用。中新天津生态城推行垃圾分类实名管理、弹性收费和信息公示，居民垃圾分类准确率达87%。深圳推行"集中分类投放+定时定点督导"分类方式，生活垃圾回收率达到42%，位居国内领先水平。许昌市打造"政府主导、市场运作、特许经营、循环利用"模式，建筑垃圾资源化利用率超过80%。雄安新区编制"无废城市"教材，纳入新区15年教育体系。

在加强环境监管方面，通过信息化平台建设和制度创新，强化风险防控能力。绍兴市率先建成"无废城市"信息化平台，打通35个部门固体废物相关数据接口，形成"纵向到底、横向到边"的监管格局。重庆市与四川省合作建立危险废物跨省转移"白名单"制度，平均审批时限由1个月压缩至5个工作日以内。北京经济技术开发区开展危险废物分级豁免管理尝试，探索实施"点对点"资源化利用机制。三亚市通过源头禁限、过程管控、陆海统筹治理塑料污染，每年减少一次性塑料制品使用量约8 000 t。

此外，试点城市采取积极措施激发市场主体活力，利用市场化手段，培育近300家固体废物回收利用处置骨干企业。谢谢。

对碳排放数据弄虚作假行为"零容忍"

21世纪经济报道记者：近日，生态环境部公布了一批碳排放报告数据弄虚作假等典型问题案例。请问此举是出于什么考虑？当前碳排放报告存在哪些共性问题？针对碳排放报告数据造假现象生态环境部开展了哪些工作？下一步还有何计划？

刘友宾：我国碳排放权交易市场自去年7月启动上线交易以来，整体运行平稳，目前正处于重要的发展培育期。公开曝光碳排放报告弄虚作假典型问题案例，彰显了生态环境部维护碳排放权交易公平、公正，促进全国碳排放权交易市场健康平稳有序运行的决心和信心。

生态环境部始终坚持对碳排放数据弄虚作假行为"零容忍"。2021年10—12月，生态环境部抽调全国生态环境系统执法骨干和行业专家，赴22个省级行政区47个城市，组织开展碳排放报告质量专项监督帮扶，初步查实了一批典型、突出问题。

从公开曝光的典型问题案例来看，反映出当前部分碳排放权交易市场技术服务机构存在一些值得注意的问题。

一是法律法规意识淡薄。部分咨询、检测机构受利益驱使铤而走险，利用弄虚作假手段帮助企业篡改碳排放数据，严重干扰碳排放权交易市场正常秩序。

二是管理制度不健全。部分技术服务机构质量控制体系缺失，项目管理混乱，工作合规性、数据真实性难以保障。

三是工作责任不落实。部分核查机构为降低成本将核查业务层层转包，存在"代签""挂名"现象。还有部分核查机构仅查阅企业提供的现成数据和资料，未核实数据文件的真实性、完整性和准确性。

下一步，我部将重点开展以下几方面工作：一是配合司法部积极推动出台"碳排放权交易管理暂行条例",进一步明确技术服务机构的责任和监督管理要求。二是严厉打击弄虚作假等违法违规行为。生态环境部已将碳排放专项监督帮扶发现的问题及相关案卷材料移交各省级生态环境部门,指导各地依法、依规处理处罚,涉嫌犯罪的及时移送公安机关处理。三是多措并举加强监管。建立健全信息共享、联合调查、案件移送等机制,联合相关部门加强对技术服务机构的日常监管。加大信息公开和信用监管力度。

环境数据质量是环境管理的"生命线",事关科学决策、市场公平和政府公信力。生态环境部将持续对包括碳排放数据在内的环境数据造假行为保持高压态势。这里,我同时发布一条消息。今年,生态环境部、最高人民检察院、公安部将在全国继续开展打击自动监测数据弄虚作假环境违法犯罪专项行动,重点查处不正常运行自动监测设备、篡改自动监测数据或者干扰自动监测设施,以及第三方监测单位提供虚假证明文件等环境违法犯罪行为,坚决向环境数据造假说不。

推动100个左右地级及以上城市开展"无废城市"建设

封面新闻记者: "十四五"时期生态环境部在"无废城市"建设方面有哪些考虑?怎样部署的?

任勇: "十四五"时期,我们将按照《关于深入打好污染防治攻坚战的意见》的有关决策部署，推进 100 个左右地级及以上城市开展"无废城市"建设，鼓励有条件的省级行政区全域推进"无废城市"建设。

通过成功的试点工作，我们对"十四五"时期稳步推进"无废城市"建设的意义和作用有了四点新认识。一是有助于协同推进水、大气、土壤环境污染治理，这也是对环境污染治理规律认识的深化。固体废物既是水、大气、土壤污染的"源"，也是水、大气、土壤污染治理的"汇"，存在内在耦合关系。加强固体废物污染防治既是切断水、大气、土壤污染源的重要工作，也是巩固水、大气、土壤污染治理成效的最后环节。"无废城市"建设尽管着力点在固体废物污染防治，但对城市深入打好污染防治攻坚战有直接贡献和统筹推动作用。二是能充分发挥减污降碳协同增效作用。栗战书委员长在去年全国人大常委会固废法①执法检查时指出，固体废物污染防治一头连着减污，一头连着降碳。研究机构对 45 个国家和地区的相关数据分析表明，通过提升城市、工业、农业和建筑四类固体废物的全过程管理水平，可以实现国家碳排放减量的 13.7% ~ 45.2%（平均为 27.6%）。所以，减污降碳是"无废城市"建设的一个新的使命。三是助推城市经济社会绿色转型，实现高质量发展。正如试点经验所展示的，这是由"无废城市"建设的任务和路径所决定的。开展"无废城市"建设是贯彻新发展理念、推动生产生活方式绿色转型的重要载体，是城市政府所期待的着力点和综合抓手。四是有助于提升

---

① 固废法指《中华人民共和国固体废物污染环境防治法》（2020 年 4 月修订）。

固体废物治理体系和治理能力。"无废城市"建设的措施是综合的，既有政策、制度等软件建设，也有利用处置设施、信息系统等硬件建设，这些都是固体废物管理领域长期存在的短板，是需要夯实的基础。这四点综合起来就是"无废城市"建设有助于减污、降碳、扩绿、增长协同推进。因此，各地对开展"无废城市"建设表现出很高的积极性和主动性。

去年年底，我部会同 17 个部门印发《"十四五"时期"无废城市"建设工作方案》（以下简称《方案》）。《方案》的主要目标是：到 2025 年，实现"无废城市"固体废物产生强度较快下降，综合利用水平显著提升，无害化处置能力有效保障；减污降碳协同增效作用充分发挥；"无废"理念得到广泛认同；基本实现固体废物管理信息"一张网"，固体废物治理体系和治理能力得到明显提升。

《方案》安排的主要任务可以概括为"12345"。"1"是指"100"个城市，即推动 100 个左右地级及以上城市开展"无废城市"建设。"2"是指"两个融合"，即"无废城市"建设与深入打好污染防治攻坚战和碳达峰、碳中和战略相融合，做好建设方案顶层设计。"3"是指"三化"原则，即围绕固体废物治理这一主线，统筹推进减量化、资源化和无害化。"4"是指"四大体系"建设，即制度体系、技术体系、市场体系和监管体系建设，并用好数字化技术。"5"是指"五大"重点领域，即在工业领域、农业领域、生活领域、建筑领域推动绿色低碳循环发展，以及对危险废物的全链条环境监管。谢谢。

持续强化危险废物环境监管

澎湃新闻记者：近年来，各地加大了对危险废物跨省非法转移的打击力度，各地也进行了危险废物集中处置中心等基础设施建设。总体上我国危险废物管理和处置现状如何？还存在什么问题？下一步如何进一步规范和管理？

任勇：这个问题非常重要，党中央、国务院高度重视危险废物污染防治工作。习近平总书记多次就强化危险废物环境监管做出重要指示批示。一年来，通过《强化危险废物监管和利用处置能力改革实施方案》的落实，对强化危险废物监管和利用处置能力建设发挥了重要推动作用。总体上，我国危险废物利用处置和监管情况及进展主要体现在三大方面，这里面包括您关心的转移的问题。

第一，在提升危险废物监管能力和补齐收集利用处置能力短板等方面。一是提升利用处置能力。建立"省域内能力总体匹配、省域间协同合作、特殊类别全国统筹"三级保障体系，各省（自治区、直辖市）实现省内危险废物处置能力与需求总体匹配；推动京津冀、长三角、珠三角、成渝地区等区域建立合作机制，推行危险废物处置设施共建、共享。截至 2021 年年底，全国危险废物集中利用处置能力约 1.7 亿 t/a，利用能力和处置能力比"十二五"末分别增长了 2.1 倍和 2.8 倍。二是提高信息化管理水平。全国固体废物环境管理信息系统基本实现现有业务网上办理，2021 年全年完成近 60 万家单位的危险废物管理计划备案、23 万家单位的产废情况申报、500 余万笔转移联单的运行和 5 000 余家危险废物集中利用处置单位的年报报送。

第二，在改革创新和健全制度方面。一是健全制度。目前，我国对危险废物的环境管理建立了比较完善的制度体系，包括危险废物名录和鉴别、管理计划、申报、转移联单、经营许可、应急预案、标识、出口核准 8 项制度，60 多项标准规范，覆盖从产生到利用处置全过程。2021 年，联合有关部门发布《危险废物转移管理办法》，修订危险废物鉴别管理和技术规范，进一步规范危险废物转移和鉴别行为。动态修订《国家危险废物名录》，提升列入名录的危险废物的精准性和科学性。二是着力改革创新。完善危险废物环境管理豁免制度，在环境风险可控的前提下，对 32 个种类危险废物特定环节、特定内容实行豁免管理，实行"点对点"定向利用豁免；2021 年研究发布首批危险废物排除管理清单，这都是在探索做好管理的"减法"，提高精准性和效能，大大减轻企业的负担。开展小微企业危险废物收集试点，打通危险废物收集"最后一公里"；开展废铅蓄电池集中收集和跨区域转运制度试点，推动建立规范有序的废铅蓄电池收集处理体系，目前已实现各省域全覆盖，2021 年试点省级行政区集转运量为 2019 年的 2.8 倍。

第三，在强化监管方面。一是源头严防。深入开展危险废物专项整治三年行动，对全国 6 万余家企业开展危险废物环境风险隐患排查，发现并整治 2.5 万个问题，建立涵盖 2.8 万余家企业的危险废物重点监管单位清单。二是过程严管。持续推进危险废物全过程监控和信息化追溯，例如，江苏省用一个"二维码"对危险废物"一管到底"，还有一些省级行政区对危险废物转移实施了可视化的全过程监控；持续开展危险废物规范化环境管理评估，推动地方政府和相关部门落实监管责任，督促危险废物相关单位落实法律制度。三是后果严惩。联合公安部、最高人民检察院持续开展打击危险废物环境违法犯罪行为专项行动，严厉查处危险废物非法转移、倾倒、处置等违法犯罪行为。2021年，全国生态环境部门共查处涉危险废物环境违法案件近5 300起，向公安机关移送1 000余起，罚款约6.5亿元。

当前，危险废物利用处置能力在区域和种类上存在不平衡，危险废物非法转移、倾倒事件时有发生，危险废物分级、分类环境管理制度尚不完善。

下一步，危险废物环境监管的工作方向是继续深化改革实施方案的贯彻落实，持续强化危险废物环境监管。一是深入开展危险废物专项整治三年行动及其相关的新部署，推动各地按时完成补充排查发现问题整改，适时开展"回头看"巡查；二是继续在全国集中开展严厉打击危险废物环境违法犯罪专项行动；三是开展危险废物规范化环境管理评估；四是全面推动危险废物信息化管理能力建设和国家有关危险废物监管技术能力与处置能力建设工程，继续在提升处理处置能力上下功夫，推动"十四五"规划纲要确定的国家和6个区域性危险废物环境风险防控技术中心及20个区域性特殊危险废物集中处置中心建设，这些能力建设项目的建成，将大幅提升整个国家的危险废物处理处置能力、管理技术支撑能力。谢谢大家。

今年将继续开展黄河流域"清废行动"

新黄河记者：我们关注的是自去年开始的黄河流域固体废物的排查工作，目前的成效如何？发现了哪些重点问题？还有哪些违法行为？今年黄河流域"清废行动"有哪些侧重点？谢谢。

任勇：谢谢。为贯彻落实黄河流域生态保护和高质量发展重大战略部署，我部开展了 2021—2022 年黄河流域固体废物倾倒排查整治工作，就是您刚才说的黄河流域的"清废行动"。

在 2021 年的"清废行动"中，应用卫星和无人机遥感技术对黄河干流中上游内蒙古、四川、甘肃、青海、宁夏 5 省（自治区）24 个地级市约 7.5 万 km² 开展遥感识别，结合实地调查，确认问题点位 497 个。各地各部门齐心协力，克服风雪、低温、疫情等不利因素，累计投入资金约 2 400 万元，清理各类固体废物 882.6 万 t。其中，清理混合垃圾堆放点位 39 个，建筑垃圾堆放点位 171 个，其他固体废物堆放点位 115 个，生活垃圾堆放点位 92 个，一般工业固体废物堆放点位 42 个。清理量大的是建筑垃圾和一般工业固体废物，分别是 84 万 t 和 735 万 t。通过清理整治，还处置了危险废物 2.1 万 t，发现并清理历史遗留煤矸石、尾渣 27.7 万 t，有效防范了黄河中上游沿线生态环境安全风险。

在 2021 年打击危险废物环境违法犯罪专项行动中，黄河流域 9

省（自治区）共出动执法人员 18.57 万人次，开展检查 7.32 万次，办理危险废物违法案件 1 194 件，罚款约 1.7 亿元，办理跨省级行政区案件 29 件，向公安部门移送案件 281 件。

今年，将在陕西、山西、河南、山东 4 省继续开展黄河流域"清废行动"。还将对"信息填报不规范、虚假整改、重复倾倒"等突出问题举一反三，并利用卫星遥感同步核实现场整改情况，对固体废物排查整治工作中应付式整改、弄虚作假等行为进行处理，切实压实地方政府整治责任。我就回答到这儿，谢谢。

刘友宾：今天的发布会到此结束，谢谢任勇先生，谢谢记者朋友。

3月例行新闻发布会背景材料

3月

一、总体思路和重点任务

2022年是全面落实"十四五"时期生态环保各项决策部署的关键之年。全国固体废物与化学品环境管理工作以习近平新时代中国特色社会主义思想为指导,深入贯彻习近平生态文明思想,牢牢把握稳字当头、稳中求进工作总基调,按照2022年全国生态环境保护工作会议的安排部署,强化固体废物特别是危险废物全链条环境监管,强化有毒有害化学物质全生命周期环境风险管理,全面完成《关于深入打好污染防治攻坚战的意见》《"十四五"生态环境保护规划》确定的有关重点任务,突出新污染物治理、"无废城市"建设以及重点制度和重要工程的建设,持续提升固体废物与化学品环境治理体系和治理能力;有效防治固体废物与有毒有害化学物质污染环境,持续改善生态环境质量,充分发挥减污降碳协同增效作用,助推绿色低碳循环发展;有效防控"一废一库一品一重"(危险废物、尾矿库、化学品、重金属)生态环境风险,切实维护人民群众健康和生态环境安全,以优异成绩迎接党的二十大胜利召开。

围绕上述总体思路,安排了四个方面的重点任务。一是以"无废城市"高质量建设为引领,提升固体废物环境管理整体水平。主要工作包括强化固体废物污染防治,稳步推进"无废城市"高质量建设,深化巩固禁止洋垃圾入境改革成效,扎实推进塑料污染治理。二是以新污染物治理为抓手,强化化学物质全生命周期环境风险管理。主要工作包括建立健全新污染物治理工作推进机制,加强新污染物治理法规和标准体系建设,开展新污染物环境风险评估,全

259

面落实新化学物质环境管理登记制度，持续推动国际公约履约工作。三是以强化"一废一库一品一重"监管为重点，严守生态环境风险底线。主要工作包括持续强化危险废物和医疗废物环境监管，有序开展尾矿库污染治理，加强重金属污染防控。四是以关键制度和重点项目建设为着力点，夯实治理基础、提升治理能力。主要工作包括完善《中华人民共和国固体废物污染环境防治法》（2020 年 4 月修订）配套法规制度建设，深入推进强化危险废物监管和利用处置能力改革，持续提升固体废物与化学品信息化监管水平。

二、稳步推进"无废城市"高质量建设

开展"无废城市"建设，是深入贯彻落实习近平生态文明思想的成功实践，是推动减污降碳协同增效的重要举措。《关于深入打好污染防治攻坚战的意见》提出，"十四五"时期推进 100 个左右地级及以上城市开展"无废城市"建设。2021 年，生态环境部会同 17 个部门和单位联合印发《"十四五"时期"无废城市"建设工作方案》，明确了总体思路、建设目标与主要任务。

2022 年，指导和推进各地"无废城市"建设工作主要包括会同有关部门择优筛选城市名单，指导地方高水平编制符合城市实际的实施方案，推动城市建立相关工作机制，加大宣传力度，努力营造全社会广泛认同、广泛参与的良好氛围。

三、加强新污染物全生命周期环境管理

习近平总书记高度重视新污染物治理问题，多次提出明确要求。《关于深入打好污染防治攻坚战的意见》做出具体部署，要求制订并实施新污染物治理行动方案。新污染物治理是深入打好污染防治攻坚战的一项重要任务，也是攻坚战延伸深度、拓宽广度的具体体现。根据党中央、国务院的安排部署，生态环境部正在会同有关部门研究制订新污染物治理行动方案。

2022 年，推进新污染物治理主要做好以下工作：做好新污染物治理的科普宣传，加强新污染物治理法规和标准体系建设，全面落实新化学物质环境管理登记制度，持续加强新化学物质环境管理的日常监督和执法。此外，统筹新污染物治理与相关国际公约履约工作，改善我国生态环境质量，履行发展中大国的国际责任。

四、强化危险废物环境监管

习近平总书记多次就强化危险废物监管做出重要指示批示。2021年，国务院办公厅印发《强化危险废物监管和利用处置能力改革实施方案》（以下简称《实施方案》）。近年来，通过《实施方案》的落实，强化危险废物监管和利用处置能力建设取得重要进展。

2022年，危险废物环境管理的工作任务是继续深化《实施方案》的贯彻落实，持续强化危险废物和医疗废物环境监管与利用处置能力建设。一是深入开展危险废物专项整治三年行动及其相关的新部署，推动各地按时完成补充排查发现问题整改，适时开展"回头看"巡查；二是持续紧盯重点地区疫情医疗废物处置，指导督促各地严格落实"两个100%"工作要求；三是全面推动危险废物信息化管理能力建设和国家有关危险废物监管技术支持能力与处置能力建设工程。

五、提升尾矿库和重金属污染治理能力

尾矿库和重金属是我国环境风险的两大重要隐患，是确保生态环境安全工作的重要方面。2022年，主要开展以下工作：

在尾矿库环境污染治理方面，修订印发《尾矿库环境污染防治管理办法》，实施尾矿库分类、分级环境监管，加强汛期尾矿库污染隐患排查治理。深入开展长江经济带尾矿库污染治理"回头看"，巩固提升治理成效。持续推进黄河流域尾矿库污染治理，基本完成黄河干流和重要支流岸线、水库、饮用水水源地等周边尾矿库污染治理。

在重金属污染物排放控制方面，全面实施《关于进一步加强重金属污染防控的意见》，2025年全国重点行业重点重金属污染物排放量比2020年下降5%以上。指导支持陕西省加快推进白河县硫铁矿区污染治理，推动丹江口库区及上游地区三省有序推进历史遗留矿山污染排查整治。推动渝湘黔交界"锰三角"地区加大治理力度，深入开展技术帮扶，强化对工作不力、进度迟缓情况的督办措施。

4月例行新闻发布会实录

——聚焦土壤环境保护

4_月

2022 年 4 月 22 日

  4 月 22 日，生态环境部举行 4 月例行新闻发布会。生态环境部土壤生态环境司司长苏克敬出席发布会，介绍深入打好净土保卫战有关情况。生态环境部新闻发言人刘友宾主持发布会，通报近期生态环境保护相关重点工作进展，并共同回答了媒体关心的问题。

4月例行新闻发布会现场（1）

4月例行新闻发布会现场（2）

刘友宾：新闻界的朋友们，上午好！欢迎参加生态环境部 4 月例行新闻发布会。

今天是地球日。土壤是地球母亲珍贵的"皮肤"。保护好土壤生态环境，让地球母亲容光焕发，永葆生机与活力，是每个地球儿女共同的责任和义务。

今天发布会的主题是深入打好净土保卫战。我们邀请到生态环境部土壤生态环境司司长苏克敬先生，介绍我国土壤污染防治工作情况，并回答记者朋友们关心的问题。

下面，我先发布一条新闻。

2022 年一季度，全国生态环境质量总体持续改善。

在环境空气状况方面，一季度全国地级及以上城市平均优良天数比例为 83.8%，同比上升 2.9 个百分点；$PM_{2.5}$ 平均浓度为 43 μg/m³，同比下降 4.4%。京津冀及周边地区优良天数比例同比上升 7.4 个百分点，$PM_{2.5}$ 浓度同比下降 3.1%。但长三角地区、汾渭平原优良天数比例同比分别下降 5.2 个百分点和 7.8 个百分点，$PM_{2.5}$ 浓度同比分别上升 7.0% 和 13.6%。

在水生态环境状况方面，一季度全国地表水Ⅰ～Ⅲ类水质断面比例为 88.2%，同比上升 5.2 个百分点；劣Ⅴ类水质断面比例为 1.0%，同比下降 1.1 个百分点。重点流域主要江河Ⅰ～Ⅲ类水质断面比例为 89.7%，同比上升 5.0 个百分点；劣Ⅴ类水质断面比例为 0.8%，同比下降 1.4 个百分点。

一季度，全国土壤环境状况总体稳定，土壤环境风险得到基本管控。声环境各类功能区昼间、夜间总达标率分别为 96.5% 和 87.7%，同比分别上升 0.1 个百分点和 3.4 个百分点。核与辐射安全得到有效保障，突发环境事件得到妥善处置。

刘友宾：下面，请苏克敬司长介绍情况。

生态环境部土壤生态环境司司长苏克敬

坚持稳中求进，坚决打好净土保卫战

苏克敬：今天是一个特殊的日子，是第 53 个世界地球日，"珍爱地球，人与自然和谐共生"是我们共同追求的目标，很高兴同各位记者朋友共同交流土壤、地下水和农业农村生态环境保护工作，借此机会向大家对我们工作的关心、支持表示敬意和感谢！

土生万物、水泽众生。土壤和水是人类文明产生、发展的根基，农业农村是关系国计民生的根本。党中央、国务院对此高度重视，习近平总书记多次做出重要批示指示，强调要"强化土壤污染管控和修复，有效防范风险，让老百姓吃得放心、住得安心"，要"打造美丽乡村，为老百姓留住鸟语花香田园风光"。《关于深入打好污染防治攻坚战的意见》明确提出，以更高标准打好蓝天、碧水、净土保卫战，持续打好农业农村污染治理攻坚战，深入推进农用地土壤污染防治和安全利用，有效管控建设用地土壤污染风险，强化地下水污染协同防治。

当前，我们正经历百年未有之大变局，在"十四五"新的时期，要深入学习贯彻习近平生态文明思想，认真贯彻落实总书记重要批示指示精神，进一步提升土壤、地下水和农业农村生态环境保护在我国生态环境保护全局中的战略地位，保持定力，深入打好净土保卫战和农业农村污染治理攻坚战，保障土净水洁，建设美丽乡村。

2022年是全面实施"十四五"规划的重要之年，是深入打好污染防治攻坚战的关键之年。我们的总体考虑是，坚持稳中求进工作总基调，坚持"三个治污"总方针，坚决打好净土保卫战和农业农村污染治理攻坚战。具体可概括为：实施"一个规划"，落实"一个方案"，传承"四条经验"，抓好"六项工作"，部署"四大工程"。

"一个规划"，就是《"十四五"土壤、地下水和农村生态环境保护规划》。

"一个方案"，就是《农业农村污染治理攻坚战行动方案（2021—

2025 年）》。

规划和方案是贯彻落实《关于深入打好污染防治攻坚战的意见》《"十四五"生态环境保护规划》的具体部署，是我们"十四五"工作的路线图、施工图。

"四条经验"，是我们"十三五"工作取得成效的系统总结，"十四五"我们将继续坚持和发扬这"四条经验"。一是坚持以习近平生态文明思想为指导，切实贯彻为民服务宗旨。二是立足我国国情，坚持预防为主、保护优先、风险管控的工作思路。三是坚持夯实基础、补齐短板，集中力量优先解决"卡脖子"问题。四是注重开拓创新、试点先行、示范引领。

"六项工作"，是"十四五"要突出抓好的重点任务举措。一是强化土壤与地下水污染源头防治。二是深入实施耕地分类管理，切实保障粮食安全。三是严格建设用地准入管理，保障人居环境安全。四是加强地下水生态环境保护。五是深化农村环境整治，建设美丽乡村。六是强化农业面源污染治理监督指导，推动农业绿色发展。

"四大工程"，是实现"十四五"规划目标的重要支撑。一是土壤和地下水污染源头预防工程，二是土壤和地下水污染风险管控与修复工程，三是农业面源污染防治工程，四是农村环境整治工程。在具体实施中，我们还将同步推进土壤污染防治先行区、地下水污染防治试验区建设，开展农村生活污水和黑臭水体治理、农业面源污染治理与监督指导试点示范，以点带面，推动全国工作。

我们希望，通过共同努力，到 2025 年，全国土壤和地下水环境质量总体保持稳定，受污染耕地和重点建设用地安全利用得到巩固提升，农业面源污染得到初步管控，农村环境基础设施建设稳步推进，农村生态环境持续改善，为确保到 2035 年美丽中国目标基本实现奠定更为坚实的基础。

以上是我们今年和"十四五"有关工作的总体考虑和安排。接下来，我很高兴回答各位媒体朋友关心的问题，谢谢！

刘友宾：下面，请大家提问。

"十四五"期间将继续坚持风险管控的思路，保障人民群众"吃得放心"

中国新闻社记者：《"十四五"土壤、地下水和农村生态环境保护规划》提出，到 2025 年受污染耕地安全利用率达到 93% 左右。请问目前受污染耕地情况如何？针对受污染耕地采取了什么措施？修复工作进展如何？近几年将采取什么措施以达成 93% 的目标？

苏克敬：谢谢您的提问。"十三五"期间，各地区、各部门贯彻落实党中央、国务院的决策部署，净土保卫战取得了积极成效，土壤污染加剧的趋势得到初步遏制，土壤环境风险得到基本管控。

当前我国农用地土壤污染状况总体稳定，部分地区耕地重金属污染问题相对突出。对于耕地污染问题突出的地区，我部和农业农村等部门密切合作，"源头整治""安全利用"双管齐下，主要开展了以下工作：

一是在工矿污染源头整治方面。实施重金属减排工程930多个，超额完成减排目标。2018年起，部署开展涉镉等重金属行业企业排查整治三年行动，累计排查涉镉企业1.3万多家，将近2 000家污染源纳入整治清单，并且按照计划完成了整治任务。在9个省部署开展成因排查试点，深化了对耕地土壤污染的规律性认识，各地结合成因排查，已有针对性地整治了一批污染源。蓝天、碧水、净土三大保卫战协同配合，从源头上减少污染物的产生，耕地周边环境质量得到明显改善。

二是在受污染耕地利用方面。农业农村部门加强督促调度，开展分片帮扶指导。针对安全利用类耕地，主要采取农艺调控、替代种植等措施，如改种玉米等不易吸收重金属的农作物，降低农产品超标风险；针对严格管控类耕地，采取种植结构调整或者退耕还林还草等措施，退出食用农产品的种植。到2020年年底，顺利完成《土壤污染防治行动计划》规定的目标任务，全国受污染耕地安全利用率达到90%左右。

从"十三五"技术试点的经验来看，受污染耕地的修复成本比较高，难以大面积推广。"十四五"期间，我们继续坚持风险管控的思路，以保障农产品质量安全为出发点，进一步强化地方各级人民政府对土壤污染防治和安全利用负责的要求，深入开展污染溯源、断源，全面落实安全利用和严格管控措施，确保实现"十四五"规划目标。

一是压实地方责任。分解落实"十四五"受污染耕地安全利用任务，并将任务完成情况纳入污染防治攻坚战成效考核。在任务的确定过程当中，我们坚持稳字当头、稳中求进，确保安全利用率先巩固再提升。

二是强化源头预防。以土壤重金属问题突出区域为重点，深入开展耕地污染成因排查，识别污染源和污染途径。因地制宜采取源头治理、切断传输途径等措施。聚焦重有色金属等矿区开展历史遗留废物大排查，分阶段治理，逐步消除存量。持续深入开展涉镉等重金属重点行业企业排查整治，集中解决一批影响土壤环境质量的突出污染问题，切断污染物进入农田的链条。

三是落实分类管理制度。配合农业农村部门指导地方动态更新耕地土壤环境质量类别。针对优先保护类耕地，加大保护力度，确保其面积不减少、土壤环境质量不下降；针对安全利用类和严格管控类耕地，指导相关省级行政区制订"十四五"受污染耕地安全利用方案及年度工作计划，全面落实安全利用和严格管控措施。此外，我们还配合相关部门加强粮食收储和流通环节的监管，杜绝重金属超标粮食进入口粮市场，保障"吃得放心"。谢谢。

到 2025 年，新增完成 8 万个行政村环境整治

《农民日报》记者：我想了解一下，目前农村生态环境综合整治的总体情况怎么样？下一步将重点开展哪些工作？

苏克敬：实施农村环境整治是改善农村人居环境、建设生态宜

居美丽乡村的重要任务。自 2008 年以来，我部会同财政部等部门，深入落实"以奖促治"政策，坚持持续发力、久久为功，不断加大农村环境整治力度，取得积极成效。特别是"十三五"以来，中央财政投入 258 亿元，以农村生活污水、垃圾治理、饮用水水源地保护、规模以下畜禽养殖污染防治等为重点，支持各地新增完成 15 万个行政村整治，累计完成整治 19.5 万个，占全国行政村总数的 1/3 左右，村庄环境明显改善。

但总体上，农村环境整治覆盖面仍然有限，点位比较分散，规模化效应不够显现，部分地区整治效果有待进一步提升。"十四五"期间，我部将联合有关部门，落实农村人居环境整治提升五年行动要求，坚持问题导向、成效导向，采取重点突破和综合整治、试点示范和监督管理相结合，进一步加大农村环境整治力度，促进生产生活生态融合，助力乡村振兴。到 2025 年，新增完成 8 万个行政村环境整治，基本消除较大面积的农村黑臭水体。主要强化以下四个方面：

一是聚焦重点区域整治。以京津冀、长江经济带、粤港澳大湾区、黄河流域等为重点区域，以县为单元整体推进，优先整治"三线四边"区域（"三线"即铁路、公路及河道沿线；"四边"即城镇、省界、居民房屋、景区周边），持续提升农村环境整治覆盖水平。

二是加快消除农村黑臭水体。结合"三清一改"（清理农村生活垃圾、清理村内塘沟、清理畜禽养殖粪污等农业生产废弃物，改变影响农村人居环境的不良习惯），推动环境综合整治。系统采取控源截污、清淤疏浚、水系连通、生态修复等措施，基本消除4 000余个面积较大的农村黑臭水体，"完成一个、销号一个"。

三是发挥示范引导作用。充分发挥中央农村环境整治资金的引导作用，联合财政部开展农村黑臭水体治理试点。组织技术团队，加强帮扶指导，支持有基础、有条件的地区，积极探索治理模式和长效机制。通过我部"走进美丽乡村"等专栏，推广典型地区经验做法。

四是监督提升整治成效。督促各地将农村黑臭水体排查整治情况，通过县级网站、村务公开栏等方式公示，由群众评判排查结果是否彻底、治理效果好不好。定期开展农村环境整治成效评估，指导各地巩固效果，持续提升设施正常运行水平，实现"整治一片、显效一片"。谢谢。

落实建设用地准入管理制度，保障"住得安心"

《每日经济新闻》记者： 近年来，我国大量化工企业进行了搬迁，特别是一些沿江化工企业正在加快关转搬迁。社会比较关心的是化工企业搬迁后的土壤污染问题。我的问题是，生态环境部在加强搬迁化工企业的土壤污染监测、污染治理修复方面采取了哪些措施？对还在生产的企业有什么预防土壤污染的举措？下一步还有什么打算？

苏克敬： 谢谢记者朋友的提问。保障"住得安心"，关键是要落实建设用地准入管理制度，有效管控土壤污染风险，确保土地开发利用符合土壤环境质量的要求。化工企业关闭搬迁后腾退的地块通常土壤污染风险比较大，一直是我们关注的重点。

近年来，我部和相关部门密切配合，主要采取了以下措施，可概括为九个字——"建清单、严准入、防风险"。

一是及时纳入监管视野，建清单。建立全国污染地块土壤环境管理系统，并在生态环境、自然资源、住房和城乡建设等部门间实现共享。对从事过化工等行业生产经营活动的用地，依据相关规定纳入疑似污染地块和污染地块清单。特别是近年来，我部积极落实国务院办公厅《关于推进城镇人口密集区危险化学品生产企业搬迁改造的指导意见》，及时将腾退土地纳入监管视野，督促落实监管措施。

二是完善联动监管机制，严准入。《中华人民共和国土地管理法实施条例》明确规定，从事土地开发利用活动，应当采取措施确保建设用地符合土壤环境质量要求。各省（自治区、直辖市）目前已制订发布了建设用地准入的具体办法，从不同环节把好准入关。具体来讲，在规划阶段，考虑污染地块环境风险，合理确定用途，特别是从严管控化工、农药等行业重度污染地块的规划用途。例如，北京、上海等城市已经将部分化工企业遗留地块规划利用为城市绿心公园、中央绿地等。在用地批准和规划许可阶段，纳入建设用地土壤污染风险管控和修复名录的地块，不得作为住宅、公共管理与公共服务用地。在施工阶段加强监管，没有达到风险管控修复目标的地块，禁止开工建设任何与风险管控修复无关的项目。

三是推进管控和修复，防风险。对拟开发利用的污染地块，指导各地有序推进落实土壤污染风险管控和修复措施。对暂不开发利用的污染地块，主要采取清理污染源、划定隔离区、开展地下水监测等措施，防止污染扩散。

加强关闭搬迁地块的监管是当前阶段保障"住得安心"的现实需要。但要从根本上保障人居环境安全，更需要强化在产企业的污染预防，确保企业用地不再新增土壤污染。下一步我们准备从以下四个方面来开展工作：

一是严格建设项目土壤环境影响评价制度。对可能造成土壤污染的建设项目，依法开展对土壤环境影响的评价，提出防范土壤污染的具体措施。

二是强化土壤污染重点监管单位的监管。按照"应纳尽纳"的原则，及时更新完善重点监管单位名录，监督指导名录内的企业严格落实土壤污染自行监测、隐患排查等义务。加强对企业周边土壤和地下水监测。

三是实施土壤污染源头管控项目。结合"十四五"规划重大工程的实施，以化工、有色金属行业企业为重点，实施100个土壤污染源头管控项目，引导在产企业实施管道化、密闭化改造，重点区域防腐防渗改造，以及物料、污水管线架空建设等。

四是注重设施设备拆除活动的污染防治，防止不当操作造成二次污染。谢谢。

强化在产企业土壤污染预防，确保企业用地不再新增土壤污染

新华社记者： 我们知道，生态环境部对 1 万多家土壤污染重点监管单位开展了土壤污染隐患排查，请问排查的结果如何？当前土壤污染防治的重点和难点在哪些方面？谢谢。

苏克敬： 谢谢您的提问。我刚才讲了，从根本上保障人居环境安全，需要强化在产企业土壤污染预防，确保企业用地不再新增土壤污染。土壤污染重点监管单位就是在产企业管理的重中之重。《中华人民共和国土壤污染防治法》规定了土壤污染重点监管单位开展土壤污染隐患排查的义务，这是防范企业用地新增土壤污染的重要制度安排。

2021 年，我部印发《重点监管单位土壤污染隐患排查指南》，指导地方对近 1.5 万家企业开展了一轮土壤污染隐患排查。排查重点围绕"是否不漏，是否不扩散，能否早发现"三个层次开展。

首先，排查涉及有毒有害物质的重点场所和设施设备是否具有基本的防渗漏、防流失、防扬散功能和相关措施制度，确保不漏，这是理想的状态。

其次，在发生渗漏的情况下，是否具有防止污染物进入土壤的设施。比如设置围堰、地面硬化防渗等，确保渗漏后不扩散到土壤造成污染。

最后，在出现问题的情况下，是否有能够及时发现并处理泄漏

或土壤污染的设施、措施。比如泄漏检测设施、应急处置措施等，确保泄漏后能够及时发现并处置。

排查结果表明，近七成企业存在或多或少的土壤污染隐患。对于排查出来的隐患点，各地指导企业边查边改，目前整改完成率已经达到 73%。

这次排查是全国开展的首轮土壤污染隐患排查。总体来看，排查水平不平衡，不少地区企业排查水平不高，个别地区甚至走过场。主要原因是企业土壤污染防治意识、法治意识不强，还没有意识到通过土壤污染隐患排查及时发现土壤污染或者是污染隐患、及早采取措施防止污染扩散和加重可以大大降低后期治理修复的成本，这对企业是有利的。大家都知道，土壤污染治理修复成本比较高，不要等到土壤污染了再来治，那时候代价更大，负担更重。

借这个机会，希望广大媒体朋友帮我们广泛宣传，提高企业土壤污染防治意识和法治意识，推动企业从"要我环保"到"我要环保"转变。

下一步，我们将总结首轮排查的经验，分行业制定相关的技术规范和指南；依法依规指导帮扶土壤污染重点监管单位开展隐患排查"回头看"，精准有效防范企业新增土壤污染。谢谢。

到 2025 年，全国农村生活污水治理率达到 40%

南方周末记者： 刚才介绍了我国在农村生态环境整治的工作计

划，农村生活污水治理的市场广阔，但农村污水处理设施面临投资成本高、回报周期长、缺少技术人员维护等短板，企业经济效益低甚至亏损，如何解决上述的问题，引导各方发挥积极性呢？

苏克敬：谢谢您的提问。农村生活污水治理与改善农民群众生活环境密切相关，是农村人居环境整治提升的重要内容，是建设美丽乡村的重要举措。近年来，我部会同相关部门，立足农村实际，逐步完善政策机制，指导各地实事求是确定排放标准，因地制宜编制规划，推广典型经验做法，加快建立农村生活污水治理体系，取得初步成效。

但总体来看，农村生活污水治理基础薄弱，任务依然艰巨。截至 2021 年，农村生活污水治理率仅为 28% 左右。您提到的农村生活污水治理设施建设成本高、运行维护难度大等问题客观存在，长效机制有待健全。对此，我部将深入打好农业农村污染治理攻坚战，充分发挥政府、市场、村民三方面的作用，加快补齐突出短板。到 2025 年，全国农村生活污水治理率达到 40%。

一是发挥地方主导作用。强化统筹衔接，以县为单元统筹治理农村生活污水，与改厕、城镇发展、乡村建设、国土空间规划等有机衔接。分区、分类施策，根据区域差异和村庄类型，科学确定技术路径和模式，不搞"整齐划一"和"盲目攀比"。对居住集中的区域，选择效果相对较好的设施技术进行重点治理；对人口分散的地区，注重"性价比"，推进就地、就近、就农利用。同时，推动地方落实财政事权，加大投入力度。强化"建、管"并重，规范设施建设运维，评估治理成效，确保设施发挥作用。

二是发挥市场主体作用。遵循经济规律，让主体、项目、资金等要素活起来，实现市场化、可持续运作。有条件的地区，可委托专业机构统筹实施农村生活污水治理，提升规模化运营水平。鼓励项目"肥瘦搭配"，通过城乡一体化、供排水一体化、环境治理与产业开发相结合等方式，实现环境经济综合效益。发挥绿色金融支持作用，做好"牵线搭桥"，引导社会资本投入，解决融资难、融资贵问题。

三是发挥村民参与作用。充分尊重农民群众的知情权、参与权和监督权，提升主人翁意识。发挥村"两委"的组织协调作用，组织村民通过筹资、筹劳等方式参与污水治理规划、建设、运营和管理，打通"最后一公里"。完善村规民约，加强宣传教育，引导村民自我约束，减少污水乱排。实行项目公示制度，问需求、听意见，让村民监督推动污水治理取得实效。

重点扭住"双源"，确保地下水环境质量总体稳定

海报新闻记者：地下水污染由于其隐蔽性、危害性和不可逆性等特点，一直备受关注，此前中央生态环境保护督察也通报了多起与地下水污染相关的典型案例。可否介绍一下在"十四五"期间我们将重点开展哪些工作？如何强化地下水污染协同防治？谢谢。

苏克敬：感谢记者朋友的提问。地下水是重要的饮用水水源和战略资源。"十三五"期间，地下水生态环境保护的法律法规、标准体系不断完善，地下水环境监测网初步建立，试点开展了技术模式的探索，应该说地下水污染加剧的趋势得到初步遏制。

但是，地下水污染具有累积性、隐蔽性、长期性和复杂性，防治工作形势严峻、任务艰巨。"十四五"期间，我们要重点扭住"双源"（地下水型饮用水水源和污染源），从"建体系、控风险、保水源"三方面发力，统筹推进地下水污染防治，确保全国地下水环境质量总体稳定。

一是建体系。建立"分区管理、分类防治"的地下水污染防治体系，划定地下水污染防治重点区、建立地下水污染防治重点排污单位名录，聚焦重点区域和重点领域，以地下水水质目标为导向，推动地方因地制宜采取措施。筛选21个典型地级城市，开展试验区建设，实施综合试点。

二是控风险。开展地下水污染状况调查，分批、分期查清以化学品生产企业、尾矿库、危险废物处置场、垃圾填埋场、化工产业为主导的工业集聚区、矿山开采区，即"一企一库、两场两区"这六类重点污染源及周边地下水污染底数，督促相关企业落实地下水防治和监测措施，协同推进土壤和地下水污染风险管控和修复。

三是保水源。深入推进地下水型饮用水水源保护区的划定，加强水源保护区规范化建设。推动浅层地下水型饮用水水源补给区的划定工作，定期开展污染调查评估。督促地方政府针对有风险的水源，因地制宜采取污染防治、水厂处理或者水源更换等方式，全面系统保障水源的水质安全。

在"十四五"期间，我们将贯彻"水土共治"的理念，强化"地表与地下、土壤与地下水、区域与场地"协同治理。

一是选择地表水、地下水交互密切的典型地区，开展污染综合防治试点，减少重污染河段补给造成地下水污染，阻断废弃矿山酸性废水等污染地表水体。

二是推进土壤重点监管单位、地下水重点排污单位一体化管理，同步开展土壤和地下水隐患排查、调查监测、管控修复。

三是统筹重点区域、重点污染源，聚焦地下水国控点位质量管理、重点场地污染防治，科学评估、精准施策，点面结合，有效遏制土壤和地下水污染加剧的趋势。谢谢。

督察整改不能"干打雷不下雨"

中央广播电视总台央视记者：我们注意到，在中央生态环境保护督察发现的问题中，有的地方存在"屡查屡犯""虚假整改"的问题。请问近日印发的《中央生态环境保护督察整改工作办法》能否有效避免上述问题？将对督察整改工作产生哪些积极作用？

刘友宾：督察整改是中央生态环境保护督察的重要环节，是检验督察工作成效的重要标志。各省（自治区、直辖市）、有关部门和中央企业将督察整改作为重要政治任务，加强组织领导，加大工作力度,推动解决了一大批人民群众反映强烈的突出生态环境问题。

截至2021年年底,第一轮中央生态环境保护督察及"回头看"共3 294项整改任务,已完成3 155项,按序时推进75项;第二轮中央生态环境保护督察前三批共1 227项整改任务,已完成618项,按序时推进573项。第四批、第五批督察整改正在积极有序推进。中央生态环境保护督察还紧盯各地督察整改方案实施情况,对个别地方督察整改中存在的责任下移、任务落实不到位、问题解决不彻底等典型案例公开曝光,督促地方严肃处理,并举一反三,引以为戒。

为进一步推进督察整改工作的规范化、制度化,完善督察整改工作长效机制,经党中央、国务院批准,中共中央办公厅、国务院办公厅近日印发了《中央生态环境保护督察整改工作办法》(以下简称《督察整改办法》),明确了督察整改责任主体,规范了督察整改工作的程序和要求,规定了对督察整改不力的问责措施,形成发现问题、解决问题的督察整改管理闭环,确保督察整改的严肃性和实际成效。

中央生态环境保护督察一直得到新闻界朋友们的大力支持,包括在座各位媒体朋友们采写了大量有关中央生态环境保护督察的优秀报道,成为推动中央生态环境保护督察工作的重要力量,在此向各位媒体朋友表示衷心的感谢。《督察整改办法》还特别提出了跟踪报道的工作要求。中央生态环境保护督察办公室将会同有关单位组织新闻媒体跟踪报道督察期间发布的典型案例整改情况,并对整改中敷衍应对、弄虚作假等问题进行公开曝光;对整改成效突出的,及时形成正面典型案例并进行宣传。

督察整改是严肃的政治责任，决不能"雷声大雨点小"，更不能"干打雷不下雨"。中央生态环境保护督察办公室将指导督促各地、有关部门和有关中央企业准确把握督察整改工作要求，做好中央生态环境保护督察"后半篇文章"，不折不扣落实党中央关于生态文明建设的部署要求，推动督察整改工作求真务实，取信于民。

我国农用地土壤污染状况总体稳定

封面新闻记者： 据了解，全国土壤污染状况详查工作已经完成。请问目前掌握的土壤污染状况如何？存在哪些问题？下一步将采取哪些措施？谢谢。

苏克敬： 谢谢记者朋友的提问。全国土壤污染状况详查是根据《土壤污染防治行动计划》的要求，经国务院批准，由生态环境部、财政部、自然资源部、农业农村部和国家卫生健康委共同组织开展的，包括农用地土壤污染状况详查和重点行业企业用地土壤污染状况调查两个部分。目前详查工作已经完成。

农用地详查结果表明，我国农用地土壤污染状况总体稳定，但一些地区土壤重金属污染仍比较突出。超筛选值耕地安全利用和严格管控的任务依然艰巨。重点行业企业用地调查表明，我国有色金属矿采选、有色金属冶炼、石油开采、石油加工、化工、焦化、电镀、制革等重点行业企业用地土壤污染隐患不容忽视，部分企业地块土壤和地下水污染严重。

全国土壤污染状况详查重在摸清底数，推动解决问题。农用地详查主要是为了支撑农用地分类管理及风险管控，降低农产品超标风险。重点行业企业用地调查主要是为了支撑实施分类别、分阶段的治理。

目前，农用地详查成果已经在相关部门间实现了共享。通过应用农用地详查成果，各地完成了耕地土壤环境质量类别划分，并且因地制宜采取安全利用和严格管控措施，实现了受污染耕地安全利用的目标任务。通过应用企业用地调查成果，落实"十四五"规划关于实施 100 个土壤污染源头管控项目的要求，组织地方筛选确定土壤污染突出的企业，并基本完成项目申报工作。针对土壤污染风险突出的石化、焦化、农药等行业，已组织分行业制定土壤污染防治技术指南。

下一步，我们将继续强化部门间信息共享，会同相关部门深度挖掘详查成果，深化应用。

一是深入推进农用地土壤污染防治和安全利用。重点针对详查发现的耕地土壤污染突出区域，加大力度开展耕地土壤污染成因排查及源头防治行动，久久为功，推动土壤环境质量稳中向好。配合农业农村部门，推进耕地分类管理，不断巩固提升受污染耕地安全利用水平。

二是深化重点行业企业用地土壤污染防治。针对土壤和地下水污染风险突出的企业，依法依规将其纳入土壤污染重点监管单位名录，强化监管，推动落实污染隐患排查整治，防止新增土壤污染。对关闭搬迁地块实行分类管理，暂不开发利用的，指导和推动地方分批实施以防止污染扩散为目的的管控措施；拟开发利用的，依法开展土壤污染风险管控和修复，严格准入管理，保障人居环境安全。

三是强化责任落实。充分发挥中央生态环境保护督察、污染防治攻坚战考核、粮食安全省长责任制考核等工作机制的作用，指导和督促地方党委和政府切实落实土壤污染防治责任，推动解决详查发现的突出污染问题，有效管控土壤污染风险，让老百姓"吃得放心、住得安心"。谢谢。

以钉钉子精神推进农业面源污染防治

界面新闻记者： 随着工业和生活点源污染治理取得良好效果，农业面源污染渐渐成为污染主要来源之一，下一步对治理农业面源污染有何考虑？

苏克敬： 谢谢您的提问。治理农业面源污染对改善农村生态环境、推动农业绿色高质量发展具有重要意义。农业面源污染主要来自种植业和养殖业两个方面，近年来，通过实施农业农村污染治理攻坚战，农业面源污染治理取得一定进展，但防治工作仍然任重道远，面临既要还旧账又不欠新账的双重压力，正是吃劲的时候。部分地区过度施用化肥、农药的现象依然存在，畜禽养殖污染防治水平有待提升，农业面源污染已成为环境污染的主要来源之一。"十四五"

期间我们将联合农业农村部门，以钉钉子精神推进农业面源污染防治，着力发挥好监督指导的职能，聚焦重点区域，督促指导各地加大防治力度。

一是对种植业，控源头、减总量。重点是推动化肥农药减量增效。指导各地落实《中华人民共和国土壤污染防治法》关于加强农药、化肥使用总量控制的要求，以水质超标风险高、种植业污染物排放量多、化肥农药施用强度大的地区为重点区域，科学制订减量目标、工作任务和主要措施。持续推进测土配方施肥、有机肥替代化肥、精准施药、绿色防控等重点任务，到2025年，主要农作物化肥、农药利用率均达到43%。同时，加强农膜全链条监管，健全秸秆收储运体系，持续提升农膜、秸秆回收利用水平。

二是对养殖业，促循环、防污染。重点是推动畜禽粪污资源化利用。完善规划标准、畅通还田渠道，推动畜禽规模养殖场建立畜禽粪污资源化利用计划和台账，完善设施装备。推动全国600多个畜牧大县编制完成畜禽养殖污染防治规划，优化养殖布局，促进种养循环。以水质超标风险高、粪污产生量大、土地承载力超负荷的地区为重点，加强环境监管和指导帮扶，严防畜禽养殖污染。到2025年，畜禽粪污资源化利用率达到80%以上。同时，依法加大水产养殖环境监管执法力度，规范工厂化养殖企业尾水排放监管，推进水产生态健康养殖。

三是在监督指导方面，抓试点、建体系。我部联合农业农村部印发的《农业面源污染治理与监督指导实施方案（试行）》，明确了"抓重点、分区治、精细管"的工作思路和任务安排。"十四五"期间将加快建立农业面源污染治理与监督指导工作体系。按照试点先行的原则，在长江、黄河等重点区域选定 26 个试点，部署开展调查监测，评估划定优先治理区域清单，分区分类进行污染治理，探索建立"查、测、划、治、评"的"五步法一清单"治理和监督指导体系，形成一批可复制、易推广的治理技术模式。谢谢。

刘友宾：今天的发布会到此结束。谢谢大家！

4月

4月例行新闻发布会背景材料

党的十八大以来，在以习近平同志为核心的党中央领导下，在习近平新时代中国特色社会主义思想和习近平生态文明思想的指引下，土壤、地下水、农业农村生态环境保护持续深化，净土保卫战、农业农村污染治理攻坚战取得明显成效，为开启全面建设社会主义现代化国家新征程、建设美丽中国奠定了坚实基础。

一、"十三五"工作成效

（一）土壤和地下水生态环境保护取得积极进展

顺利完成《土壤污染防治行动计划》《水污染防治行动计划》目标任务，受污染耕地安全利用率和污染地块安全利用率均达到90%以上，土壤和地下水环境质量总体保持稳定、污染加重趋势基本得到遏制，污染风险基本得到管控。出台《中华人民共和国土壤污染防治法》《中华人民共和国地下水管理条例》和一系列配套政策、标准、规范。完成全国土壤污染状况详查，初步建成国家土壤环境监测网络，基本摸清我国土壤污染状况底数；开展全国地下水污染调查评价，实施"国家地下水监测工程"，初步掌握地下水资源与水环境基本状况。深入开展耕地周边涉镉等重金属行业企业排查整治，推动近1.5万家土壤污染重点监管单位开展隐患排查，推进受污染耕地安全利用和污染地块风险管控。实现全国1 170个地下水考核点位质量极差比例控制在15%左右；9.6万座加油站的36.2万个地下油罐完成双层罐更换或防渗池设置。加强集中式地下水型饮用水水源和地下水污染源环境监管，推进地下水污染防治和风险管控。

（二）农业农村生态环境保护稳步推进

完成农业农村污染治理攻坚战阶段目标任务。持续推进农村环境整治，"十三五"期间新增完成 15 万个行政村环境整治。完成"千吨万人"农村饮用水水源地保护区划定，农村饮用水水源保护进一步加强。农村生活垃圾收集转运体系覆盖 90% 以上的行政村，初步建立农村生活污水治理规划标准体系，全国农村生活污水治理率达到 25.5%。强化养殖业污染防治，畜禽粪污综合利用率达到 76% 以上。三大粮食作物化肥、农药利用率分别达到 40.2% 和 40.6%，秸秆综合利用率达到 86.7%，农膜回收率达到 80% 以上。农业面源污染治理管理体制机制进一步理顺，生态环境部门对农业面源污染治理监督指导工作从零点起步、平稳推进。

土壤、地下水、农业农村生态环境保护取得的明显成效，为"十四五"实现良好开局奠定了坚实基础。但在我国生态环境保护工作整体实现历史性、转折性、全局性变化的大背景下，土壤、地下水、农业农村生态环境保护总体滞后，工作基础薄弱的现实状况没有发生根本性变化。一些地区耕地重金属污染严重，污染地块数量较多，违法开发利用情况依然存在，工矿企业土壤和地下水污染源头防治水平低，污染隐患突出；农业绿色发展有差距，面源污染排放仍处高位，农村"脏乱差"问题总体上没有根本改变，一些地区和部门重城市轻农村、重工业轻农业、重地表轻地下的现象依然存在，距离美丽中国建设目标依然有较大的差距。

二、"十四五"工作思路和举措

土壤是不可再生的重要自然资源，是经济社会可持续发展的物质基础；地下水是重要的战略资源，关乎人民群众饮水安全和经济社会发展；农业农村生态环境安全关乎中国整体生态环境安全的"基本盘"，是建设美丽中国、实现中华民族伟大复兴的内在要求和不可或缺的关键内容。习近平总书记指出要"突出重点区域、行业和污染物，强化土壤污染管控和修复，有效防范风险，让老百姓吃得放心、住得安心"，要"打造美丽乡村，为老百姓留住鸟语花香田园风光"。我们要认真贯彻落实习近平总书记指示精神，深刻领会美丽中国内涵，进一步提升土壤、地下水和农村生态环境保护在我国生态环境保护全局和生态文明建设大局中的战略地位，科学谋划建设美丽中国的愿景目标和方法路径，坚持系统思维、统筹推进，落实好《"十四五"土壤、地下水和农村生态环境保护规划》《农业农村污染治理攻坚战行动方案（2021—2025年）》，组织实施净土保卫战和农业农村污染治理攻坚战，深化土壤和地下水生态环境保护、推动农业绿色发展、建设生态宜居美丽乡村，推动美丽中国建设不断取得新的成效。

（一）工作目标

到2025年，全国土壤和地下水环境质量总体保持稳定，受污染耕地和重点建设用地安全利用得到巩固提升；农业面源污染得到初步管控，农村环境基础设施建设稳步推进，农村生态环境持续改善。到2035年，土壤和地下水生态环境质量稳中向好，生态宜居美丽乡村基本建成。

（二）工作思路

在土壤和地下水方面：进一步健全和完善"预防为主、保护优先、风险管控"的体制机制，集中攻克群众身边突出的土壤和地下水生态环境问题，有效管控农用地和建设用地土壤污染风险，保护和改善地下水生态环境质量。

在农业农村方面：健全和完善"源头防控、循环利用、系统治理、自然恢复"的体制机制，坚持农村生态环境保护与乡村规划建设有机融合、农业面源污染防治与农业绿色发展一体推进，聚焦突出环境问题，深入打好农业农村污染治理攻坚战，重点推进农村生活污水垃圾治理、黑臭水体整治、化肥农药减量增效、农膜回收和养殖业污染防治，促进乡村生态振兴。

（三）重点任务

1. 加强土壤生态环境保护与污染风险管控。一是整体推进土壤污染源头治理。实施农用地土壤镉等重金属污染源头防治行动，在受污染耕地集中的县级行政区开展污染溯源；加强土壤污染重点监管单位管理，推动全面落实土壤污染防治义务，防止新增污染。二是深入实施耕地分类管理。有序推进污染耕地集中区域安全利用，全面落实受污染耕地安全利用和严格管控措施，实施从田间到餐桌的全链条管理，确保吃得放心。三是严格建设用地准入管理。落实建设用地土壤污染风险管控和修复名录制度。紧盯住宅、公共管理和公共服务用地地块，依法开展调查评估。从严管控农药、化工等行业中的重度污染地块规划用途，确需开发利用的，鼓励用于拓展生态空间。有序推进土壤污染风险管控与修复，鼓励污染地块绿色低碳修复，保障住得安心。

2. 推进地下水生态环境保护。一是建立地下水环境管理体系。推动落实《中华人民共和国地下水管理条例》，开展地下水污染防治重点区划定。研究建立地下水污染防治重点排污单位名录。因地制宜制订国家地下水环境质量考核点位质量达标或保持方案。建设地下水污染防治试验区。二是加强污染源头预防、风险管控与修复。针对"一企一库、两场两区"开展地下水环境状况调查评估。落实地下水防渗和监测措施，实施地下水污染风险管控。探索开展地下水污染修复。三是强化地下水型饮用水水源保护。推进县级及以上地下水型饮用水水源保护区、城市浅层地下水型饮用水重要水源补给区的划定。

3. 深化农业农村环境治理。一是深化农村环境整治，建设美丽乡村。统筹考虑乡村建设发展布局，整县推进农村环境基础设施规划、建设与运维，分区、分类治理农村生活污水，各地建立适宜技术路径，梯次提升治理水平。建立农村黑臭水体国家监管清单，优先开展整治，基本消除较大面积的农村黑臭水体。提高行政村整治成效和覆盖水平，推进农村生活垃圾有效治理，强化农村饮用水水源地保护，有效解决农村"脏乱差"问题，改善农村生态环境。二是强化农业面源污染治理监督指导，推动农业绿色发展。实施农业生态环境分区治理和管控，一体推进农业绿色发展和农业面源污染防治。持续推进化肥农药减量增效、农膜秸秆回收利用。组织编制畜禽养殖污染防治规划，促进畜禽粪污资源化利用。在重点区域，深入开展农业面源污染治理与监督指导试点，推动实施一批污染源头减量、循环利用、过程拦截、末端治理工程，开展治理绩效评估。

4. 提升生态环境监管能力。一是不断完善土壤、地下水、农业农村法规标准体系。二是健全监测网络。构建天地一体化监测网，建立统一的土壤（地下水）与农业农村生态环境监管信息化平台。三是加强生态环境执法与应急。四是强化科技支撑。针对土壤与地下水、农业面源、乡村生态振兴等重点方向部署开展相关研究。

（四）重大工程

1. 土壤和地下水污染源头预防工程。以化工、有色金属行业企业为重点，实施 100 个土壤污染源头管控项目。开展以化工产业为主导的工业集聚区等地下水污染防渗改造。

2. 土壤和地下水污染风险管控与修复工程。选择 100 个土壤污染面积较大的县开展农用地安全利用示范。实施重点区域石化、化工、焦化等工业集聚区地下水污染风险管控工程。

3. 农业面源污染防治工程。在长江、黄河等重点流域环境敏感区，建设 200 个农业面源污染综合治理示范县。

4. 农村环境整治工程。开展 100 个县农村黑臭水体和生活污水治理试点示范，探索典型地区治理模式与长效机制。

5月例行新闻发布会实录
——聚焦生态环境状况

5月

2022年5月26日

　　5月26日，生态环境部举行5月例行新闻发布会，发布《2021中国生态环境状况公报》《2021年中国海洋生态环境状况公报》。生态环境部生态环境监测司副司长蒋火华、国家海洋环境监测中心主任王菊英出席发布会，介绍2021年我国生态环境状况和海洋生态环境状况，以及生态环境监测工作进展情况，并共同回答了记者的提问。生态环境部新闻发言人刘友宾主持发布会，通报近期生态环境保护重点工作进展。

5 月例行新闻发布会现场（1）

5 月例行新闻发布会现场（2）

刘友宾：新闻界的朋友们，大家好！欢迎参加生态环境部 5 月例行新闻发布会。

今天新闻发布会的主题是发布《2021 中国生态环境状况公报》《2021 年中国海洋生态环境状况公报》。我们邀请到生态环境部生态环境监测司副司长蒋火华先生、国家海洋环境监测中心主任王菊英女士，介绍 2021 年我国生态环境状况和海洋生态环境状况，以及生态环境监测工作情况，并回答大家关心的问题。

为落实疫情防控有关要求，今天的发布会采取视频连线方式举行。

下面，我先通报两项近期重点工作。

一、2022 年六五环境日国家主场活动将在辽宁省沈阳市举办

再过九天，我们将迎来六五环境日。今年六五环境日的主题是"共建清洁美丽世界"。6 月 5 日，生态环境部将联合中央文明办、辽宁省人民政府在辽宁省沈阳市举办 2022 年六五环境日国家主场活动。

1972 年 6 月 5 日，联合国人类环境会议召开。此后，会议开幕这一天被确定为世界环境日。2014 年 4 月 24 日，第十二届全国人大常委会修订通过的《中华人民共和国环境保护法》（2014 年 4 月修订）第十二条规定"每年 6 月 5 日为环境日"。从此，由联合国确定的世界环境日，经过我国最高立法机关按照法定程序，将其确立为我国的法定环境日。

2017 年，我部联合江苏省人民政府在江苏南京举办了第一个

六五环境日国家主场活动。2018 年以来，生态环境部、中央文明办和省级人民政府联合举办六五环境日国家主场活动成为惯例。各地围绕环境日主题，积极开展丰富多彩的宣传活动。六五环境日已经成为社会认知度最高、公众参与度最广的环保节日。

今年将召开党的二十大，又恰逢联合国人类环境会议召开五十周年。我们将围绕"共建清洁美丽世界"主题举办六五环境日国家主场活动，大力宣传习近平生态文明思想，充分展现党和国家推进生态文明建设的显著成效和生动实践，更广泛地动员社会各界参与美丽中国建设，进一步彰显我国在全球生态文明建设中的重要参与者、贡献者、引领者作用，以良好的精神风貌喜迎党的二十大胜利召开。

活动现场将宣传展示新时代生态环境保护成就，揭晓 2022 年"美丽中国，我是行动者"百名最美生态环境志愿者、十佳公众参与案例和十佳环保设施开放单位，聘请 2022 年生态环境特邀观察员，公布 2023 年六五环境日国家主场活动举办地，并举办共建清洁美丽世界（辽宁）论坛、中国生态环境志愿服务论坛、讲好中国生态环保故事论坛，以及与中国作家协会联合主办的中国生态文学论坛等专题论坛和配套宣传活动。

二、全面部署新污染物治理工作

为深入贯彻落实党中央、国务院的决策部署，加强新污染物治理，切实保障生态环境安全和人民健康，国务院办公厅近日印发《新污染物治理行动方案》，从六个方面对新污染物治理工作进行了系统安排部署。

一是加强法律法规制度和技术标准体系建设，建立新污染物治理跨部门协调机制，按照国家统筹、省负总责、市（县）落实的原则，全面落实新污染物治理属地责任，建立健全新污染物治理体系。

二是开展环境调查监测，评估新污染物环境风险状况，建立化学物质环境信息调查制度、新污染物调查监测制度和化学物质环境风险评估制度，动态发布重点管控新污染物清单及其禁止、限制、限排等环境风险管控措施。

三是全面落实新化学物质环境管理登记制度，严格实施淘汰或限用措施，加强产品中重点管控新污染物含量控制，严格源头管控，防范新污染物的产生。

四是加强清洁生产和绿色制造，规范抗生素类药品的使用管理，严格农药使用管理，强化过程控制，减少新污染物排放。

五是加强新污染物多环境介质协同治理，强化含特定新污染物废物的收集、利用、处置，深化末端治理，降低新污染物的环境风险。

六是加大科技支撑力度，加强基础能力建设，夯实新污染物治理基础。

生态环境部将会同有关部门，全面推进《新污染物治理行动方案》的实施，确保有关行动举措落实、落地、落好，目标是到2025年完成高关注、高产（用）量的化学物质环境风险筛查，完成一批化学物质环境风险评估；动态发布重点管控新污染物清单；对重点管控新污染物实施禁止、限制、限排等环境风险管控措施。有毒有害化学物质环境风险管理法规制度体系和管理机制逐步建立健全，新污染物治理能力明显增强。

刘友宾： 下面，请蒋火华副司长介绍情况。

生态环境部生态环境监测司副司长蒋火华

2021 年，环境空气质量 6 项指标年均浓度同比首次全部下降

蒋火华： 各位新闻界的朋友，大家上午好！

在六五环境日即将到来之际，非常高兴与大家在线上见面。首先，我谨代表生态环境部生态环境监测司，对大家长期以来对生态环境监测工作的关心与支持，表示衷心的感谢！

借此机会，我就 2021 年全国生态环境状况和生态环境监测工作进展情况做简要介绍。

一、全国生态环境状况

按照《中华人民共和国环境保护法》（2014 年 4 月修订）、《中华人民共和国海洋环境保护法》（2017 年 11 月修正）的规定，生态环境部会同有关部门编制了《2021 中国生态环境状况公报》《2021 年中国海洋生态环境状况公报》，今天正式发布。公报显示，2021 年全国生态环境质量主要指标顺利完成，生态环境质量明显改善。主要体现在"四个更加"：

一是空气更加清新。空气质量达标城市数量、优良天数比例持续上升，主要污染物浓度全面下降。339 个地级及以上城市中，218 个城市环境空气质量达标，占 64.3%，同比上升 3.5 个百分点；优良天数比例为 87.5%，同比上升 0.5 个百分点。$PM_{2.5}$、可吸入颗粒物（PM_{10}）、O_3、SO_2、二氧化氮（NO_2）和一氧化碳（CO）6 项指标年均浓度同比首次全部下降，其中，$PM_{2.5}$ 为 30 $\mu g/m^3$，同比下降 9.1%，"十三五"以来，已实现"六连降"；O_3 为 137 $\mu g/m^3$，同比下降 0.7%，$PM_{2.5}$ 和 O_3 浓度连续两年"双下降"。京津冀及周边地区、长三角地区、汾渭平原等重点区域空气质量改善明显。

二是水体更加清澈。全国地表水 Ⅰ～Ⅲ 类断面比例为 84.9%，同比上升 1.5 个百分点，"十三五"以来，实现"六连升"。重点流域水质持续改善，长江流域、珠江流域等水质持续为优，黄河流域水质明显改善，淮河流域、辽河流域水质由轻度污染改善为良好。全国地下水 Ⅰ~Ⅳ 类水质点位比例为 79.4%。地级及以上城市监测的 876 个在用集中式生活饮用水水源水质达标率为 94.2%，总体保持稳定。

管辖海域海水水质整体持续向好，水质优良海域面积比例持续提升、劣四类海域面积持续下降。符合一类海水水质标准的海域面积占 97.7%，同比上升 0.9 个百分点；劣四类海域面积同比减少 8 720 km²。近岸海域水质优良（一类、二类）面积比例为 81.3%，同比上升 3.9 个百分点。

三是土壤等更加安全。土壤污染加重趋势得到初步遏制，全国受污染耕地安全利用率稳定在 90% 以上，重点建设用地安全利用得到有效保障，农用地土壤环境状况总体稳定。全国城市声环境质量总体向好，324 个地级及以上城市各类功能区昼间总点次达标率为 95.4%，同比上升 0.8 个百分点；夜间达标率为 82.9%，同比上升 2.8 个百分点。辐射环境质量和重点设施周围辐射环境水平总体良好。单位国内生产总值二氧化碳排放下降达到"十四五"序时进度。

四是生态更加优美。全国生态质量指数（EQI）值为 59.77，生态质量综合评价为二类，表明我国生物多样性较丰富、自然生态系统覆盖比例较高、生态结构较完整、功能较完善。其中，生态质量为一类的县域面积占国土面积的 27.7%，主要分布在东北大小兴安岭和长白山、青藏高原东南部等地区；生态质量为二类的县域面积占国土面积的 32.1%，主要分布在三江平原、内蒙古高原、黄土高原、昆仑山、四川盆地、珠江三角洲和长江中下游平原。一类、二类县域面积合计占国土面积的 60% 左右。

二、生态环境监测工作进展

"十四五"时期，是我国生态环境质量改善由量变到质变的关键时期。为实现"十四五"生态环境监测工作良好开局，2021 年，生态环境监测系统深入贯彻习近平生态文明思想，认真落实党中央、国务院和生态环境部党组的决策部署，全力支撑深入打好污染防治攻坚战，加强统筹谋划，印发实施《"十四五"生态环境监测规划》和年度生态环境监测方案，推动各项任务落实，各项重点工作稳中有进，主要有三个特点。

一是优化，优化监测网络和运行方式。主要从五个方面优化。优化国家环境质量监测网络，补充调整环境空气、地表水、海洋、地下水、土壤等监测点位（断面），并按优化完善后的监测网络开展监测、评价，实现"十三五"向"十四五"的平稳过渡。推进地方环境空气、地表水自动监测站点数据与国家联网共享。优化地表水"9+X"监测模式，实现 9 项基本指标实时自动监测和"X"项特征指标精准监测。优化地级及以上城市空气质量、地表水环境质量评价排名。优化国家重点生态功能区县域生态环境质量监测与评价指标体系。优化监测质量监督检查方式，严守监测数据质量生命线。

二是深化，拓展监测工作深度和广度。主要包括七个方面。加

强 $PM_{2.5}$ 与 O_3 协同控制监测，分类开展非甲烷总烃自动监测、$PM_{2.5}$ 与 VOCs 组分监测。首次构建并试行生态质量监测评价体系，加快补齐生态质量监测短板。在重点流域和湖库开展水生态试点调查监测。聚焦区域、城市和重点行业试点开展碳监测评估。探索新污染物监测。发射高光谱观测卫星和大气环境监测卫星，提升卫星遥感监测能力。开展生态环境智慧监测试点，深化监测大数据技术应用。

三是强化，强化监测支撑和服务。服务精准治污、科学治污、依法治污和综合治理、系统治理、源头治理，为深入打好蓝天、碧水、净土保卫战提供科学支撑。服务国家重大战略、重大工程、重大活动，加强长江流域和黄河流域监测预警能力，圆满完成北京冬奥会和冬残奥会等重大活动期间环境质量监测预报保障任务，空气质量监测预报准确率和精细化水平显著提高。努力满足公众的环境知情权、参与权、监督权，通过生态环境部政府网站、官方微博、微信公众号等及时动态公开空气、地表水等环境质量信息，信息发布的全面性、时效性进一步增强。首次上线海水水质监测信息公开系统并按季度发布国控海洋监测水质信息。扎实开展"我为群众办实事"实践活动，百个水质自动监测站向公众常态化开放。

2022 年，我们将努力克服疫情影响，按照全国生态环境保护工作会议部署，坚持稳字当头、稳中求进，推进各项监测工作。稳，就是全力稳住国家生态环境监测网正常运行，确保核心任务不减、工作力度不减、监测质量不降。进，就是开拓进取，在监测评价考核、$PM_{2.5}$ 与 O_3 协同监测、碳监测、新污染物监测、生态质量监测、水生态监测等方面多向发力，积极推进监测体系和监测能力现代化，以监测工作高质量发展为生态环境质量持续改善做出新的贡献。美丽中国哪里美，监测数据告诉您。

先简要介绍这些。下面，我愿意回答记者朋友的提问。

刘友宾：下面，请大家提问。

生态环境质量改善总体仍处于中低水平上的提升

《光明日报》记者：2021年，全国生态环境质量明显改善，环境安全形势趋于稳定，但生态环境稳中向好的基础还不稳固。从监测情况看，主要表现在哪些方面？

蒋火华：感谢您的提问。正如您所说的，2021年，全国生态环境质量明显改善。我刚才也讲到，2021年，环境空气质量的6项指标年均浓度同比首次全部下降，其中，$PM_{2.5}$浓度已实现"十三五"以来的"六连降"，全国$PM_{2.5}$浓度从46 $\mu g/m^3$降到了30 $\mu g/m^3$，北京$PM_{2.5}$浓度从78 $\mu g/m^3$降到了33 $\mu g/m^3$。$PM_{2.5}$和O_3浓度连续两年协同"双下降"。全国地表水Ⅰ～Ⅲ类断面比例实现"六连升"，从"十三五"之前的66%升到了目前的84.9%，长江流域、珠江流域等水质持续为优，黄河流域水质明显改善。空气、地表水改善成效的确非常明显，天更蓝了、水更清了、生态更美了，大家都有切身的体会。

但是，监测也发现，生态环境稳中向好的基础还不稳固，生态环境质量由量变到质变的拐点尚未出现,仍存在某些区域、某些时段、某些指标大幅波动变差的可能。现阶段生态环境质量改善总体仍处于中低水平上的提升,与美丽中国建设目标要求和人民群众对优美生态环境的需要相比还有一定差距。主要表现在以下几个方面:

大气方面,城市环境空气质量总体仍未摆脱"气象影响型",尚有 29.8% 的城市 $PM_{2.5}$ 平均浓度超标,臭氧污染仍较突出。淡水方面,全国仍有 1.2% 的地表水国考断面水质为劣 V 类,少数地区消除劣 V 类断面难度较大,部分重点湖泊蓝藻、水华居高不下,全国地下水 V 类占比达 20.6%。海洋方面,全国近岸海域劣四类海域面积占比为 9.6%。此外,个别地区生态破坏、局部区域生态退化还较为严重,生态系统质量和稳定性有待提升。

下一步,我们将深入贯彻习近平生态文明思想,认真落实党中央、国务院的决策部署,加快建立完善现代化生态环境监测体系,健全环境质量、生态质量、污染源全覆盖的监测网络,重点补齐 $PM_{2.5}$ 与 O_3 协同控制、水生态、新污染物、温室气体排放等领域监测短板,大力提升国家和重点区域、流域、海域监测基础能力,以更高标准保障监测数据真、准、全、快、新,更好地支撑、引领和服务深入打好污染防治攻坚战,为建设人与自然和谐共生的美丽中国贡献监测力量!谢谢!

"十四五"期间，生态环境部将积极推进高新技术在生态环境监测领域的应用

海报新闻记者：今年1月，生态环境部印发了《"十四五"生态环境监测规划》，强调了新技术的应用。请问目前新技术在环境监测方面的应用如何？预期将取得哪些成果？

蒋火华：感谢您对这个问题的关注。监测为服务管理而生，靠技术进步而强。"十四五"期间，我们将立足支撑管理和提升能力，加强科技攻关，推进新技术、新装备在监测领域的应用。

近年来，新技术、新装备与监测业务得到了有效融合。比如，在自动在线监测领域，空气和水质主要指标自动在线监测技术已较为成熟，并得到了规模化应用，颗粒物组分、挥发性有机物组分、温室气体、水质重金属等在线监测的应用场景也逐渐增多。

在实验室分析领域，高分辨、高通量、非靶向等设备已广泛用于实验室样品分析，AI识别、eDNA测序逐步应用于水生态监测。

在应急监测领域，无人机/无人船、便携式GC-MS、便携式傅里叶红外、飞行时间质谱走航等技术也得到充分运用。

在卫星遥感监测领域，利用遥感遥测新技术，实现了对生态环境高精度、全方位、短周期的监测，构建了天地一体、星地协同的现代化生态环境监测体系。

在大数据综合分析领域，2022年，为加快信息技术在监测领域运用，我部组织开展了智慧监测试点工作，在全国优选13个基础条

5月

件较好、具备区域特色、参与意愿较强的省级行政区，按照"国家统一架构、地方负责建设"的工作思路，深化物联网、大数据、人工智能等信息化技术在监测领域的应用，全面提升生态环境灵活感知、提前预警、综合研判、智慧决策的能力，力争早日形成一批可推广、可复制的智慧监测应用和成果。

下一步，生态环境部将积极推进高新技术在生态环境监测领域的应用，加大集成化、自动化、智能化、小型化监测装备研发与推广力度，加强卫星遥感遥测、便携式现场快速监测、全自动实验室等设备技术验证，促进监测技术与业务的革命性创新，实现更科学、更精准、更全面、更快速。

我们希望，通过新技术为监测赋能，让监测的"眼睛"越来越"明亮"，耳朵"越来越"灵敏"，大脑"越来越"智慧"，更好地支撑深入打好污染防治攻坚战。谢谢。

全国已有 324 个地级及以上城市开展噪声监测

封面新闻记者：《中华人民共和国噪声污染防治法》将于 6 月 5 日起施行，请问目前我国噪声监测站点设置情况如何？公众如何了解自己身边的噪声水平是否超标？

蒋火华：谢谢记者朋友对噪声问题的关注。所谓噪声，简单来说，就是干扰我们工作学习生活的声音，人们不需要的声音。高考临近，大家高度关注噪声问题。《中华人民共和国噪声污染防治法》对噪声监测提出了明确要求，要求我们组织开展全国声环境质量监测，推进噪声监测自动化，统一发布全国声环境质量状况信息。2021年发布的《关于深入打好污染防治攻坚战的意见》要求，到2025年，地级及以上城市全面实现功能区声环境质量自动监测，全国声环境功能区夜间达标率达到85%。

目前，全国已有324个地级及以上城市开展噪声监测，共设置监测点位76 273个。其中，用于反映城市各类功能区声环境质量的监测点位3 521个、用于评价整个城市环境噪声总体水平的区域声环境监测点位51 046个、用于反映道路交通噪声水平的监测点位21 706个。2021年，全国已有21个城市的312个功能区声环境监测点位实现了自动监测并向我部报送监测数据。为方便公众了解声环境状况，目前，国家、各省（自治区、直辖市）和多数地级及以上城市均在生态环境状况公报中发布了声环境质量的相关内容，公众可以通过公报了解所在城市声环境质量的总体情况，也可以通过查看功能区监测结果，了解城市特定功能区声环境质量是否达标。2021年，324个地级及以上城市各类功能区昼间总点次达标率为95.4%，夜间达标率为82.9%。昼间区域声环境平均等效声级为54.1 dB（A）；昼间道路交通声环境平均等效声级为66.5 dB（A）。

下一步，我们将认真贯彻落实《中华人民共和国噪声污染防治法》，建立健全噪声监测制度，完善噪声监测网络，研究出台关于加强噪声监测工作的相关文件，推动功能区声环境自动监测能力建设，进一步加大噪声监测信息公开力度，努力满足公众对声环境质量信息的知情权。借此机会，我们倡议，高考期间大家共同努力，给考生们创造一个安静的学习、考试、休息环境。谢谢。

近五年夏季，全国臭氧平均浓度保持在 150 μg/m³左右

《每日经济新闻》记者：臭氧已成为影响夏季空气质量的首要污染物。夏季来临，请问生态环境部在臭氧监测方面将有哪些工作安排？

蒋火华：谢谢记者朋友的提问。我们常说的臭氧污染，指的是 $VOCs$ 和 NO_x 等前体物在太阳辐射下发生光化学反应，造成近地面臭氧浓度超标的现象。因此，臭氧浓度既与 $VOCs$、NO_x 等前体物排放强度密切相关，也受到气温、辐射强度、湿度、风速等气象因素的共同影响。尽管臭氧超标不像颗粒物超标那样明显影响大气能见度，不易察觉，但高浓度的臭氧仍会对人体健康、作物生长造成危害，已成为现阶段夏季主要大气污染物，日益受到社会公众的关注。我国从2013年开始，将臭氧纳入大气污染物常态化监测，监测数据显示，近五年夏季（5—9月），全国臭氧平均浓度保持在 150 μg/m³左右，臭氧超标天数比例平均为 11.1%，其中以轻度污染为主，约占 88%。

2022 年 3 月以来，我国部分重点区域气温同比偏高、相对湿度偏低、降水偏少，有利于臭氧生成。受此影响，1—4 月，全国 339个城市臭氧平均浓度为 127 μg/m³，同比上升 8.5%；重点区域中，

成渝地区、长江中游城市群臭氧浓度同比升幅超过 20%，京津冀及周边地区、汾渭平原、长三角地区臭氧浓度同比升幅超过 10%，珠三角地区臭氧浓度最高达到 154 μg/m³，同比上升 2.7%。臭氧污染形势不容乐观，污染防治任务仍然较重。

为支撑臭氧污染防治，我部加大臭氧监测工作力度，推进细颗粒物和臭氧协同监测能力建设，加强 VOCs、NO$_x$ 等对臭氧生成影响较大前体物的监测，掌握其浓度水平、主要来源、生成机理，支撑大气污染协同治理。重点做到"三个突出"。

一是突出全面覆盖。全国 339 个地级及以上城市均开展以非甲烷总烃为代表的 VOCs 总量监测，分析各城市 VOCs 的浓度水平。目前，已有 244 个城市完成自动监测站建设并开展联网。

二是突出重点区域。根据大气污染特征，开展差异化监测。京津冀及周边地区、汾渭平原和其他 PM$_{2.5}$ 超标城市，开展 PM$_{2.5}$ 组分和 VOCs 组分监测；臭氧超标城市和其他 VOCs 排放量较高的城市，开展 57 ~ 117 种 VOCs 组分监测。目前，臭氧超标的城市中，已有 134 个城市开展 VOCs 自动监测。

三是突出源头监测。加强企业、园区、交通等污染源专项监测。在 VOCs 排放量较大的企业和工业园区周边，开展 VOCs 组分监测；在公路、港口、机场、铁路货场附近，逐步建设交通污染监测站点，重点监测 NO$_x$ 等臭氧前体物 。

下一步，我们将坚持问题导向，加快补齐短板，一方面完善监测网络布设，推动各地加快协同监测，加强监测数据联网；另一方面深化监测数据分析，全力支撑臭氧污染精准、科学、依法治理。谢谢。

我国海洋生态环境状况稳中趋好

红星新闻记者：我的问题是今年海洋环境状况有什么特点？大家很关注海洋塑料污染问题，请问我国海洋塑料监测情况如何？下一步有何工作考虑？

国家海洋环境监测中心主任王菊英

王菊英：感谢记者朋友对海洋监测工作的关心。"向海而兴、背海而衰"，建设海洋强国是实现中华民族伟大复兴的重大战略任务。我国长期开展海洋生态环境监测工作，《2021年中国海洋生态环境状况公报》显示，2021年我国海洋生态环境状况稳中趋好。海水水质整体持续改善，典型海洋生态系统均处于健康或亚健康状态，全国入海河流水质状况总体为轻度污染，主要用海区域环境质量总体良好。

2021年的海洋公报更加体现海洋生态环境保护的系统性和科学性。

一是体现"陆海统筹"。海洋生态环境问题表现在海里，"根子"在陆上。在水污染防治行动强有力的实施下，管辖海域水质状况总体呈现持续向好的状态，一类水质海域面积占管辖海域面积的97.7%，同比上升0.9个百分点。

二是体现"生态元素"。《2021年中国海洋生态环境状况公报》从"大生态"的视角系统介绍典型海洋生态系统、海洋自然保护地、滨海湿地等情况，并增加了海洋生物多样性、海洋珍稀濒危生物监测等内容。

三是体现"用海监管"。《2021年中国海洋生态环境状况公报》专门介绍了海洋倾倒区、海洋油气区、海水浴场、海洋渔业水域等区域的环境状况，监测数据显示，绿色正成为海洋经济高质量发展的鲜明底色。

刚才记者朋友提到的海洋塑料垃圾问题，确实是全球关注的热点环境问题。为掌握我国海洋塑料分布状况，我国于2007年将海洋垃圾纳入海洋生态环境例行监测范围，并于2016年开始开展海洋微塑料监测。

"十四五"时期，生态环境部以科学性、代表性、针对性、延续性为原则，优化完善海洋垃圾和微塑料监测点位，2021 年组织开展了全国 51 个区域的海洋垃圾监测，在近海 6 个代表性断面开展海洋微塑料监测。结果显示，塑料是我国海洋垃圾的主要类型，海面漂浮垃圾、海滩垃圾和海底垃圾中，塑料垃圾分别占 92.9%、75.9% 和 83.3%；渤海、黄海、东海、南海监测断面海洋微塑料平均密度分别为 0.74 个 /m^3、0.54 个 /m^3、0.22 个 /m^3 和 0.29 个 /m^3，平均为 0.44 个 /m^3。与近年来国际同类调查结果相比，我国近岸海域海洋垃圾和近海微塑料的平均密度处于中低水平。

生态环境部高度重视海洋塑料污染问题，采取积极措施防治海洋塑料污染。一是联合国家发展改革委印发《关于进一步加强塑料污染治理的意见》《"十四五"塑料污染治理行动方案》，大力推进塑料污染治理，从源头减少海洋塑料垃圾的产生。二是加大监测工作力度，在重点河口海湾开展海洋微塑料监测，以全面掌握我国海洋塑料垃圾和微塑料分布状况。同时，将海洋垃圾监测点覆盖至沿海地级市。三是将治理工作纳入污染防治攻坚战统筹部署，不断压实地方政府塑料垃圾治理和监管的主体责任，并将塑料垃圾污染防治责任落实情况纳入中央生态环境保护督察。四是加强公众参与和国际合作，积极推动公众参与清洁海滩行动，与各国携手应对塑料污染问题，积极向国际社会贡献中国经验、中国智慧。谢谢。

"保真""打假"两手发力，确保监测数据真实准确

《南方都市报》记者：近日，一些地方公布了社会生态环境监测机构弄虚作假和人为干扰国家环境质量监测站点行为查处情况。生态环境部门采取了哪些措施确保生态环境监测数据真实、准确？

蒋火华：感谢您的提问。生态环境部高度重视监测数据质量，把监测数据质量作为生态环境监测工作的"生命线"。谁弄虚作假，谁就触碰了"带电的高压线"，我们坚决"零容忍"，发现一起、查处一起。

近年来，我们认真贯彻落实《关于深化环境监测改革 提高环境监测数据质量的意见》，"保真""打假"两手发力，努力确保监测数据真实、准确。

一是健全质量管理体系。大力推进监测标准化，累计发布监测标准 1 200 余项，让监测工作有章可循。强化量值溯源体系建设，建成 O_3、$PM_{2.5}$ 质量浓度等 5 项生态环境部门最高计量标准。落实监测机构评审补充要求，严格事前准入和全过程质控，从源头上落实"谁出数谁负责、谁签字谁负责"的责任追溯制度。总体来看，环境质量的监测数据是可靠、可信的。

二是强化监测质量监管。组织对国家网开展常态化运维体系检查与数据质量核查，压实地方和监测机构相关责任。连续四年组织开展检验检测机构"双随机、一公开"监督抽查，纠正不规范行为、

查处违规行为。国家层面抽查 212 家生态环境监测机构，查处违规机构 34 家；各地检查生态环境监测机构 1.1 万余家（次），不断加强监测质量监管。

三是严厉打击弄虚作假行为。环境监测弄虚作假首次纳入刑法修正案（十一），适用"提供虚假证明文件罪""出具证明文件重大失实罪"。保持惩治弄虚作假的高压态势，连续两年开展严厉打击重点排污单位自动监测数据弄虚作假环境违法犯罪专项行动，并分 3 批集中公布了 2021 年典型案例 25 起。

2021 年，两个案件很有警示作用。一是 2021 年 3 月重污染天气预警检查通报的唐山市 4 家钢铁企业数据造假、超标排放、污染环境案件。4 家钢铁企业主管领导、直接责任人员、直接参与人员共 47 名被告人，分别被判处有期徒刑六个月至一年零六个月不等刑期，并处罚金。二是 2021 年 5 月中央生态环境保护督察通报的云南省杞麓湖污染治理弄虚作假干扰国控水质监测点采样环境案件。云南省纪委监委已对 6 个责任单位、29 名责任人追责问责。

下一步，生态环境部将继续深化巩固现有工作成果成效，进一步加大监管力度，坚决确保监测数据真实、准确。一是压实各方责任。督促地方党委、政府落实领导责任，建立健全防范和惩治环境监测数据弄虚作假的责任体系和工作机制。压实排污单位和监测机构对监测数据真实性、准确性负责的责任。二是持续保持高压态势，严厉打击监测数据弄虚作假行为。凡是弄虚作假的，一律严惩重罚，让他们"得不偿失"；凡是涉嫌犯罪的，一律依法追究刑事责任，绝不姑息。谢谢。

碳监测评估试点工作总体进展较为顺利

新华社记者：随着"双碳"工作的推进，碳监测成为社会关注的焦点，我们了解到，此前已有一些地方在开展碳监测试点工作，能否介绍一下相关进展情况？碳监测在碳减排工作中发挥着怎样的作用？接下来，我们将在碳监测方面重点开展哪些工作？

蒋火华：谢谢您对这个问题的关注。党中央、国务院高度重视碳达峰、碳中和工作。生态环境部认真贯彻中央决策部署，积极推动有关任务落实。2021 年 9 月，生态环境部聚焦重点行业、城市和区域三个层面，启动开展碳监测评估试点工作。试点工作得到相关省级行政区、城市、集团、企业的大力支持，受到社会广泛关注。

从目前情况来看，总体进展较为顺利。一是试点任务加快落实。火电、钢铁、石油天然气开采、煤炭开采和废弃物处理 5 个试点行业的 11 家集团公司、49 家参试企业，共设置 119 个监测点位，大部分点位已获取 3 ～ 5 个月的监测数据。有 13 个城市完成点位布设与监测方案论证，仪器设备逐步到位并开展监测。一些非试点省（市）也积极参照试点方案部署开展碳监测工作。二是技术标准逐步完善。在试点技术指南的基础上，研究编制了覆盖点位布设、仪器安装、监测分析、同化反演等技术文件，联合推进碳计量合作，提升试点监测数据的有效性、一致性、可比性。三是数据分析不断深入。重点开展试点数据"三比对""三不同"分析。"三比对"，即监测数据与核算数据比对、手工监测与在线监测比对、进口设备与国产

315

设备比对；"三不同"，即不同监测原理、不同燃煤类型、不同监测点位的数据分析，及时总结经验、解决问题、评估成效。

试点工作取得了一定成效，从目前获取的数据和比对分析情况来看，碳监测的作用初步显现。一是可直接服务碳排放核算。在煤炭开采和石油天然气开采试点监测中，通过开展"卫星＋无人机＋走航"综合监测，能够提升生产过程中甲烷（CH_4）无组织排放核算的全面性和准确性。二是可对核算法进行协同校验。从初步获取的数据看，温室气体排放相对集中的企业在线监测效果较好，火电行业 CO_2 排放监测数据与核算数据基本一致，具有可比性，有望在辅助企业排放量核算、支撑减排监管等方面进一步发挥作用。三是可助力城市碳达峰行动。依托现有环境空气监测网络，拓展构建天地一体的城市碳监测网络，探索基于实测手段的"双碳"反演评估，能够为推动重点城市实现空气质量达标与二氧化碳达峰"双达"提供支撑。

下一步，我们将强化统筹协调和技术指导，稳妥有序推进试点工作，全面完成既定任务。一是深化行业试点。扩大火电行业碳监测试点范围，力争今年年底前，推动更多火电企业开展 CO_2 在线监测，深入系统开展数据比对与分析评估。二是加快构建网络。组建覆盖全国主要区域、重点城市的碳监测网络。今年 4 月 16 日，大气环境监测卫星成功发射，将在国际上首次实现全球范围 CO_2 的高精度、全天时主动激光探测，我们要用好这颗卫星，强化 CO_2 和大气污染物遥感数据支撑。三是补齐能力短板。进一步完善碳监测业务技术体系，带动全国加快形成碳监测能力和专业人才队伍，做好前瞻性业务储备与技术支撑。谢谢。

《区域生态质量评价办法（试行）》为引导生态系统质量稳定向好提供支撑

《北京青年报》记者： 我们了解到，去年生态环境部印发了《区域生态质量评价办法（试行）》（以下简称《评价办法》），EQI首次纳入了"十四五"生态环境保护主要指标，请问采用新指标主要有哪些考虑？与原有指标相比有哪些特点？

蒋火华： 感谢您对这个问题的关注。近年来，习近平生态文明思想深入人心，"绿水青山就是金山银山"已经成为全党、全社会的共识和行动。生态环境部始终把生态质量的监测与评价作为生态保护监管的重要支撑。您提的问题，我下面主要从三方面回答。

首先，为什么要制订《评价办法》？党的十九届五中全会提出"提升生态系统质量和稳定性"和"开展生态系统保护成效监测评估"；《关于深入打好污染防治攻坚战的意见》提出要实现"环境质量、生态质量、污染源监测全覆盖"；《关于深化生态保护补偿制度改革的意见》提出"推动开展全国生态质量监测评估"。为深入贯彻习近平生态文明思想，推进山水林田湖草沙一体化保护和系统修复，加强生物多样性保护，制订生态质量评价办法十分必要，对于补齐生态质量监测短板具有重要意义。

其次,《评价办法》有什么指标?《评价办法》以生态学为理论基础,以客观反映区域生态质量整体状况为目标,建立4个一级指标、11个二级指标、18个三级指标,是针对生态系统整体情况的"综合体检"。一是以生态格局反映区域生态系统类型、数量、空间分布,相当于人体身高、体重等外科检查。二是以生态功能反映生态系统对地球生命的稳定调节功能和为人类提供惠益的能力,相当于人体肝、肾、脾、胃等一般功能指标的内科检查。三是以生物多样性反映区域物种层次生物多样性保护状况,相当于人体心脏等核心功能指标的特护检查。四是以生态胁迫反映生态系统正常结构和功能所受干扰与压力的情况,相当于长期抽烟、喝酒、熬夜及意外事故等对健康的危害。

最后,《评价办法》有什么特点?一是更加注重科学、全面评价。评价指标体系考虑了不同区域主体生态功能的特点,将评价县(区)分为城市建成区、生态功能区(如水源涵养、水土保持、防风固沙)和一般区域,分别采用不同的方法评价。5月22日,是国际生物多样性日,生物多样性是人类赖以生存和发展的基础。《评价办法》首次把生物多样性指标纳入评价,并增加了生态用地面积、重要生态空间连通度、海域开发强度、生态保护红线面积等指标,从多角度、全方位反映评价区域生态系统状况。二是更加注重尊重和顺应自然。"万物各得其和以生,各得其养以成"。在考核评价时,淡化生态质量本底差异,不同生态禀赋的省级行政区之间不进行横向比较,注重自身变化趋势的比较分析,为引导生态系统质量稳定向好提供监测支撑。

根据《评价办法》，生态环境部首次采用 EQI 对 2021 年的生态质量进行了综合评价，并在 2022 年的生态环境状况公报中首次发布。我刚才也介绍了，结果显示，全国 EQI 值为 59.77，生态质量综合评价为二类，与 2020 年相比基本稳定。

下一步，我们将在全国及重点区域深入开展生态质量评价工作，并以此为抓手，推进全国生态质量监测网络建设，加快提升生态地面综合监测能力。同时，加强实证研究、成果提炼、经验总结，完善指标体系和评价方法，积极推进向监测标准规范转化，为生态系统保护修复提供有力支撑。谢谢。

刘友宾：今天的发布会到此结束，谢谢各位。

5月例行新闻发布会背景材料

2021年是党和国家历史上具有里程碑意义的一年。在以习近平同志为核心的党中央坚强领导下,各地区、各部门以习近平新时代中国特色社会主义思想为指导,全面贯彻党的十九大和十九届历次全会精神,深入学习贯彻习近平生态文明思想,认真落实党中央、国务院的决策部署,攻坚克难、担当作为,深入打好污染防治攻坚战,扎实推动绿色低碳发展,国民经济和社会发展计划中生态环境领域8项约束性指标顺利完成,人民群众生态环境获得感进一步增强,生态环境保护实现"十四五"良好开局,美丽中国建设迈出坚实步伐。

一、《2021中国生态环境状况公报》简况

为全面反映我国2021年生态环境状况,根据《中华人民共和国环境保护法》(2014年4月修订)规定,生态环境部会同国家发展改革委、自然资源部、住房和城乡建设部、交通运输部、水利部、农业农村部、国家卫生健康委、应急管理部、国家统计局、中国气象局、国家林业和草原局共同编制完成《2021中国生态环境状况公报》。

《2021中国生态环境状况公报》显示,2021年全国生态环境质量主要指标顺利完成,生态环境质量明显改善。全国空气质量持续向好,地表水环境质量稳步改善,管辖海域海水水质整体持续向好。全国土壤环境风险得到基本管控,土壤污染加重趋势得到初步遏制。全国自然生态状况总体稳定。全国城市声环境质量总体向好。辐射环境质量和重点设施周围辐射环境水平总体良好。单位国内生产总值二氧化碳排放下降达到"十四五"序时进度。

（一）大气环境

空气：339 个地级及以上城市平均优良天数比例为 87.5%，同比上升 0.5 个百分点；$PM_{2.5}$ 浓度为 30 $\mu g/m^3$，同比下降 9.1%；O_3 浓度为 137 $\mu g/m^3$，同比下降 0.7%。

京津冀及周边地区"2+26"城市平均优良天数比例为 67.2%，同比上升 4.7 个百分点；$PM_{2.5}$ 浓度为 43 $\mu g/m^3$，同比下降 18.9%。北京优良天数比例为 78.9%，同比上升 2.1 个百分点；$PM_{2.5}$ 浓度为 33 $\mu g/m^3$，同比下降 5.7%。

长三角地区 41 个城市平均优良天数比例为 86.7%，同比上升 1.6 个百分点；$PM_{2.5}$ 浓度为 31 $\mu g/m^3$，同比下降 11.4%。

汾渭平原 11 个城市平均优良天数比例为 70.2%，同比上升 0.4 个百分点；$PM_{2.5}$ 浓度为 42 $\mu g/m^3$，同比下降 16.0%。

酸雨：全国酸雨区面积约为 36.9 万 km^2，占国土面积的 3.8%，同比下降 1.0 个百分点；酸雨主要分布在长江以南—云贵高原以东地区，总体仍为硫酸型。

（二）淡水环境

地表水：全国地表水 Ⅰ～Ⅲ 类水质断面比例为 84.9%，同比上升 1.5 个百分点；劣 Ⅴ 类断面比例为 1.2%，均达到 2021 年水质目标要求。

长江、黄河、珠江、松花江、淮河、海河、辽河七大流域和浙闽片河流、西北诸河、西南诸河的 3 117 个水质断面中，Ⅰ～Ⅲ 类水质断面比例为 87.0%，同比上升 2.1 个百分点；劣 Ⅴ 类断面比例为 0.9%，同比下降 0.8 个百分点。

监测的 210 个重要湖泊（水库）中，Ⅰ～Ⅲ 类水质湖泊（水库）比例为 72.9%，劣 Ⅴ 类比例为 5.2%。209 个监测营养状态的湖泊（水库）中，贫营养占 10.5%，中营养占 62.2%，轻度富营养占 23.0%，中度富营养占 4.3%。

在用集中式生活饮用水水源：876 个地级及以上城市在用集中式生活饮用水水源监测断面（点位）中，825 个全年均达标，占比为 94.2%。

地下水：监测的 1 900 个国家地下水环境质量考核点位中，Ⅰ～Ⅳ 类水质点位占 79.4%，Ⅴ 类占 20.6%。

（三）海洋环境

管辖海域：一类水质海域面积占管辖海域面积的 97.7%，同比上升 0.9 个百分点；劣四类水质海域面积为 21 350 km²，比 2020 年减少 8 720 km²。

近岸海域：全国近岸海域水质优良（一类、二类）海域面积比例为 81.3%，同比上升 3.9 个百分点；劣四类海域面积比例为 9.6%，总体水质稳中向好。

入海河流：监测的 230 个入海河流断面中，Ⅰ～Ⅲ类断面比例为 71.7%，同比上升 4.5 个百分点；劣Ⅴ类断面比例为 0.4%，同比下降 0.9 个百分点。

典型海洋生态系统：监测的 24 个典型海洋生态系统中，6 个呈健康状态，18 个呈亚健康状态。

（四）土壤

全国土壤环境风险得到基本管控，土壤污染加重趋势得到初步遏制。受污染耕地安全利用率稳定在 90% 以上，农用地土壤环境状况总体稳定，耕地质量平均等级为 4.76 等，水土流失面积为 269.27 万 km²。

（五）自然生态

生态质量：全国 EQI 值为 59.77，生态质量为二类，与 2020 年相比基本稳定。生态质量为一类的县域面积占国土面积的 27.7%，生态质量为二类的县域面积占国土面积的 32.1%，生态质量为三类的县域面积占国土面积的 32.7%，生态质量为四类的县域面积占国土面积的 6.6%，生态质量为五类的县域面积占国土面积的 0.8%。

生物多样性：中国具有森林类型 212 类、竹林 36 类、灌丛 113 类、草甸 77 类、草原 55 类、荒漠 52 类、自然湿地 30 类。全国森林覆盖率为 23.04%。森林蓄积量为 175.6 亿 m³，总碳储量为 91.86 亿 t，全国草地面积为 26 453.01 万 hm²。

中国已知物种及种下单元数为 127 950 种。动物界 56 000 种，植物界 38 394 种，细菌界 463 种，色素界 1 970 种，真菌界 15 095 种，原生动物界

2 487 种，病毒 655 种。

全国各级、各类自然保护地总面积约占全国陆域国土面积的 18%。正式设立三江源、大熊猫、东北虎豹、海南热带雨林、武夷山等第一批国家公园。

全国需要重点关注和保护的高等植物有 10 102 种，占评估物种总数的 29.3%；需要重点关注和保护的脊椎动物有 471 种，占评估物种总数的 56.7%；需要重点关注和保护的大型真菌有 6 538 种，占评估物种总数的 70.3%。

（六）声环境

324 个地级及以上城市各类功能区昼间总点次达标率为 95.4%，同比上升 0.8 个百分点；夜间达标率为 82.9%，同比上升 2.8 个百分点。324 个地级及以上城市开展了昼间区域声环境监测、昼间道路交通声环境监测，昼间区域声环境平均等效声级为 54.1 dB（A）；昼间道路交通声平均等效声级为 66.5 dB（A）。

（七）辐射环境

全国环境电离辐射水平处于本底涨落范围内，人工放射性核素活度浓度未见异常，运行核电基地、民用研究堆周围未监测到因设施设备运行引起的 γ 辐射空气吸收剂量率异常。

31 个省（自治区、直辖市）环境电磁辐射国控监测点的电磁辐射水平，监测的广播电视发射设施、输变电设施、移动通信基站周围电磁环境敏感目标处的电磁辐射水平总体低于《电磁环境控制限值》（GB 8702—2014）规定的公众曝露控制限值。

（八）气候变化与自然灾害

气候变化：2021 年，全国平均气温为 10.53℃，较常年偏高 1.0℃，为 1951 年以来历史最高。全国平均降水量为 672.1 mm，较常年偏多 6.7%，为 1951 年以来第 12 多。初步核算，全国万元国内生产总值二氧化碳排放比 2020 年下降 3.8%，过去十年 CO_2、CH_4 和 N_2O 的年平均绝对增量分别为 2.42 ppm、8.8 ppb 和 1.02 ppb。

自然灾害：2021 年，中国气象灾害总体偏轻。全国共发生 5.0 级以上地震 37 次。全国共发生地质灾害 4 772 起。全国主要林业有害生物发生面积为 1 255.37 万 hm²，共发生森林火灾 616 起。全国草原有害生物危害面积为 5 179.95 万 hm²，共发生草原火灾 18 起。

（九）基础设施与能源

基础设施：截至 2020 年年底，全国统计调查的涉气工业企业废气治理设施共有 372 962 套，二氧化硫去除率为 95.5%，氮氧化物去除率为 74.2%；全国统计调查的涉水工业企业废水治理设施共有 68 150 套，化学需氧量去除率为 97.3%，氨氮去除率为 98.3%。2020 年，全国一般工业固体废物产生量为 36.8 亿 t，综合利用量为 20.4 亿 t，处置量为 9.2 亿 t。全国危险废物集中利用处置能力约为 1.4 亿 t/a，利用能力和处置能力比 2015 年年底分别增长 1.6 倍和 2.3 倍。

截至 2021 年年底，全国城市污水处理能力为 2.02 亿 m³/d，累计处理污水量为 584.6 亿 m³。全国城市生活垃圾无害化处理能力为 99.49 万 t/d，无害化处理率为 99.9%。2021 年，全国畜禽粪污综合利用率超过 76%，秸秆综合利用率超过 87%，农膜回收率稳定在 80% 以上。

能源：2021 年，全国能源消费总量为 52.4 亿 t 标准煤，比 2020 年增长 5.2%。其中，煤炭消费量增长 4.6%，原油消费量增长 4.1%，天然气消费量增长 12.5%，电力消费量增长 10.3%。

二、《2021 年中国海洋生态环境状况公报》简况

根据《中华人民共和国海洋环境保护法》（2017 年 11 月修正）规定，生态环境部会同自然资源部、交通运输部、农业农村部、国家林业和草原局共同编制完成《2021 年中国海洋生态环境状况公报》。

《2021 年中国海洋生态环境状况公报》显示，2021 年我国海洋生态环境状况稳中趋好。海水环境质量整体持续向好，典型海洋生态系统均处于健康或亚健康状态，全国入海河流水质状况总体为轻度污染，主要用海区域环境质量总体良好。

（一）2021 年我国海洋生态环境状况稳中趋好

海水环境质量整体持续向好。符合第一类海水水质标准的海域面积占管辖海域的 97.7%，同比上升 0.9 个百分点；近岸海域水质优良（一类、二类）面积比例为 81.3%，同比上升 3.9 个百分点。夏季呈富营养化状态的海域面积为 30 170 km²，同比减少 15 160 km²。

主要用海区域环境质量总体良好。倾倒区水深、海水水质和沉积物质量与上年相比基本保持稳定，倾倒活动未对周边海域生态环境及其他海上活动产生明显影响。渤海和东海海洋油气区及邻近海域海水均符合一类或二类海水水质标准。监测的 32 个海水浴场中水质总体良好。重要渔业水域环境质量总体良好。

管辖海域放射性水平未见异常。管辖海域海水中天然放射性核素活度浓度处于本底水平，人工放射性核素活度浓度未见异常。核电基地邻近海域沉积物、潮间带土壤中人工放射性核素活度浓度未见异常。西太平洋海域仍受到日本福岛核泄漏事故的影响。

典型海洋生态系统均处于健康和亚健康状态。监测的 24 个典型海洋生态系统中，6 个呈健康状态，18 个呈亚健康状态。河口、海湾和滩涂湿地生态系统均处于亚健康状态，珊瑚礁、红树林和海草床生态系统多处于健康状态。

塑料是海洋垃圾的主要类型。重点监测海域海面漂浮垃圾、海滩垃圾和海底垃圾的主要种类为塑料。漂浮微塑料平均密度为 0.44 个 /m³，主要类型为纤维、泡沫、颗粒和碎片。

入海河流国控断面水质总体为轻度污染。Ⅰ～Ⅲ类水质断面占 71.7%，同比上升 4.5 个百分点；劣Ⅴ类占 0.4%，同比下降 0.9 个百分点。水质状况总体为轻度污染，主要污染指标为化学需氧量、高锰酸盐指数、五日生化需氧量、总磷和氨氮。

（二）近岸局部海域生态环境质量有待改善

河口海湾水质有待进一步改善。2021 年，劣四类水质海域面积为 21 350 km²，主要分布在辽东湾、渤海湾、长江口、杭州湾、浙江沿岸、珠江口等近岸海域，主要超标指标为无机氮和活性磷酸盐。面积大于 100 km² 的 44 个海湾中，11 个海湾春、夏、秋三期监测均出现劣四类水质。重度富营养化海域主要集中在辽东湾、长江口、杭州湾和珠江口等近岸海域。

直排海污染源存在超标排放现象。458 个日排污水量大于或等于 100 m³ 的直排海污染源污水排放总量为 727 788 万 t，不同类型污染源中，综合排污口污水排放量最多，其次为工业污染源，生活污染源排放量最少。个别点位总磷、氨氮、悬浮物、化学需氧量、五日生化需氧量、粪大肠菌群数、总氮、色度、汞、动植物油和石油类超标。

海洋生态灾害多发易发。2021 年，管辖海域共发现赤潮 58 次，累计面积达 23 277 km²。东海海域发现赤潮次数最多且累计面积最大，分别为 26 次和 7 096 km²。2021 年 4—8 月，绿潮灾害影响我国黄海海域，最大分布面积约为 61 898 km²，最大覆盖面积约为 1 746 km²，引发大面积绿潮的主要藻类为浒苔。

6月例行新闻发布会实录

——聚焦海洋生态环境保护

2022 年 6 月 23 日

6月23日，生态环境部举行6月例行新闻发布会。生态环境部海洋生态环境司副司长张志锋、中国海警局新闻发言人刘德军出席发布会，介绍海洋生态环境保护相关情况。生态环境部新闻发言人刘友宾主持发布会，通报近期生态环境保护重点工作进展，并共同回答了记者的提问。

6月

6月例行新闻发布会现场（1）

6月例行新闻发布会现场（2）

刘友宾：新闻界的朋友们，上午好！欢迎参加生态环境部6月例行新闻发布会。

今天新闻发布会的主题是海洋生态环境保护。我们邀请到生态环境部海洋生态环境司副司长张志锋先生、中国海警局新闻发言人刘德军先生，介绍我国海洋生态环境保护的有关情况，并回答大家关心的问题。

下面，我先通报几项我部近期重点工作。

一、生态环境部落实稳住经济"一揽子"政策措施

生态环境部贯彻党中央关于"疫情要防住、经济要稳住、发展要安全"的决策部署，认真落实全国稳住经济大盘电视电话会议精神，日前，印发《生态环境部贯彻落实扎实稳住经济一揽子政策措施实施细则》，明确生态环境领域支撑经济平稳运行五项重点举措。

一是推进重大工程实施。加快实施"十四五"规划102项重大工程中大气、水、土壤、固体废物污染防治和核与辐射安全监管等生态环境领域重大工程项目，细化工程实施方案，推动扩大生态环境领域有效投资。

二是强化环评服务保障。印发《关于做好重大投资项目环评工作的通知》，提出了一批创新举措，形成一套政策工具包，指导地方生态环境部门持续深化环评"放管服"改革，切实依法做好重大投资项目环评保障，全力推动"十四五"规划重大工程、水利及交通等基础设施、煤炭保供、涉及补链强链的高技术产业等重大投资

项目落地见效。

三是创新惠企纾困举措。针对部分发电企业受疫情影响造成煤质分析样品送检难、部分月份碳排放有关数据缺失、现场核查难等实际情况，优化调整全国碳排放权交易市场部分管理要求。

四是优化环境监管方式。指导各地大力拓展非现场监管手段应用，夏季臭氧监督帮扶工作改为线上开展。深入摸排各类市场主体特别是中小微企业在经济下行压力下环保方面所面临的困难和政策需求，为企业纾困解难。

五是加大金融支持力度。推进生态环保金融支持项目储备库、国家气候投融资重点项目库建设，提高资金对接项目精准度，加大生态环保项目金融支持力度。

二、《中华人民共和国噪声污染防治法》正式实施

2021 年 12 月 24 日，第十三届全国人大常委会第三十二次会议审议通过《中华人民共和国噪声污染防治法》，自 2022 年 6 月 5 日起施行。

《中华人民共和国噪声污染防治法》施行当日正是六五环境日，各地生态环境主管部门积极推动法律实施。一是积极开展普法宣传。针对建筑工地、商铺等噪声投诉重点单位讲解降噪要求和方法，在学校、社区等周边设置噪声污染防治法科普展板，推动公众学习法律、遵守法律。二是开展"绿色护考"等专项行动。高考期间，各地组织相关职能部门协同联动，加强对重点时段、重点区域、重点对象

的噪声污染监管。三是强化执法监管。各地结合《中华人民共和国噪声污染防治法》的新规定、新制度、新要求，严查噪声污染问题，据不完全统计，该法实施首日，浙江、江苏、福建等地查处了 7 起噪声污染案件，极大地强化了新法的威慑作用。

下一步，我部将认真履行职责，继续贯彻落实《中华人民共和国噪声污染防治法》。一是依法落实责任。联合相关部门发布实施《"十四五"噪声污染防治行动计划》，加强与国务院有关部门的沟通联动、协同配合、信息共享，推动地方政府落实责任，逐步改善本行政区域声环境质量。

二是完善制度标准。抓紧出台相关标准，制（修）订配套规章和规范性文件，确保法律规定落到实处。

三是加强监督执法。指导推动地方生态环境部门与其他负有噪声污染防治监督管理职责的部门建立健全衔接联动机制，提高执法效能和依法行政水平。

四是强化能力建设。加快完善噪声监测体系，建立健全噪声监测评价方法。推动噪声污染防治技术队伍建设，促进相关产业发展和成果转化。

五是持续宣传普法。增强各类法律主体的守法意识，推动全社会自觉减少各类噪声排放，共同维护生活环境和谐安宁。

三、国合会 2022 年年会暨 30 周年纪念活动举行

经国务院批准，中国环境与发展国际合作委员会（国合会）

2022 年年会暨国合会 30 周年纪念活动于 6 月 13—16 日以线上、线下相结合的方式举行，主题为"构建包容性绿色低碳经济"，中国国务院副总理、国合会主席韩正出席闭幕式并发表重要讲话，来自 23 个国家和 38 个国际组织以及大学、研究机构、企业界和社会组织代表约 2 500 人（次）出席会议。

本次年会是第七届国合会（2022—2026 年）第一次年会，举行了 4 个时段的全体会议，以及应对气候变化、绿色"一带一路"、基于自然的解决方案、全球海洋治理、绿色供应链、可持续发展的数字化转型、流域适应气候变化 7 个主题论坛，讨论形成了国合会 2022 年年会给中国政府的政策建议。本次年会恰逢国合会成立 30 周年，举办了国合会 30 周年系列纪念活动和国合会 30 周年论坛，回顾和展望了中国和全球环境与发展进程。

本次年会启动了第七届国合会（2022—2026 年）工作，截至目前，已确认委员总计 83 人（中方 38 人、外方 45 人），特邀顾问 38 人。在政策研究方面，设立全球环境治理创新、国家绿色治理体系、可持续生产和消费以及低碳包容转型四大研究课题。研究工作继续保持中外团队合作方式，体现国际化和包容性，为推动建设美丽中国建言献策。

刘友宾：下面请张志锋先生介绍情况。

生态环境部海洋生态环境司副司长张志锋

2021 年我国海洋生态环境状况总体稳中趋好

张志锋：尊敬的各位媒体记者朋友们，大家上午好！

很高兴能在六五环境日和六八海洋日接踵而至的 6 月，再次与各位新老朋友见面交流。首先，我谨代表生态环境部海洋生态环境司，向大家一直以来对海洋生态环境保护工作的关心、支持和帮助表示衷心的感谢！

"十四五"时期是谱写美丽中国建设新篇章、实现生态文明建设新进步的重要五年，也是推动减污降碳协同增效、促进经济社会发展全面绿色转型、实现生态环境质量改善由量变到质变的关键时期。

去年以来，海洋生态环境司深入贯彻习近平生态文明思想，深化"十四五"海洋生态环境保护工作的顶层设计，会同有关部门印发实施了一系列政策文件和规划方案等，逐步明晰了海洋生态环境保护工作的"任务书""时间表""路线图"。目前，"十四五"海洋生态环境保护各项重点工作起步顺利。

一是一部法律修订进入"快车道"。经过前期充分准备和研究论证，《中华人民共和国海洋环境保护法》修订已纳入2022年全国人大立法计划。现阶段，正在由全国人民代表大会环境与资源保护委员会（以下简称全国人大环资委）牵头组织起草法律修订草案，生态环境部和各有关部门也在积极配合全国人大环资委做好相关工作。

二是一条工作主线上下贯通。今年1月，生态环境部会同多部门联合印发《"十四五"海洋生态环境保护规划》，明确以美丽海湾建设作为工作主线，在全国划定283个海湾（湾区），"一湾一策"精准部署每个海湾的重点任务措施。11个沿海省（自治区、直辖市）也都以不同形式印发了省级"十四五"规划，因地制宜、梯次推进"水清滩净、鱼鸥翔集、人海和谐"的美丽海湾建设，国家、省、市海湾上下贯通、分级治理的工作格局逐步形成。

三是一个标志性战役平稳起步。生态环境部会同相关部门和沿海地方坚决贯彻党中央、国务院关于深入打好污染防治攻坚战的决策部署，"十四五"时期继续保持力度、延伸深度、拓宽广度，积极谋划并合力推进渤海、长江口—杭州湾、珠江口邻近海域三大重点海域的攻坚战。当前，《重点海域综合治理攻坚战行动方案》已经由多部门印发实施，8个相关沿海省（直辖市）和"2+24"沿海城市均已行动起来；生态环境部也组织近百名专家成立驻点技术帮扶工作组，赴沿海地（市）一线送政策、送技术、送服务。

四是一个重要文件深入实施。生态环境部贯彻落实国务院印发的《关于加强入河入海排污口监督管理工作的实施意见》，成立专项技术帮扶组，细化工作举措和工作方案，组织起草《入海排污口监督管理办法（试行）》，统筹推进相关技术标准编制，指导督促沿海地方稳步推进入海排污口排查整治等各项工作。

五是两个领域监管保障有效加强。今年年初以来，我们会同农业农村部联合印发实施《关于加强海水养殖生态环境监管的意见》，与自然资源部联合印发实施《全国海洋倾倒区规划（2021—2025年）》，既进一步加强相关领域的海洋生态环境监管，又积极服务沿海地方"六稳""六保"，助力海水养殖业等绿色高质量发展。

通过各方共同努力，2021年，我国海洋生态环境状况总体稳中趋好：一是海水水质整体持续向好，符合一类海水水质标准的海域面积占管辖海域面积的97.7%，同比上升0.9个百分点；近岸海域水质优良（一类、二类）面积比例为81.3%，同比上升3.9个百分点。二是海洋生态系统健康状况总体改善，监测的典型海洋生态系统均处于健康或亚健康状态，已基本消除"不健康"状态。三是主要用海区域环境质量总体良好，在保护好海洋生态环境的同时，也为海洋经济发展提供了有力支撑和保障。

尽管海洋生态保护工作取得明显进展，但总体上治理成效还不稳固，局部海域生态环境问题仍然比较突出，陆海统筹的生态环境治理体系和治理能力建设仍然需要加强。下一步，生态环境部将会同有关部门和沿海地方，以习近平生态文明思想为指导，完整、准确、全面贯彻新发展理念，服务和融入新发展格局，坚持陆海统筹、综合治理，坚持稳中求进、攻坚克难，凝心聚力落实好党中央、国务院决策部署和"十四五"各项任务，以优异成绩迎接党的二十大胜利召开。

今天的发布会，很高兴再次邀请到中国海警局新闻发言人刘德军先生出席。近年来，生态环境部与包括中国海警局在内的各有关部门持续深化协作，形成了守护碧海蓝天、洁净沙滩的有效合力。在此，也谨代表海洋生态环境司，向各有关部门的大力支持和帮助表示衷心的感谢！

我就先介绍这些，谢谢大家！

刘友宾：下面请刘德军先生介绍情况。

中国海警局新闻发言人刘德军

中国海警依法高效履职，推动海洋生态环境保护取得显著成就

刘德军： 各位媒体记者朋友大家好，我是中国海警局新闻发言人刘德军，很高兴和大家见面，也衷心感谢大家长期以来对海警执法工作的关心和支持。

今年1月，生态环境部等六部门联合印发了《"十四五"海洋生态环境保护规划》，对"十四五"时期海洋生态环境保护工作做出了统筹谋划，对海洋生态环境保护执法监管提出了具体要求，作为海上执法的"国家队""主力军"，中国海警局深入贯彻习近平生态文明思想，围绕海洋生态环境突出问题，加快建设发展，依法高效履职，持续为"十四五"规划攻坚积势蓄能，推动海洋生态环境保护取得显著成就。下面我就海警海洋生态环境保护执法能力建设情况和主要工作成效向大家做简单介绍。

近年来，我们围绕推进海洋治理能力现代化目标，积极推动构建海洋生态环境保护综合执法监管体系。一是法规制度体系不断完善。推动《中华人民共和国海警法》颁布施行和《中华人民共和国刑事诉讼法》修订，海警海洋生态环境保护行政执法和刑事司法的主体地位正式确立。制订海上行政执法目录、生态环境保护案件办理指引等规范性文件，覆盖各领域、各环节的法律依据和执法标准愈加充分。二是执法力量布局不断优化。设置3个分局、6个直属局，在沿海所有省、市、县部署海警局和工作站，实现沿岸的全线布防

6月

和近海、远海的全域布局。统筹执法力量，日均动用110余艘海警舰艇开展巡航，陆海空一体联动的立体监管模式初步构建。三是执法协作配合不断深化。与相关涉海部门全面建立协作机制，连续开展"碧海"专项执法行动，参与"绿盾"自然保护地强化监督，联合实地督导问题整改。深入推进生态环境与资源保护公益诉讼，成功办理海警首起生态环境公益诉讼案件。

近年来，我们聚焦海洋污染与生态破坏突出问题，依法严厉打击各类破坏海洋生态环境违法犯罪活动。一是全面强化重要区域常态监管。综合运用陆岸巡查、海上巡航和空中巡视等手段，加强重点项目定期巡查、热点区域常态巡查和关键环节动态巡查，检查海洋工程、石油平台、海岛、倾倒区等1.9万余个（次），查处非法围填海、非法倾废、破坏海岛等案件360余起，收缴罚款近2亿元。二是严厉打击重点领域违法犯罪活动。紧盯盗采海砂突出问题，建立海砂富集区等重点海域常态巡逻机制，加强专案经营，严打犯罪链条，成功打掉3个特大盗采海砂团伙，查处各类涉砂案件1 700余起，查扣海砂1 250万 t。联合生态环境部积极推进构建"互联网+"倾废活动监管模式，精准查获违规倾废案件261起。三是严密防范关键环节生态环境风险。建立海洋石油勘探开发定期巡查机制，每季度开展一次海洋石油勘探开发定期巡航，每年对有人石油平台、陆岸终端处理厂等开展不少于1次全面检查，严密排查溢油风险隐患。制订海洋石油勘探开发溢油应急处置预案，稳妥应对生产安全事故引发的溢油事件。

近年来，我们坚持打防结合、预防为主的工作方针，努力营造保护环境和节约资源的社会氛围，一是夯实管控基础。开展"信息大会战、辖区大走访"活动，收集各类海洋生态环境保护基础信息22类近3.9万余条。开通覆盖沿海所有地区的"95110"海上报警服务平台，高效处置盗采海砂、非法倾废等破坏海洋资源环境类警情1426起。二是积极宣传教育。深入渔港、码头、相关企业单位等重点部位，通过悬挂横幅、发放宣传册、制作展板等方式，集中开展普法教育。定期发送法制宣传和教育提醒短信，积极营造浓厚的舆论氛围。三是强力震慑引导。通过举行启动仪式、主题宣传等形式，加强专项行动宣传，扩大社会影响力。组织开展年度典型案例评选，加大违法案件通报曝光力度，收到打击一批、震慑一片、稳定一方的良好效果。

下一步，中国海警局将围绕人民群众对美好环境的新期待，以服务保障海湾综合治理和美丽海湾建设为主线，加快提升海洋生态环境执法监管能力，统筹加强生态保护、污染防治、资源利用领域监管，全面强化重点、难点问题整治，严厉打击各类违法违规行为，为"十四五"规划各项任务有效落实提供坚强支撑。谢谢大家。

刘友宾：下面请大家提问。

50个左右有条件的海湾（湾区）要在"十四五"时期率先推进建设美丽海湾

《人民日报》记者：我们注意到今年1月的时候，多部门共同印发了《"十四五"海洋生态环境保护规划》。该规划提出要以美丽海湾建设作为工作主线，还涉及了要建设50个美丽海湾的目标，想请问一下为什么这样重视美丽海湾的建设？下一步推动规划目标如期实现有哪些主要的思路和举措？谢谢。

张志锋：谢谢《人民日报》记者对"十四五"美丽海湾建设工作的关注。

习近平总书记在2018年全国生态环境保护大会上指出："治理好水污染、保护好水环境，就需要全面统筹左右岸、上下游、陆上水上、地表地下、河流海洋、水生态水资源、污染防治与生态保护，达到系统治理的最佳效果。"总书记特别强调："要从系统工程和全局角度寻求新的治理之道。"

在编制《"十四五"海洋生态环境保护规划》时，就明确提出以改善海洋生态环境质量为核心，以美丽海湾建设作为工作主线，这正是深入贯彻习近平生态文明思想，坚持系统观念，统筹推进湾区陆海污染防治、生态保护修复、亲海环境整治等的重大创新性举措。

确定这一工作主线，主要考虑海湾是近岸海域最具代表性的地理单元，更是经济发展的高地、生态保护的重地、亲海戏水的胜地，抓住了海湾，就抓住了海洋生态环境持续改善的突破口，就抓住了沿海地区协同推进经济高质量发展和生态环境高水平保护的"牛鼻子"。

2019年以来，我们组织沿海地方经过深入调研和反复论证，把全国近岸海域划分为283个海湾（湾区），在此基础上，将"十四五"海洋生态环境保护的各项目标指标和任务措施逐项细化分解、精准落实到每一个海湾（湾区），并向各沿海地方印发了每个海湾（湾区）的重点任务措施清单。下一步，我们将按照"十四五"规划部署，会同有关部门和沿海地方重点做好以下工作：

一是坚持因地制宜、精准施策。根据 283 个海湾（湾区）各自的自然禀赋和突出问题，因地制宜、精准实施"一湾一策"的海湾生态环境综合治理和美丽海湾建设。其中，50 个左右有条件的海湾（湾区）要在"十四五"时期率先推进建设美丽海湾；其他海湾（湾区）也要从"十四五"时期开始持续发力，着力解决存在的突出问题，不断提升海湾生态环境质量，最终到"十六五"末期基本都建成美丽海湾。

二是强化技术帮扶、指导督促。充分发挥生态环境部部属单位的技术优势，组织驻点技术帮扶组会同沿海省（自治区、直辖市）共同深入一线，协助各沿海地市扎实推进海湾综合治理和美丽海湾建设各项工作任务。同时，建立定期会商研判机制，指导督促各沿海地方及时发现问题，深入追根溯源，采取针对性措施行动，从"根子"上推动解决存在的突出问题。

三是注重引导激励、多方参与。去年年底，我们组织沿海地方征集了美丽海湾建设方面的 8 个优秀（提名）案例，在座很多媒体的记者朋友们已经帮助我们做了大量宣传工作。6 月 20 日，中央广播电视总台"焦点访谈"栏目专门报道了福建省宁德市协同推进海湾污染防治和养殖业绿色转型发展的突出成效，以及山东省青岛市加强陆海统筹的海湾污染防治和生态保护修复等的生动实践。今天，我们也在现场为大家准备了全部 8 个美丽海湾优秀（提名）案例的总结材料。这些案例可以说是"各美其美、各具特色"，充分体现了沿海地方在推进美丽海湾建设过程中主动担当作为、积极开拓进取的阶段性成效。

这样的宣传推广工作，我们还将继续坚持、不断深化，并适时向全社会公开 283 个海湾（湾区）的生态环境质量状况和美丽海湾建设进展情况，既加强对沿海地方的引导激励，又强化监督、压实责任，形成多方合力、提高工作质效。

这里，也请各位媒体记者朋友继续关注、支持并大力宣传沿海地方的工作。

我国近海微塑料平均密度约为 0.44 个 $/m^3$，在国际上处于中低水平

凤凰卫视记者：海洋微塑料是社会关注的焦点问题，请问目前中国海域海洋微塑料的情况如何？在加强治理方面生态环境部有哪些措施？

张志锋：塑料污染治理是人民群众关心的"关键小事"，更是关乎生态文明建设成效的"国之大者"。这两年的例行新闻发布会，记者朋友们都会问到有关海洋塑料污染和微塑料治理监管的进展情况。

党中央、国务院历来高度重视包括海洋微塑料在内的塑料污染全链条治理。近年来，国家发展改革委、生态环境部等多部门协调

联动，出台了一系列政策文件，部署了多项任务举措，深入推进塑料污染的全链条治理和监管。5月发布的《2021年中国海洋生态环境状况公报》公布了相关监测评价结果：我国近岸海域海面漂浮垃圾平均密度约为 3.6 kg/km^2，近海微塑料平均密度约为 0.44 个 /m^3，与近年来国际同类调查结果相比，均处于中低水平。

近年来，沿海地方在海洋塑料污染治理方面主动作为、积极探索，形成了一批好的经验做法。比如，浙江省台州市积极探索，打造海洋塑料污染治理"蓝色循环"新模式：政府和企业协同发力，组织渔民等对海洋塑料垃圾进行回收，回收后的塑料统一转运至相关企业进行批量再生，并制作成手机壳等高附加值产品，产品出售后的收入又反哺参与海洋塑料回收的渔民等。我手里拿的这个手机壳，就是利用照片上这5位渔民所收集的海洋塑料制作的，通过扫描二维码就可以溯源，看到制作这个手机壳的塑料是谁捡的、谁运的、存哪里、谁转运、谁再生、谁制造等。通过这样一个"蓝色循环"，形成了政府引导、企业主体、产业协同、公众参与的海洋塑料污染治理新模式，对于破解海洋塑料垃圾收集难、高值利用难、多元共治难等痛点、堵点做了很有价值的实践探索。

下一步，生态环境部将会同有关部门主要做好以下三个方面工作：

一是严格塑料垃圾的源头管控与入海防控。按照"十四五"时期工作部署要求，进一步加强塑料生产和使用的源头减量，加快推进塑料废弃物回收利用和处置，大幅减少塑料垃圾环境泄漏量。同时，指导督促沿海地方加大力度，做好塑料垃圾的源头管控与入海防控，多措并举减轻海洋垃圾的源头排放压力。

二是推进沿海地方政府加强海洋垃圾和塑料污染治理。我们将继续加强海洋垃圾和微塑料等的监测监管，指导督促沿海地方建立健全海洋垃圾清理长效机制。近期，要重点落实好国家发展改革委牵头制订的《江河湖海清漂专项行动方案》，组织相关沿海地方在胶州湾等 11 个重点海湾（湾区）开展为期一年的拉网式塑料垃圾清理专项行动。

三是加强海洋垃圾防治宣传教育和公众参与。从刚才的案例可以看到，海洋垃圾治理迫切需要广大社会公众的关心、支持和积极参与。今年六八海洋日，中华环保联合会举办的公众净滩活动收到了良好的社会反响，我们海洋生态环境司和国家发展改革委资源节约和环境保护司也都积极参与。下一步，我们将继续联合各方共同开展形式多样的公益活动和宣传教育，争取吸引更多的社会团体和公众积极参与净滩、净海公益活动和美丽海湾建设，大家共同携手努力让"水清滩净、鱼鸥翔集、人海和谐"成为滨海常景常态。

生态环境部一直高度重视入海排污口监督管理工作

《每日经济新闻》记者：陆地排放是造成海洋污染的主要原因之一，今年年初国务院办公厅印发了《关于加强入河入海排污口监督管理工作的实施意见》。请介绍一下目前入海排污口排查的进展，后续还将如何落实意见要求？谢谢。

张志锋：谢谢您的提问。国务院办公厅年初印发的《关于加强入河入海排污口监督管理工作的实施意见》，从开展排查溯源、实施分类整治、严格监督管理等方面对加强入河入海排污口监督管理做出了系统部署、提出了明确要求，对于从源头上减轻污染物排海压力、促进近岸海域环境质量改善等具有重大意义。同时，通过加强入海排污口的监督管理，有利于进一步明确并压实沿海地方各级政府、相关企事业单位等的陆海统筹污染防治责任，倒逼沿海地区生产生活方式的绿色转型。

近年来，生态环境部一直高度重视入海排污口监督管理工作。2019年，由我部生态环境执法局牵头，率先在渤海组织开展入海排污口查测溯治，排查出1.8万余个入海排污口，建立了技术体系，积累了丰富经验。在此基础上，《"十四五"海洋生态环境保护规划》《重点海域综合治理攻坚战行动方案》对全国入海排污口排查整治和分类监管等也做出了总体部署，要求到2025年基本完成近岸海域范围内的入海排污口排查和重点海湾入海排污口整治。

《关于加强入河入海排污口监督管理工作的实施意见》印发以来，我们就进一步加强入海排污口监督管理工作细化了落实方案，成立了专项技术帮扶组，统筹推进相关管理办法、技术标准等的起草编制，指导督促沿海各地扎实开展各项工作。当前，环渤海三省一市正在持续推进入海排污口的溯源整治，江苏、浙江、福建、广东、海南等沿海省级行政区也全面启动了入海排污口排查整治工作。

下一步，生态环境部将贯彻落实《关于加强入河入海排污口监督管理工作的实施意见》的各项任务部署，以近岸海域环境质量改善为核心，推动形成权责清晰、监控到位、管理规范的入海排污口监管体系。

一是分区分类推进入海排污口排查整治。在前期工作的基础上，进一步深入推进各沿海地区的入海排污口排查整治工作，在查清入海排污口底数的基础上，稳妥有序落实"取缔一批、合并一批、规范一批"等分类整治要求。

二是建立健全入海排污口监管体系。按照"全面覆盖、分类管理、全程监管"的思路，加快推进入海排污口监督管理制度体系、技术体系、日常监管体系等的建立健全，实现从排污单位到入海排污口，再到污水受纳海域等的全过程监督管理。

三是加强入海排污口的日常监管。组织生态环境部各流域海域生态环境监督管理局加大对沿海地方入海排污口日常监管工作的监督指导力度，建立核查通报和成效评估机制。及时总结推广各沿海地方好的经验做法，加强信息化建设与管理，不断提升入海排污口监管能力和水平。谢谢大家。

"碧海"专项执法行动成效明显

新黄河记者：我们关注到《"十四五"海洋生态环境保护规划》要求"继续开展'碧海'海洋生态环境保护执法行动"，请问今年是否继续开展？有哪些具体考虑？谢谢。

刘德军：感谢您的提问。下面由我回答这个问题。自 2020 年中国海警局联合生态环境部等部门连续开展"碧海"专项执法行动以来，海洋生态环境保护各领域监管检查得到了全面强化，海洋污染与生态破坏突出问题得到了集中整治，可以说专项执法行动的成效是非常明显的，"碧海"专项执法行动的社会影响也在持续提升，我们将按照《"十四五"海洋生态环境保护规划》的要求，将专项执法行动持续部署下去。目前，我们正在认真研判当前海洋生态环境保护面临的形势和任务，就专项执法行动的任务重点、行动方式、力量运用、协同配合等问题进行深入的研究，拟于近期联合相关部门组织开展。今年的"碧海"专项执法行动，主要考虑：一是在全领域覆盖的前提下，进一步明确打击整治的重点，增强行动的针对性。二是各海洋生态环境保护执法队伍多承担综合执法职能，要通过加强专项执法行动和执法力量的统筹，有效减轻基层的执法负担，进而提升打击整治成效。三是进一步加强执法协作配合，让各级海警机构和地方海上执法部门联勤、联动更加经常，工作配合更加顺畅，协同执法更加高效。谢谢。

6月

我国海洋生物多样性显著提高

中国日报社记者：最近几年大家特别关注生物多样性保护的情况。我想问一下根据目前我们所掌握的情况，海洋生物多样性以及海洋生态的总体情况怎么样？在进一步保护珊瑚礁等海洋生态系统以及生物多样性方面，生态环境部有哪些计划？谢谢。

张志锋：谢谢您对海洋生物生态保护工作的关注。加强海洋生物生态保护，是建设"水清滩净、鱼鸥翔集、人海和谐"美丽海湾的必然要求和重大举措。今年六八海洋日的主题就是"保护海洋生态系统，人与自然和谐共生"。

我国是世界上海洋生物多样性最为丰富的国家之一，我国海洋生态系统类型也是丰富多样的，从北到南分布着河口、海湾、滩涂湿地、珊瑚礁、红树林和海草床等重要生态系统，发挥着维护海洋生态安全、构筑重要栖息环境、提供各类产品供给、保障人海和谐关系等重要生态功能的作用。

近年来，珊瑚礁、红树林、海草床等多个典型海洋生态系统得到有效保护，海洋生物多样性得到显著提高，全国近 30% 的近岸海域和 37% 的大陆岸线均已纳入生态保护红线管控范围。社会公众在各种媒体上看到的海洋生物与人类和谐共处的报道也越来越多。比如，厦门湾的中华白海豚、深圳湾和涠洲岛的布氏鲸、辽东湾的斑海豹，以及鸭绿江口、黄河口、长江口、闽江口、珠江口等众多滨海湿地的候鸟天堂等。

根据《2021 年中国海洋生态环境状况公报》，全国近岸监测的 24 个典型海洋生态系统中，有 6 个呈健康状态、18 个呈亚健康状态。这说明：一方面，我国海洋生态系统健康状况总体改善，历年监测评价结果中，2016 年有 2 个典型海洋生态系统处于不健康状态，2018 年降为 1 个，2021 年已基本消除不健康状态；另一方面，监测的大部分典型海洋生态系统仍处于亚健康状态，占比达到75%，说明"十四五"乃至今后一个时期，仍然需要持续加大海洋生态保护修复力度，不断提升海洋生态系统质量和稳定性。

下一步，生态环境部将重点做好以下几方面工作。

一是持续加强海洋生物生态保护，配合有关部门加快建立海洋自然保护地体系，以海湾（湾区）为单元，加强红树林、珊瑚礁等典型海洋生态系统，珍稀濒危海洋生物及栖息地，重要生态廊道等的系统性保护。

二是指导督促沿海地方加强受损海洋生态系统的修复恢复，落实好"十四五"相关规划和行动方案的部署和要求，会同有关部门指导督促沿海地方识别受损海洋生态系统的区域分布及问题特征，有针对性地实施海洋生态恢复修复措施，加强对海洋生态修复区生态环境状况的监督管理。

三是加强海洋生物生态的监测监管，依据职责持续开展"绿盾"自然保护地强化监督，加大对海洋自然保护地和生态保护红线的常态化生态环境监管力度，不断强化典型海洋生态系统健康状况的监测监控，多措并举推动海洋生态系统质量和稳定性持续提升。

32个海水浴场水质总体处于优良水平

《南方都市报》记者：近日，生态环境部开展了部分海水浴场水质监测并公布了三期2022年部分沿海城市海水浴场水质周报。是否会通报其他区域的海水水质周报？对水质较差的区域有何举措？谢谢。

张志锋：谢谢您提了一个大家在暑期普遍关注的问题。海水浴场是公众临海、亲海的重要空间，也是公众直观体验和感受海洋生态环境质量的一面镜子。生态环境部和沿海地方各级政府都高度重视海水浴场水质监测和环境保障工作。

近年来，每到夏天游泳季节和旅游时段，生态环境部就会在官方网站等平台发布沿海城市 32 个海水浴场的水质周报，为社会公众亲海戏水提供及时有效的环境信息服务。这项工作，我们和沿海地方一直都在做。从历年监测结果来看，目前监测的 32 个海水浴场水质总体处于优良水平，但也有个别浴场在部分时段出现海水中粪大肠菌群数量超标等问题，还有个别浴场海面上有少量漂浮物等，影响了公众的亲海体验。详细情况大家可以关注我们每周在生态环境部网站发布的信息。

为切实保障海水浴场环境，近年来，沿海各地开展了不少有针对性的环境治理工作，收到了良好的成效。比如，河北省秦皇岛市高度重视滨海沙滩环境的保护与品质提升，将北戴河等岸段的滨海沙滩纳入旅游旺季"烟头革命"工作机制，请市民、游客和管理人员一起行动，共同维护优美洁净的沙滩环境。广东省汕头市在青澳湾等地持续强化陆海综合治理，合理规划和调整生态养殖布局，及时清理转运岸滩垃圾，切实保障海水浴场环境质量。这些工作让老百姓充分享受到碧海蓝天、洁净沙滩，切身体验到亲海戏水的获得感和幸福感。

下一步，生态环境部将以推动落实《"十四五"海洋生态环境保护规划》为抓手，指导督促沿海地方继续做好海水浴场环境治理和监测信息发布等工作。

一是以沿海大中城市毗邻海湾海滩为重点，加强海水浴场和滨海旅游度假区等公众亲海区环境整治，强化岸滩和海漂垃圾常态化清理，因地制宜拓展生态化亲海岸滩岸线。

二是全面排查整治海水浴场、滨海旅游度假区周边入海污染源，坚决取缔非法和设置不合理的排污口，依法清退影响海水浴场和沙滩环境质量的滨海养殖区等，着力推进海湾水体和岸滩环境质量整体改善。

三是继续加强海水浴场环境质量监测预报，通过生态环境部和各沿海地方多个平台，及时发布海水浴场环境信息，为公众临海、亲海提供更加优质高效的便民信息服务。

我国疫情中高风险地区医疗废物处置情况总体平稳有序

《环球时报》记者：请问在疫情防控下，我国医疗废物收集和处置情况如何？

刘友宾：生态环境部高度重视医疗废物处置能力建设与监管工作。疫情发生以来，我部联合相关部门印发多个关于加强医疗废物处置能力建设与监管的文件及相关技术规范，大力提升医疗废物监管水平和处置能力，指导督促相关地方严格落实所有医疗机构及设施环境监管与服务全覆盖、医疗废物及时有效收集和处理处置全落实"两个100%"工作要求。

各地加快建设医疗废物集中处置设施，处理能力显著提升。2019年，全国共产生医疗废物118万t，集中处置能力为154万t。2021年，全国共产生医疗废物140万t，集中处置能力超215万t，比疫情前提高了39%。

此外，各地还储备了较为充足的危险废物焚烧设施、工业炉窑等协同应急处置能力，可随时启用保障应急处置，现有医疗废物常规和应急处置能力能够满足包括核酸检测废物在内的医疗废物处置需求。

从近期调度情况看，全国疫情中高风险地区医疗废物处置情况总体平稳有序。近三个月以来，全国涉及疫情中高风险地区的市（州）和直辖市中，医疗废物处置设施日均负荷率均低于90%，其中97%的地区低于80%，66%的地区低于50%，所有医疗废物均得到妥善处置，基本做到日产日清。

生态环境部将持续关注全国医疗废物产生及处置情况，配合卫生健康部门做好核酸检测废物的分类管理和收运处置，进一步加强核酸检测废物的环境监管，维护人民群众环境安全。

三大重点海域综合治理攻坚引领全国近岸海域生态环境改善

香港《紫荆》杂志记者：今年 2 月多部委联合印发了《重点海域综合治理攻坚战行动方案》，确定了渤海、长江口—杭州湾、珠江口邻近海域为重点方向。请问这几个重点海域是如何确定的？在治理上有哪些难点？谢谢。

张志锋：谢谢您的提问。刚才，我已经简要介绍了"十四五"时期深入打好重点海域综合治理攻坚战的主要任务就是在三大重点海域、8 个相关沿海省（直辖市）和"2+24"沿海城市组织开展 10 项攻坚行动，以确保重点海域生态环境持续改善。

之所以确定渤海、长江口—杭州湾、珠江口邻近海域为重点攻坚方向，主要考虑三大重点海域都处于我国沿海高质量发展的战略交汇区，区域海洋生态环境问题相对比较集中和突出，人民群众对这些区域优美海洋生态环境的要求也越来越高，迫切需要集中各方力量协同攻坚，以重点海域综合治理攻坚的突出成效，引领和带动全国近岸海域生态环境改善逐步由量变转向质变。

同时，"十四五"时期要深入打好重点海域综合治理攻坚战，触及的矛盾和问题层次更深、领域更广，对海洋生态环境质量改善的要求也更高，治理的重点难点主要体现在以下三个方面：一是陆海统筹的污染防治还需深化，重点是要把好入海排污口和入海河流这两道关键入海"闸口"；二是海洋生态保护修复仍需久久为功，重点是要协同推进重要海洋生物栖息地和典型海洋生态系统这两类重大生态修复任务；三是治理监管的长效机制还需建立健全，特别是要加强陆海统筹的生态环境治理制度建设。对于这些重点、难点问题，《重点海域综合治理攻坚战行动方案》中均做出了有针对性的部署和要求。

当前，8个沿海省（直辖市）都已经编制省级攻坚战实施方案，不仅严格贯彻落实了国家有关部署和要求，而且在陆海统筹的攻坚范围、重点任务要求、工作推进机制等方面，根据各地实际情况做了延伸和拓展。

下一步，生态环境部将会同相关部门和沿海地方重点做好以下工作：

一是加强组织领导和监督评估。与相关部门密切配合，贯彻落实"中央统筹、省负总责、市县抓落实"的总体要求，以"2+24"沿海城市及其管理海域为重点，逐级分解目标任务，层层压实责任，把重点海域综合治理攻坚战的实施情况纳入"十四五"污染防治攻坚战成效考核。同时，会同相关部门加强指导督促，建立定期调度和评估机制，推动将攻坚战好经验、好做法转化为海洋生态环境保护与监管的长效机制。

二是加强技术帮扶和科技支撑。组织驻点技术帮扶组深入"2+24"沿海城市一线，协助各沿海地（市），按照国家和省级方案要求，进一步细化落实"一口一策""一河一策""一湾一策"等的具体行动措施和工程项目等。同时，组织专家团队有针对性地开展攻坚战共性关键技术问题的协同攻关，编制专项技术要点，为沿海地方提供及时有效的科技支撑和服务保障。

三是加强信息公开和公众参与。既要加强对沿海地方攻坚战阶段性进展与成效、经验与模式等的大力宣传，也要进一步强化"开门问策"，广泛听取社会各界的意见建议和沿海地区老百姓的心声，及时动态调整和深化相关攻坚举措，以重点海域生态环境的持续改善，协同推进沿海地区经济高质量发展、民生福祉达到新水平。谢谢。

提高环评审批效率，为经济发展做好服务和保障

中央人民广播电视总台（央视财经）记者：最近我们关注到生态环境部发布了《关于做好重大投资项目环评工作的通知》，请问为什么要出台这样一份文件？文件里有哪些亮点和措施值得关注？发挥了怎样的作用？

刘友宾：制订实施《关于做好重大投资项目环评工作的通知》（以下简称《通知》）是贯彻落实国务院关于扎实稳住经济"一揽子"政策措施的具体举措。《通知》对近年来环评领域服务重大投资项目的有效举措进行系统集成，提出一批创新举措，指导地方生态环境部门提升环评审批服务标准化、规范化、便利化水平，提高审批效率。

《通知》以改革试点方式提出环评审批方式新举措。

一是开展"打捆"环评审批。对编制环境影响报告表的等级公路、

6月

城市道路、生活垃圾转运站、污水处理厂等项目，位于相同市级或县级行政区且项目类型相同的，可"打捆"开展环评审批。这个"捆"主要针对具有同质性、关联性的一类建设项目，既可以由建设单位来"打捆"，将同一类建设项目编制一个环评文件，一并报批，也可以由审批部门来"打捆"，将同一类建设项目环评文件统一组织评估、审查，从而提高环评审批效率。

二是取消污染物排放量很小的项目环评审批和总量指标挂钩。公路、铁路、水利水电、光伏发电、陆上风力发电等基础设施建设项目和保供煤矿项目，污染物排放量很小，在严格落实各项环保措施的前提下，对区域环境质量影响小，这类项目环评审批可不与污染物总量指标挂钩。

三是规划环评与项目环评统筹推进、压茬审查审批。对不涉及禁止开发区域、环境影响简单的城市轨道交通规划和项目，规划环评审查可与项目环评审批统筹推进、压茬办理，最大限度地为项目推进节省时间。

《通知》发布以来，我部已批复引江补汉工程、北沿江高铁上海至合肥段、海则滩煤矿等水利、交通、煤炭等行业重大项目环评文件 13 项，涉及总投资超过 3 100 亿元。其中，对于近期拟开工的南水北调中线引江补汉工程、环北部湾广东水资源配置工程、淮河入海水道二期工程 3 个重大水利工程，我部提前介入指导环评文件编制，创新机制优化审查流程，开辟绿色通道，在坚持生态优先、绿色发展和守牢生态环保底线的基础上，加快审批进度，在审批时限内提前完成了相关批复，为工程开工创造了条件。下一步，我们将继续抓好《通知》精神的落实，为经济发展做好服务和保障。

生态环境部在海洋领域采取一系列措施，全力服务保障"六稳""六保"

《中国青年报》记者： 今年以来我国经济发展的复杂性、严峻性和不确定性上升，发展态势也备受关注。海洋经济是我国经济发展的重要板块，请问生态环境部在海洋领域服务保障"六稳""六保"方面采取了哪些措施？谢谢。

张志锋： 谢谢您的提问。近年来，生态环境部坚决贯彻落实党中央、国务院关于统筹做好疫情防控和经济社会发展的有关部署要求，积极主动作为，在海洋领域也采取了一系列措施，全力服务保障"六稳""六保"。

在海洋工程建设项目环评管理方面，一是积极主动对接，主动了解海洋石油勘探开发等国家重大项目情况，建立重大项目台账，开辟绿色通道，提前介入指导，依法依规加快推进环评审批；二是提高审批效率，今年第一、第二季度先后批复海洋工程建设项目 15 个，涉及总投资约 669 亿元，推动渤中气田开发工程等重大项目尽快落地；三是畅通服务渠道，利用"互联网＋政务"系统、视频评审会等方式，推行审批事项网上受理、网上审查，便利企业和个人实行"不见面"审批审查。

在海洋倾倒管理方面，一是联合自然资源部共同印发《全国海洋倾倒区规划（2021—2025年）》，系统谋划"十四五"期间倾倒区总体布局，充分保障沿海港口航道建设和运行维护中的疏浚物倾倒等重大需求；二是做好倾倒许可证核发工作，今年以来共核发倾倒许可证近400本，为深中通道、北京燃气LNG、广湛铁路海底隧道等国家和省级重大项目实施提供服务和保障；三是进一步落实"放管服"要求，从今年6月1日起，将"废弃物海洋倾倒许可证核发"审批事项下放至3个流域海域生态环境监督管理局，以方便沿海相关企业就近办理许可证，切实提高服务效能。

下一步，生态环境部将继续加强主动服务、指导协调和重点支持，为协同推进沿海经济高质量发展和海洋生态环境高水平保护提供有力支撑和保障。

刘友宾：今天的发布会到此结束。谢谢大家！

6月例行新闻发布会背景材料

近年来，生态环境部以习近平生态文明思想为指导，深入贯彻落实党中央、国务院决策部署，完整、准确、全面贯彻新发展理念，科学研判形势与挑战，坚持以改善海洋生态环境质量为核心，以美丽海湾建设为主线，系统谋划"十四五"全国海洋生态环境保护目标任务，推动各项工作深入扎实推进，取得了积极进展。

一、"十四五"顶层设计取得重大进展

"十四五"时期是深入贯彻习近平生态文明思想，谱写美丽中国建设新篇章、实现生态文明建设新进步的五年，也是持续改善海洋生态环境质量、推动减污降碳协同增效的五年。"十四五"海洋生态环境保护工作既面临着重大发展机遇，但也面临着推动海洋生态环境质量改善由量变到质变的艰巨任务和挑战，仍处于"滚石上山""爬坡过坎"的"吃劲"阶段。

面对新形势、新任务、新挑战，做好"十四五"海洋生态环境保护工作的总体考虑如下：在总体思路上，坚持精准治污、科学治污、依法治污，强化底线思维和风险防控，注重解决老百姓身边的海洋生态环境问题，不断提升公众临海亲海的获得感和幸福感，协同推进沿海经济高质量发展和海洋生态环境高水平保护。在工作布局上，构建沿海、流域、海域协同一体的综合治理体系和国家、省、市、海湾分级治理格局，重点打好重点海域综合治理攻坚战，健全完善入海河流和入海排污口治理模式，创新完善海水养殖、海洋垃圾等治理模式。在治理载体上，将全国283个海湾（湾区）作为基础单元和重要载体，因地制宜推进海湾综合治理和"水清滩净、鱼鸥翔集、人海和谐"的美丽海湾建设。在能力保障上，更加注重科技创新与治理能力提升，以科技创新驱动海洋生态环境治理能力提升，加快补齐基础性、关键性能力短板。在推进落实上，完善中央统筹、省负总责、市县抓落实的海洋生态环境保护工作机制，推动形成"十四五"期间各部门齐抓共管、分工落实的大环保工作格局。

按照上述"十四五"期间的总体考虑，主要形成了"1+5"的顶层设计：

"1"指一部法律。推进《中华人民共和国海洋环境保护法》修订，进一步贯彻落实习近平生态文明思想和习近平法治思想，巩固机构改革成果，推进陆海统筹，为持续改善海洋生态环境、加快解决人民群众关心的海洋生态环境突出问题，构建现代环境治理体系等提供更加有力的法律保障。

"5"指五个重大政策文件。一是多部门联合印发《"十四五"海洋生态环境保护规划》，以美丽海湾建设为主线，系统部署"十四五"期间海洋生态环境保护工作，明确44项重点任务，并将其分解落实为283个海湾（湾区）的针对性任务措施。二是多部门联合印发《重点海域综合治理攻坚战行动方案》，贯彻落实深入打好污染防治攻坚战的重要部署，聚焦渤海、长江口—杭州湾、珠江口邻近海域三大重点海域存在的突出问题，系统部署海洋污染防治、生态保护修复、环境风险防范、美丽海湾建设等方面的十项攻坚行动。三是国务院办公厅印发《关于加强入河入海排污口监督管理工作的实施意见》，从开展排查溯源、实施分类整治、严格监督管理等方面对加强入河入海排污口监督管理做出了系统部署、提出了明确要求。四是联合农业农村部编制印发《关于加强海水养殖生态环境监管的意见》，进一步加大海水养殖生态环境监管力度，建立健全长效监管机制，推进海水养殖业绿色高质量发展。五是联合自然资源部编制印发《全国海洋倾倒区规划（2021—2025年）》，以协同推进沿海地方经济发展和海洋生态环境保护为导向，在全国范围内布局171个倾倒区，积极服务保障沿海地方"六稳""六保"。

二、各项重点工作平稳开局起步

去年以来，围绕"1+5"的顶层设计，按照稳字当头、稳中求进的基调和落实落实再落实的要求，全力推动"十四五"各项重点工作稳步开局、稳妥推进、稳定见效。

（一）配合抓好《中华人民共和国海洋环境保护法》修订工作。坚持"好用、管用、解决问题"的导向，持续抓好《中华人民共和国海洋环境保护法》修订研究论证工作，推动《中华人民共和国海洋环境保护法》正式纳入2022年全国人大立法计划，法律修订工作已经进入"快车道"，目前正与有关部门配合全国人大环资委做好法律修订的各项工作。

（二）统筹抓好《"十四五"海洋生态环境保护规划》落实和美丽海湾建设。明确将美丽海湾建设作为"十四五"海洋生态环境保护工作的主线，在全国划定283个海湾（湾区），逐一精准部署"十四五"重点任务措施。沿海省（自治区、直辖市）已全部印发省级"十四五"海洋生态环境保护规划，因地制宜、梯次推进"一湾一策"的美丽海湾建设，国家、省、市、海湾分级治理格局的顶层设计基本形成。

（三）靠前抓好重点海域综合治理攻坚战。推动落实《重点海域综合治理攻坚战行动方案》，指导督促相关沿海地方编制省、市两级实施方案，8个省级攻坚战实施方案已全部印发实施，地市级实施方案已基本编制完成。着力推进陆海污染防治等重点攻坚行动的贯彻落实，近百名技术专家和业务骨干已组成驻点帮扶工作组赴沿海一线送政策、送技术、送服务。

（四）分类抓好入海排污口监管。贯彻落实国务院印发的《关于加强入河入海排污口监督管理工作的实施意见》，编制落实工作方案，成立专项技术帮扶组，组织起草入海排污口监督管理试行办法，统筹推进入海排污口监督管理技术标准编制，对照入海排污口排查整治和分类监管的重要节点任务要求，指导督促沿海地方稳步推进各项工作。

（五）压茬抓好海水养殖生态环境监管。按照《关于加强海水养殖生态环境监管的意见》的有关部署，注重发挥流域海域生态环境监督管理局的包片督导作用和部属相关单位的技术支撑作用，压实沿海地方政府和生态环境部门的落实责任，推进摸清海水养殖项目底数、编制出台地方海水养殖尾水排放相关标准等重点任务。

（六）主动做好"六稳""六保"的服务保障工作。落实《全国海洋倾倒区规划（2021—2025年）》，以协同推进沿海地方经济发展和海洋生态环境保护为导向，继续选划一批临时性海洋倾倒区，今年6月1日起，将"废弃物海洋倾倒许可证核发"审批事项下放至3个流域海域生态环境监督管理局，依法依规加快海洋工程环评等审批事项办理，支持沿海地方经济发展。

（七）坚决守好海洋生态环境安全底线。落实与中国海油签订的合作框架协议，建设国家油指纹库，开发了油指纹智能分析系统，已收录中国海油渤海油田600多个原油样品，启动"中国环监001"船舶改造工作，妥善应对一系列海洋环境突发事件，守底线、防风险、处突发的能力有效提升。

三、下一步工作考虑

下一步，生态环境部将进一步深入贯彻习近平生态文明思想，完整、准确、全面贯彻新发展理念，保持战略定力，坚持稳中求进，以改善海洋生态环境质量为核心，以美丽海湾建设为主线，深入打好重点海域综合治理攻坚战，因地制宜、梯次推进"一湾一策"的海湾综合治理和美丽海湾建设，建立健全陆海统筹的生态环境治理制度体系，切实履行海洋生态环境保护和监管职责，不断提升国家、海区和地方海洋生态环境治理能力，为美丽中国和生态文明建设做出新贡献，以优异成绩迎接党的二十大胜利召开。

7 月例行新闻发布会实录

——聚焦深化环评"放管服"改革

2022 年 7 月 21 日

　　7 月 21 日，生态环境部举行 7 月例行新闻发布会。生态环境部环境影响评价与排放管理司司长刘志全出席发布会，介绍深化环评"放管服"改革、协同推进经济高质量发展和生态环境高水平保护相关情况。生态环境部新闻发言人刘友宾主持发布会，通报近期生态环境保护重点工作进展，并共同回答了大家关心的问题。

7月例行新闻发布会现场（1）

7月例行新闻发布会现场（2）

刘友宾：新闻界的朋友们，上午好！欢迎参加生态环境部7月例行新闻发布会。

今天新闻发布会的主题是深化环评"放管服"改革、协同推进经济高质量发展和生态环境高水平保护。我们邀请到生态环境部环境影响评价与排放管理司司长刘志全先生介绍环评改革工作有关情况，并回答大家关心的问题。

下面，我先通报两项我部近期重点工作。

生态环境部新闻发言人刘友宾

一、全国碳排放权交易市场启动一年来总体运行平稳

全国碳排放权交易市场是落实碳达峰、碳中和目标的重要政策工具，是推动绿色低碳发展的重要引擎。全国碳排放权交易市场

7月

于 2021 年 7 月 16 日正式启动上线交易。第一个履约周期共纳入发电行业重点排放单位 2 162 家，年覆盖二氧化碳排放量约 45 亿 t，是全球覆盖排放量规模最大的碳排放权交易市场。启动一年来，市场运行总体平稳，截至 2022 年 7 月 15 日，碳排放配额累计成交量 1.94 亿 t，累计成交额 84.92 亿元。

生态环境部高度重视全国碳排放权交易市场建设，积极稳妥推进制度体系、技术规范、基础设施建设、能力建设等各项工作任务，推动全国碳排放权交易市场建设取得积极进展。一是初步构建全国碳排放权交易市场制度体系，形成了"配额分配—数据管理—交易监管—执法检查—支撑平台"一体化的管理框架。二是碳排放权交易市场激励约束作用初步显现。通过市场机制首次在全国范围内将碳减排责任落实到企业，增强了企业"排碳有成本、减碳有收益"的低碳发展意识，有效发挥了碳定价功能。三是严厉打击碳排放数据弄虚作假行为。组织开展全国碳排放报告质量专项监督帮扶，向社会公开碳排放权交易市场数据造假典型问题案例，有效发挥了警示震慑作用。四是全国碳排放权交易市场成为展现我国积极应对气候变化的重要窗口，不仅是我国控制温室气体排放的政策工具，也为广大发展中国家建立碳排放权交易市场提供了借鉴，同时为促进全球碳定价机制的形成发挥了重要作用，受到国际社会的广泛关注。

建设全国碳排放权交易市场是一项复杂的系统性工程，是一项从无到有的开创性事业，目前仍处于起步阶段。下一步，我们将坚持全国碳排放权交易市场作为控制温室气体排放政策工具的工作定位，一是持续强化全国碳排放权交易市场法律法规和政策体系，积极推动碳排放权交易管理暂行条例出台，并完善配套交易制度和相关技术规范。二是强化数据质量监管力度和运行管理水平，建立健全信息公开和征信惩戒管理机制，加大对违法违规行为的惩处力度。三是持续强化市场功能建设，逐步扩大全国碳排放权交易市场行业覆盖范围，丰富交易主体、交易品种和交易方式。

二、启动"中国生态文明奖"和"2020—2021绿色中国年度人物"评选工作

为深入贯彻落实习近平生态文明思想，发掘和总结近年来生态文明建设涌现的先进典型和事迹，近期，生态环境部将启动"中国生态文明奖"和"2020—2021绿色中国年度人物"评选工作，以充分发挥先进典型引领示范作用，推动全社会自觉践行绿色生产生活方式，形成崇尚生态文明的良好风尚。

"中国生态文明奖"于2014年设立，是我国生态文明建设领域的重要政府奖项，重点表彰在生态文明实践探索、宣传教育和理论研究等方面做出突出成绩的集体和个人，每三年评选表彰一次。"绿色中国年度人物奖"于2005年设立，面向社会各界人士，是首个由政府颁发的环保人物奖，每两年评选一次，旨在表彰在生态环保事业中做出突出贡献的先进人物。

开展"中国生态文明奖""绿色中国年度人物奖"评选表彰工作，是推进生态文明建设和生态环境保护工作的重要举措。两个奖项的

7月

评选将严格规范、公平公正，确保推选出公众认可、示范作用突出的先进典型，成为展示我国生态文明建设成果、讲好中国生态环保故事的重要阵地。

刘友宾：下面，请刘志全司长介绍情况。

生态环境部环境影响评价与排放管理司司长刘志全

今年上半年，全国共审批 4.78 万个项目环评，涉及总投资超过 8.4 万亿元

刘志全：感谢主持人。新闻界的朋友，上午好！首先，我代表生态环境部环境影响评价与排放管理司，对大家长期以来对环评与排污许可工作的关心和支持表示衷心的感谢！

今年以来，我们坚决贯彻落实党中央、国务院部署，坚持稳中求进工作总基调，更加自觉地把生态环境保护工作放在经济社会发展大局中考量，坚决扛起生态环境部门在稳经济大盘这个大局中的责任，既守牢生态环境底线，又主动担当作为，主要采取了以下措施：

一是我部印发实施《关于做好重大投资项目环评工作的通知》，提出一系列服务措施和创新举措，要求各级生态环境部门切实依法做好重大投资项目环评保障。主要包括：从建立重大项目环评服务台账、优化简化环评文件编制、提供"环评审批服务单"、发挥专家优势等方面进一步提出务实举措；从建立绿色通道、探索城市道路等项目环评"打捆"审批、取消污染物排放量很小的项目环评审批和总量指标挂钩、对城市轨道交通规划和项目环评压茬审查审批等方面提出改革创新，提高环评审批质量和效率。今年上半年，全国共审批 4.78 万个项目环评，涉及总投资超过 8.4 万亿元，同比上升 28.9%。

二是依托环评审批"三本台账"全力服务重大项目环评。对纳入台账项目，提前介入、定期调度指导环评文件编制；统筹建立重点领域规划环评服务保障机制，对符合生态环保要求的项目开辟绿色通道，即报、即受理、即转评估，在严守生态环保底线的基础上加快审批。今年以来先后召开煤炭、水利、油气管线、铁路等行业调度会 15 次，组织重大项目专题对接 114 次，上半年我部共审批重大项目环评文件 91 份，其中铁路、水利、交通重大基础设施和煤炭保供等项目 45 个，涉及总投资约 7 000 亿元。完成 20 个煤矿项目环评审批，涉及新增产能 1.25 亿 t/a；完成引江补汉、环北部湾广东供水工程、淮河入海二期等重大水利工程环评文件审批，有力推动引江补汉等工程开工建设；完成雄忻高铁、沪渝蓉沿江高铁等 7 个铁路项目环评审批，涉及总投资 4 800 亿元。

在工作中，坚持生态优先、绿色发展理念，推动优化选址、选线绕避生态环境敏感区，强化沿线噪声污染治理、区域污染物削减替代和生态修复，提出严格生态环保要求，切实维护群众合法权益，同步加强监管，依法守住生态环境底线。

三是持续推进环评与排污许可改革。印发《"十四五"环评与排污许可工作实施方案》，加速推进改革顶层设计，制订"十四五"时期环评与排污许可工作的施工图，明确了 5 个方面共 18 项任务。加快生态环境分区管控落地应用，在全面完成省、市两级生态环境分区管控方案发布实施的基础上，指导各地深入推进应用，并依托信息系统探索数字化、智能化应用模式，服务重大项目落地，助力经济高质量发展。持续推进减污降碳协同增效，做好"两高"项目生态环境源头防控；组织 9 个省（自治区、直辖市）聚焦电力、钢铁、建材、有色、石化化工、煤化工等重点行业项目及重点产业园区开展温室气体排放环境影响评价试点。全面推行排污许可"一证式"管理，出台排污许可证电子证照标准，实现"单点登录、一网通办、跨省通办、全程网办"；精简排污许可证变更程序，5 日内办结率由 56% 提高到 94%；组织全国开展排污许可证质量和执行报告提交率"双百任务"。目前已将 335.68 万个固定污染源纳入排污许可管理，相比 2021 年年底，新增固定污染源 31.9 万个。

对近期重点工作先介绍到这里。下面，我愿意回答大家关心的问题。谢谢各位！

刘友宾：下面，请大家提问。

6 月以来，生态环境部已批复重大项目环评文件 16 份，涉及总投资超过 3 800 亿元

荔枝新闻记者：近日，生态环境部印发了《关于做好重大投资项目环评工作的通知》（以下简称《通知》），请问目前《通知》的落实情况怎么样？后续还会有哪些考虑？谢谢。

刘志全：谢谢您的提问。为深入贯彻党中央、国务院决策部署，落实国务院关于扎实稳住经济"一揽子"政策措施，今年 5 月，我部印发《通知》，有关内容上个月新闻发布会已介绍过。在此我主要介绍发布后的进展情况，分两个方面介绍。

第一方面，我部主要开展工作：

一是加快重大项目环评审批。6 月以来，我部已批复引江补汉工程、北沿江高铁上海至合肥段、海则滩煤矿等水利、交通、煤炭等行业重大项目环评文件 16 份，涉及总投资超过 3 800 亿元。其中，对于近期拟开工的南水北调中线引江补汉工程等 3 项重大水利工程，我部提前介入指导、开辟绿色通道，在严守生态环保底线的基础上，加快环评审批，为工程开工创造了条件。

二是加强统筹调度。我部调度各省级生态环境部门贯彻落实《通知》情况，调度各地有关规划和重点项目环评推进情况，跟进地方重大投资项目环评审批保障工作进展和成效，汇总形成一批地方特色做法和典型案例，并进行推广，供地方互相学习借鉴。

三是加大宣传力度。《通知》发布后受到社会和媒体的广泛关注，央视新闻频道、央视网、光明网、中国新闻网等社会影响力较大的媒体均进行了报道。在此感谢大家的宣传报道。

第二方面，各地贯彻落实情况：

《通知》发布后，各地生态环境部门结合地方实际出台了配套落实文件，工作进展主要体现在以下三点。

一是建立环评管理台账，加快环评审批。各地积极加强与相关部门沟通协作，建立有关台账。广东省生态环境厅今年以来将 132 个重大投资项目纳入环评管理台账，江苏省生态环境厅将 368 个重大项目纳入台账，山东省生态环境厅建立涵盖全省 2 024 个重大项目的环评管理台账，福建省生态环境厅建立涵盖全省 1 354 个重大项目的环评管理台账。

二是提前介入指导，创新审批方式。河北省开展"环评服务百日攻坚"，成立帮扶组实地走访区（县）87 个，帮助解决问题。重庆市依托"三线一单"（生态保护红线、环境质量底线、资源利用上线和生态环境准入清单）生态环境分区管控大数据平台，为企业提供项目选线、选址生态环境符合性查询，避免走"弯路"。山东省青岛市、浙江省台州市等地对工业园区内从事汽车配件加工、机械加工的小微企业项目开展"打捆"审批，多个项目仅编制一本报告，开展一次审批，为企业节省编制时间和费用。

三是推动环境监测数据共享，减轻企业负担。江西省生态环境厅推进建立开发区环境质量监测数据共享机制，将开发区已有的环境监测、污染源调查数据资料纳入共享平台，免费提供给入园（区）项目环评编制使用，切实缩短了环评编制时间，降低了企业负担。

下一步，我部将继续指导地方各级生态环境部门，全力做好重大投资项目环评保障，创新服务方式，提高审批效率。同时在环评审批中坚持生态优先、绿色发展，守住生态环境底线。

《名录》实施以来，全国审批环评文件数量较改革前减少四成以上

《南方都市报》记者：面对百年变局和世纪疫情影响，中小微企业出现了不少困难，请问一年来在深化环评"放管服"改革、落实"六稳""六保"任务方面做了哪些工作？取得了什么成效？还将在哪些方面继续深化？

刘志全：谢谢您的提问。面对复杂严峻的国内外形势，生态环境部坚决贯彻落实党中央、国务院决策部署，增强工作紧迫感，既坚决守住底线，又主动担当作为，积极服务"六稳""六保"工作。

一是落实改革政策，持续激发市场活力。指导地方落实好《建设项目环境影响评价分类管理名录（2021年版）》（以下简称《名

录》），对降低的 51 个二级行业环评类别和取消的 40 个二级行业登记表的项目，严格落实简政放权举措，明确"《名录》之外无环评"。取消、简化的项目主要涉及环境影响因子单一、环境治理措施成熟、环境风险可控的行业，以中小微企业为主体，他们是改革的直接受益者。《名录》实施以来，全国审批环评文件数量较改革前减少四成以上，登记表备案数量减少超过一半，改革效果是比较显著的。今年上半年保持了这一态势，全国审批环评文件 4.78 万份，同比稳中有降，涉及总投资同比上升 28.9%，有利于带动投资增长。

二是狠抓放管并重，强化事中事后监管。为遏制"两高"项目盲目发展，我部印发了《关于加强高耗能、高排放建设项目生态环境源头防控的指导意见》，辽宁等一些省级行政区还适当上收了"两高"行业建设项目环评审批权限。我部持续落实《环评与排污许可监管行动计划（2021—2023 年）》，强化对环评与排污许可的质量和落实两方面的监管，对发现的问题及时督促地方和企业加快落实整改。同时，坚持"零容忍"态度严惩环评弄虚作假行为，持续强化常态化监管，综合运用信用管理、行政处罚、刑事司法等手段，守好生态环保第一道"关口"。

三是优化审批服务，加强企业和基层帮扶。组织各地认真实施《通知》，强化环评保障。建设运行好全国环评技术评估服务咨询平台，开展"远程会诊"，持续做好小微企业环评审批帮扶工作，运行一年半以来，帮助基层审批部门及小微企业解决环评审批问题 1 600 多个，通过部长信箱解答环评问题近 2 500 个。我部还持续优化执法方式，落实监督执法正面清单。

下一步，我们将抓改革、抓落实并重。在抓改革方面，支持指导营商环境试点城市相关改革，深化产业园区等规划环评与项目环评联动改革试点，探索建立污染影响类和生态影响类建设项目差异化全过程监管体系，选取具备条件的地方开展污染影响类项目环评与排污许可深度衔接改革试点，进一步优化和简化管理。在抓落实方面，指导地方生态环境部门严格执行新《名录》《通知》等要求，简化报告表编制内容，做好面向基层的指导帮扶，同步强化事中事后监管，统筹好把关与服务，推动经济社会健康发展。

各级生态环境部门对环评弄虚作假始终坚持"零容忍"的态度，采取一系列举措，加大处理处罚力度

《北京青年报》记者：因为环评资质的取消，环评机构数量众多，但是质量良莠不齐。近年来，生态环境部门环评打假力度持续加大，严查环评文件质量问题，请问还将如何推动解决这些问题？谢谢。

刘志全：从全国环评文件常态化复核情况来看，虽然环评文件粗制滥造、弄虚作假属于个别情况，但性质极其恶劣，对环评制度公信力的损害十分严重，各级生态环境部门对环评弄虚作假行为始终坚持"零容忍"的态度，保持严惩重罚的态势，采取一系列举措，

加大处理处罚力度。

一是严格依法处理处罚。2021年以来，生态环境部指导全国各级生态环境部门加强常态化监管，已将存在环评文件编制质量等问题的265家单位和217人列入环评失信"黑名单"或限期整改名单。生态环境部分四批将29份环评文件严重质量问题线索移交地方生态环境部门依法查处。各地生态环境部门加大执法力度，据不完全统计已依法查处环评文件严重质量案件50多件，罚款金额1 400多万元。近期，我部还将公开一批典型案例，强化警示震慑。

二是推动刑事司法衔接。环评弄虚作假违法行为已经写入《刑法修正案（十一）》。部分地方生态环境部门会同公、检、法、司等相关部门主动担当作为，针对故意提供虚假环评文件且情节严重的典型案例，正在积极推动有关司法实践，下一步将对涉嫌环评造假的违法犯罪分子予以严厉打击。

三是强化智能精准监管。实施环评文件智能复核查重，已对全国审批的十几万份环评文件开展智能校核，对其中830多份环评文件开展重点复核，并对存在问题的依法严处。依托环评信用平台数据信息，建立了环评人员从业异常情况按季度预警机制，已分批向地方生态环境部门预警142名环评人员，对其编制的环评文件提高复核比例，并对相关环评单位开展靶向抽查和现场监管。

四是开展专项清理整治工作。组织对在环评信用平台建立诚信档案的环评单位和环评工程师进行全面排查，对8 000多家环评单位和1.4万多名从业环评工程师做到一家一家过、一个一个查，坚决清理不具备技术能力的"空壳"环评公司和存在"挂靠"等违规行为的环评工程师,以及诚信档案基础信息存在问题的单位和人员。目前,各地正在抓紧完成处理处罚工作。

生态环境部门将继续坚决打击环评弄虚作假行为,一是积极协调地方和公、检、法等部门,推动依法查办环评造假典型案件,形成强大震慑。二是进一步落实好环评监管长效机制,全面加强环评文件质量监管。三是严格落实建设单位对环评文件质量负责的主体责任,强化环评单位和人员直接责任,落实评估、审批中的把关责任,持续发力、久久为功,切实筑牢在发展中守住绿水青山的第一道防线。

从环评领域加快推动减污降碳协同增效

《南方周末》记者:近期,生态环境部、国家发展改革委等七部门联合印发了《减污降碳协同增效实施方案》,要求加强源头防控,请问环评领域在推动减污降碳协同增效方面有什么考虑?下一步将采取哪些具体措施?

刘志全:为贯彻落实《减污降碳协同增效实施方案》工作部署,从环评领域加快推动减污降碳协同增效,生态环境部开展了以下工作。

一是开展重点行业建设项目温室气体排放环境影响评价试点。生态环境部制订了试点工作方案和技术指南。组织河北、山东、浙江、重庆等9个省(自治区、直辖市)聚焦电力、钢铁、建材、有色、

377

石化化工、煤化工等重点行业，研究重点行业建设项目温室气体排放水平和减排潜力，探索污染物和碳排放协同管控的技术方法和管理路径。河北、山东、陕西等地制订钢铁、化工、煤化工等行业技术指南，截至目前，已有256个试点项目完成环评审批。

二是探索"三线一单"和规划环评领域减污降碳协同管控路径。组织15个地市探索开展"三线一单"减污降碳协同管控试点，探索在12项试点政策的生态环境影响分析中统筹考虑气候变化因素，选择7家产业园区从优化园区发展方式、减污降碳协同治理、完善环境管理等方面总结经验，形成一批可复制、可推广的案例。

三是推动温室气体纳入环评相关法律法规、标准规范研究。开展温室气体管控纳入环评的专题论证，提出环境影响评价法的修法建议。修订发布了《规划环境影响评价技术导则　产业园区》，要求将碳减排融入各评价章节，提出以减污降碳为目标的评价要求。此外，正在组织开展《建设项目环境影响评价技术导则　总纲》等系列生态环境标准的制（修）订。

目前，我们在温室气体纳入环评工作中仍面临基础研究不够，配套法律法规、政策与技术体系亟待完善等问题。下一步，我们将按照党中央、国务院碳达峰、碳中和工作部署，指导开展试点，梳理总结经验，推动完善法律、政策和技术体系，为环评领域落实减污降碳协同增效目标奠定坚实的基础。

充分发挥环境影响评价制度在源头防控新污染物环境影响的重要作用

封面新闻记者：今年 5 月，国务院办公厅印发了《新污染物治理行动方案》，该如何进一步完善对新污染物的环评管理？谢谢。

刘志全：今年 5 月，国务院办公厅印发的《新污染物治理行动方案》指出，有毒有害化学物质的生产和使用是新污染物的主要来源。目前，国内外广泛关注的新污染物主要包括国际公约管控的持久性有机污染物、内分泌干扰物、抗生素、微塑料等。

建设项目环境影响评价中高度重视对持久性有机污染物等新污染物的控制，目前部分已经出台排放标准的新污染物已被纳入环境影响评价体系，充分发挥环境影响评价制度在源头防控新污染物环境影响的重要作用。

一是严格环境准入把关。落实相关国际公约和国家产业政策要求，对不符合禁止生产或限制使用化学物质管理要求的建设项目，如涉及有机氯杀虫剂等持久性有机物生产的建设项目，依法不予审批。二是严格管控已纳入排放标准的新污染物。如二噁英已被纳入《钢铁烧结、球团工业大气污染物排放标准》（GB 28662—2012）、《制浆造纸工业水污染物排放标准》（GB 3544—2008）等 15 项国家行业污染物排放标准管控，在开展这 15 个行业建设项目环境影响评价工作时，要对二噁英从产生过程控制到达标排放进行充分论证，对其在周边环境的现状、项目建成后该污染物对周边环境的影响进行

7月

评价（包括相关环境风险分析），并提出可靠的污染防治措施，确保排放满足相关标准要求，环境影响可接受。

下一步，生态环境部将一方面积极推进新污染物环境影响评价基础研究，做好与新污染物技术标准、调查监测方法规范等的衔接；另一方面强化环境影响评价管理，严格涉新污染物建设项目环境准入，切实发挥环境影响评价制度源头防控作用，防止新污染物产生。

严守生态环境底线，确保环评审批质量

澎湃新闻记者： 随着中央出台稳经济"一揽子"政策举措，今年预计还会有大批项目上马。请问，环评工作如何在保障重大工程顺利开展的同时守住"底线"？

刘志全： 环评是在发展中守住绿水青山的第一道防线，对于协同推进经济高质量发展和生态环境高水平保护发挥着重要作用。今年生态环境部印发的《关于做好重大投资项目环评工作的通知》强调，各级生态环境部门在服务重大项目的过程中，既要提前介入主动服务、提高审批效率，也要守住生态环境底线，确保环评审批质量，强化事中事后监管。

在守住"底线"方面，主要从四个方面严格把关：一是严守法律底线。具体来说，就是项目类型及其选址、布局、规模等要符合生态环境保护法律法规、法定规划要求，避免出现触碰法律底线的"硬伤"。二是严守生态环境质量底线。在环评中，严格要求建设

项目采取有效污染防治措施，确保污染物达标排放，项目位于环境质量未达标区的，其措施要满足区域环境质量改善目标管理要求；通过优化工程选址、选线和采取必要的生态保护措施，使之符合"三线一单"生态环境分区管控要求，避免对相关区域生态系统结构、功能等造成重大不利影响。三是严守环境风险防范底线。严格审核环境风险评价内容，避免出现遗漏主要风险源或环境保护目标、环境风险防控措施不符合要求等问题。四是维护公众权益底线。坚持以人民为中心的发展观，依法依规指导建设单位做好环境影响评价公众参与，保障公众环境保护的知情权、参与权、表达权和监督权。对建设项目周边存在居民点等环境保护目标的，应重点分析项目建设和生产运行对其产生的影响，针对可能直接对公众造成不利影响的废气、噪声、污水、危险废物等，要求采取最严格的防治措施，切实维护公众合法权益。

在强化环评事中事后监管方面：一是实施《环评与排污许可监管行动计划（2021—2023年）》，对重大投资项目环评要求落实情况开展监督检查，督促建设单位落实生态环境保护主体责任，确保环评批复的各项生态环境保护设施、措施落实到位。二是强化重大投资项目环境保护"三同时"执法，压实地方生态环境部门的属地监管责任，对违反"三同时"和自主验收要求的违法行为依法严肃查处。三是加大"未批先建"违法行为查处力度，将查处"未批先建"违法行为列为污染防治攻坚战强化监督检查工作内容，将问题突出的地方和企业纳入中央生态环境保护督察。

我国 O_3 浓度总体保持稳定，将持续推进 $PM_{2.5}$ 和 O_3 协同治理

新华社记者：近日，生态环境部通报了上半年全国生态环境质量状况，数据显示，目前全国 O_3 浓度有所反弹。请问反弹原因是什么？针对 O_3 污染采取了哪些治理举措？成效如何？如何继续加强 O_3 治理？

刘友宾：2022 年 1—6 月，全国环境空气质量总体改善，339 个城市优良天数比例为 84.6%，同比上升 0.3 个百分点。6 种主要污染物浓度"五降一升"，其中 $PM_{2.5}$ 浓度同比下降 5.9%，仅 O_3 浓度同比上升 4.3%。

我国《环境空气质量标准》（GB 3095—2012）O_3 二级标准限值为 160 μg/m³，与世界卫生组织标准一致。从近五年看，我国 O_3 浓度总体保持在较为稳定的状态。2018—2022 年上半年，全国 O_3 浓度分别为 143 μg/m³、143 μg/m³、141 μg/m³、138 μg/m³、144 μg/m³，虽然年际间存在小幅波动，但总体基本稳定在 140 μg/m³ 左右。

今年上半年全国 O_3 浓度有所反弹，主要有以下两方面原因。一是前体物排放仍处于高位。研究表明，我国 4 种主要大气污染物中，SO_2 和一次 $PM_{2.5}$ 排放量已降至百万吨级，而 O_3 污染前体物 NO_x 和 VOCs 排放量仍然是千万吨级。二是气象条件总体不利。今年 4—6 月，京津冀及周边地区、长三角地区、汾渭平原等重点区域同比气温升高、降水减少、湿度降低，气象条件接近五年最差水平，导致三大重点

区域 O_3 浓度同比显著上升，带动了全国 O_3 污染反弹。

生态环境部自 5 月起正式启动重点区域空气质量改善夏季监督帮扶工作，以京津冀及周边地区、汾渭平原、苏皖鲁豫交界地区为重点，聚焦重点行业企业，着力解决造成臭氧污染的突出问题。

今年，夏季监督帮扶综合考虑疫情防控形势及稳经济大盘要求，以在线监督帮扶形式开展，建立远程在线监督帮扶信息平台，运用大数据手段，精准识别问题线索，在线推送任务清单，指导地方开展现场排查。

截至 7 月 20 日，共向 89 个城市推送问题线索 5 000 余条。各级生态环境部门深入开展现场排查，整改一批突出环境问题，促进 VOCs 和 NO_x 协同减排。

下一步，我们将抓紧推动出台《空气质量全面改善行动计划》，在继续强化 $PM_{2.5}$ 污染防治的同时，深入开展 VOCs 综合治理和源头替代，推进 VOCs 和 NO_x 协同减排，有效遏制 O_3 浓度增长趋势，到 2025 年，VOCs 和 NO_x 排放总量比 2020 年均下降 10% 以上，实现 $PM_{2.5}$ 和 O_3 协同控制，全面改善环境空气质量。

环评审批"三本台账"机制服务重大项目落地效果明显

《每日经济新闻》记者：我们注意到生态环境部为落实"放管服"改革要求，推出了环评审批"三本台账"和绿色通道机制，请问实施效果如何，取得了哪些成绩？谢谢。

刘志全：谢谢您的关注和提问。"三本台账"指的是国家、地方、外资三个层面重大项目环评审批服务清单。2018年以来，为强化环评"放管服"改革，服务"六稳""六保"，助力重大项目落地，生态环境部建立了环评审批"三本台账"和绿色通道机制，每年年初主动对接获取当年开工项目清单；对纳入台账项目，提前介入、定期调度指导环评文件编制；对符合生态环保要求的项目开辟绿色通道，即报、即受理、即转评估。该项工作实施五年来，已经成为生态环境保护的一个服务品牌，获得相关部委、地方和企业越来越多的认可；服务重大项目落地效果也很明显，纳入台账的上千份重大项目环评文件顺利获批，172项重大水利工程、雄商高铁等重大铁路项目以及中俄东线天然气管道等"十四五"规划确定的一批重大项目环评保障工作圆满完成。

2022年，为更好落实党中央、国务院稳经济的系列重大决策部署，我们再次深化创新工作机制：一是更加强化部委间的联动。加强与国家发展改革委、交通运输部、水利部、商务部、国家能源局等部委的对接、协调和联动，联合调度推动环评工作，联合出台相关政策文件推动项目落地。二是更加强化部、省统筹。出台文件指导地方生态环境部门建立重大项目环评管理台账和指导服务机制，国家和地方联合发力，同步推进。三是更加强化分类推进，进一步细化台账项目清单，明确年度拟开工项目台账，一对一推进；建立水利、铁路、煤炭、公路、水运等10个行业和领域清单，加强行业和项目的调度指导，整体推进；针对国务院确定的重大项目，成立专班着力推进。四是更加强化精准服务，对煤炭保供等重大项目探索实行环评审批服务单措施，告知建设单位环评服务政策，确定审批和技术评估联系人，确保支持政策传达到位、工作责任落实到位、审批服务到位。

通过发挥机制作用，国务院确定今年重点推进的 55 个重大水利项目中，38 个已批或在批，环评完成率近 70%；国家今年重点推进的重大铁路项目，12 个已批或在批，涉及总投资超过 5 285 亿元，环评完成率超过 50%；去年 10 月启动保供以来，102 个重大煤矿项目环评文件已批或在批，涉及总产能 5.1 亿 t/a。

下半年，我们还将加大工作力度，更好发挥"三本台账"机制作用，主动服务重大项目环评，严守生态环境底线，切实为稳经济促发展做出贡献。

环评法律制度体系不断优化完善，逐步形成有中国特色的管理体系

香港《紫荆》杂志记者：今年是《中华人民共和国环境影响评价法》颁布二十周年，请问二十年来该法对推动我国生态环境保护工作具有怎样的意义？下一步在环评制度建设方面有哪些举措？

刘志全：谢谢您的提问。环评作为源头预防环境污染和生态破坏的制度，自20世纪70年代引入我国以来，党中央、国务院高度重视，

确立为环境管理的一项基础制度。以 2002 年《中华人民共和国环境影响评价法》的颁布为里程碑，我国环评法律制度体系不断优化完善，逐步形成了有中国特色的管理体系。

一是形成了以《中华人民共和国环境影响评价法》《建设项目环境保护管理条例》《规划环境影响评价条例》"一法两条例"为主体、较为完备的法律法规体系。二是建立了分类管理、分级审批、公众参与、区域限批等较为完善的制度体系。三是构建了程序规范、行业管理、信用监管、技术导则标准、信息化支撑等较为完善的管理和技术体系等。四是打造了审查审批、技术评估、环评单位、环评工程师等队伍支撑体系。

《中华人民共和国环境影响评价法》颁布二十年以来，特别是党的十八大以来，环评法律法规多次修正，环评制度进一步强化和完善，在协同推动经济高质量发展和生态环境高水平保护方面发挥了重要作用。二十年来，全国经济总量增长了 9 倍，能源消费总量相比只增加了 2 倍多，SO_2 等主要污染物排放量则下降了 3/4。一是推动经济社会绿色转型和高质量发展，京津冀、长三角和珠三角、长江经济带等区域发展战略环评全面完成，生态环境分区管控逐步落地应用，基础性和引导性作用越发明显。流域、港口、能源化工基地、产业园区规划环评全面推进，在优布局、调结构、控规模、促转型等方面发挥重要作用。二是推动区域污染物减排，"十三五"时期以来，项目环评通过"上大压小""以新带老"等举措，推动 COD、$NH_3\text{-}N$、SO_2、NO_x、烟尘排放量分别减少约 46.8 万 t、3.7 万 t、

19万t、27.4万t、42.5万t。三是推动加强生态保护，通过严格项目环境准入，野生动物通道、过鱼设施、替代生境建设等逐步成为水利水电和线性工程的标配，全封闭声屏障等交通领域环保创新措施开始落地实施。四是积极服务"六稳""六保"。比如，对疫情防控急需的建设项目实施应急保障；对重大投资项目持续实施"三本台账"环评审批服务机制，提前介入指导，对符合生态环保要求的开辟绿色通道，提高审批效率。

下一步，一是总结《中华人民共和国环境影响评价法》实施的成效和经验，适应生态文明建设的新形势、新要求，在丰富环评制度内涵、优化规划环评体系、深化制度衔接联动、强化责任落实等方面，推动修订环评法律法规。二是统筹谋划好环评改革创新，积极推进改革试点，深化体制机制改革，推进完善闭环管理体系。三是认真落实《"十四五"环境影响评价与排污许可工作实施方案》，加强生态环境分区管控、守好高质量发展生态环境底线，提升重点领域环评管理效能、筑牢绿水青山第一道防线，全面实行排污许可制、构建固定污染源监管核心制度体系，夯实基础支撑保障、提升环评与排污许可治理能力。谢谢。

刘友宾：今天的发布会到此结束。谢谢大家！

7月

7月例行新闻发布会背景材料

　　2022年是党的二十大召开之年，也是"十四五"时期的关键之年，环评与排污许可工作坚决贯彻党的十九大和十九届历次全会精神，坚持稳中求进工作总基调，围绕贯彻落实中共中央政治局会议、中央财经委第十一次会议、全国稳住经济大盘电视电话会议等重要会议精神，全面准确把握当前经济社会发展形势，更加自觉地把生态环境保护工作放在经济社会发展大局中考量，坚决扛起生态环境部门在稳经济大盘这个大局中的责任，既坚决守住底线，又主动担当作为，积极服务"六稳""六保"工作，全力做好基础设施、能源保供等重大项目环评审批服务保障，扎实推进环评"放管服"改革，用好用足"三本台账"、绿色通道等环评政策工具，优化环评审批流程，提高审批效率，推动重大项目落地，不断提升服务经济社会高质量发展的能力。

　　一、充分发挥环评服务经济社会发展大局的作用

　　今年以来规划和项目环评持续发力，在协同推进经济高质量发展和生态环境高水平保护方面取得了积极成效。

　　一是积极做好重大投资项目环评保障。制定印发《关于做好重大投资项目环评工作的通知》，提出一系列服务措施和创新举措，从建立环评管理台账、指导优化简化环评文件编制、提供精准服务、发挥专家优势解决技术难题等方面进一步提出优化服务务实举措；从建立绿色通道、推进改革创新试点、突出审批重点等方面提高环评审批质量和效率，指导地方各级生态环境部门为"十四五"规划的重大工程、基础设施、煤炭保供等重大投资项目提供从环评文件编制到环评审批的全过程保障。今年上半年，全国共审批4.78万个项目

环评，涉及总投资超过 8.4 万亿元，同比上升 28.9%。

二是依托环评审批"三本台账"全力服务重大项目环评。对符合生态环保要求的项目开辟绿色通道，即报、即受理、即转评估，先后召开煤炭、水利、油气管线、铁路等行业调度会 15 次，组织重大项目专题对接 114 次，审批重大项目环评文件 91 份，主要为煤炭、铁路、水利、码头、管线等重大基础设施项目，以及核与辐射项目、海洋工程等，涉及总投资超过 8 000 亿元。能源安全和煤炭保供方面，进一步创新工作举措，会同相关部门出台多项政策措施，积极推动新增产能落地，促进国内能源市场平稳运行。去年 10 月煤炭保供工作启动以来，全国生态环境系统已审查审批煤矿项目 102 个，涉及产能 5.1 亿 t/a，上半年，生态环境部审查审批煤矿项目 20 个，涉及新增产能 1.25 亿 t/a。推进重大铁路项目建设方面，上半年我部完成重点推进的 7 个铁路项目环评审批，涉及总投资达 4 800 亿元；此外，还有 4 个重点项目正在审查，近期将批复，涉及总投资 2 300 亿元。今年重点推进的 23 个重大铁路项目，已批在批 12 个。推进重大水利项目建设方面，顺利完成计划近期开工的南水北调引江补汉工程、淮河入海水道二期、环北部湾广东供水工程等多个重大水利工程环评审批。近期，南水北调引江补汉工程已正式开工，该工程实施后，将把南水北调工程和三峡工程连接起来，不仅有利于加快构建国家水网主骨架和大动脉，还将改善汉江中下游水生态环境。

三是推动规划环评管理改革。统筹建立了重点领域规划环评服务保障机制，梳理涉及国家重大投资项目和地方重点推进项目的矿区、园区、港口、交通、流域等重点领域规划环评，形成工作台账开辟绿色通道，建立周调度机制，提前介入，专人跟踪推进，重点帮扶指导。在北京、上海、广东等部分省（直辖市）推进产业园区规划环评与入园建设项目环评联动试点工作。

四是坚决守牢生态环境底线。在服务重大项目的过程中，始终坚持生态优先、绿色发展理念，推动优化选址、选线绕避生态环境敏感区，提出严格的生态环保要求，强化沿线噪声污染治理、区域污染物削减替代和生态修复，切实维护群众合法利益，依法守住生态环境底线。其中，对涉及生态环境敏感区的重大项目，重点指导优化调整选线、主动避让，确实无法避让的，要求采取无害化穿（跨）越等方式，加强生态保护和修复，最大限度减缓不良环境影响。对涉及居民区的交通项目，强化对噪声污染的防治，要求尽量减少正下穿越居民区和地面敷设，优先采用声屏障等阻断噪声源的措施。对水利水电等重大项目，要求采取栖息地保护、过鱼设施、增殖放流、低温水减缓、生态调度等严格的生态环保措施。对污染物排放量大的重大项目，要求落实区域削减措施，在项目投产前腾出环境容量，实现区域"增产不增污"。对"两高"项目持续做好生态环境源头防控，组织修订火电、钢铁、石油化工、现代煤化工等部分"两高"行业项目环评审批原则，进一步规范项目环境准入。

下一步，将进一步提升重点领域环评管理效能，深入推进重大投资项目环评保障，加强生态环境源头预防。

二、深入推进环评"放管服"改革

一是印发《"十四五"环评与排污许可工作实施方案》。系统总结"十三五"期间环评与排污许可领域取得的成绩，认真分析新形势下面临的机遇与挑战，加速推进环评与排污许可改革顶层设计，制订"十四五"时期环评与排污许可工作的路线表和施工图，就确立实施生态环境分区管控制度、持续提升重点领域重点行业环评管理效能、全面实行排污许可制、协同推进"放管服"改革等方面提出5个方面18条工作任务。

二是加强环评帮扶指导。依托全国环评技术评估服务咨询平台、电话答疑、信访回复等途径，常态化帮助基层审批部门及小微企业解决环评办理遇到的难题，咨询平台已为基层审批人员及小微企业提供"远程会诊"、问题咨询1 600余项，持续发挥为基层答疑解惑的作用。

三是强化事中事后监管。指导带动全国各级生态环境部门加强常态化监管，已将存在环评文件编制质量等问题的265家单位和217人列入环评失信"黑名单"或限期整改名单。抓紧组织对在环评信用平台建立诚信档案的环评单位和环评工程师进行全面排查，对8 000多家环评单位和1.4万余名从业环评工程师做到一家一家过、一个一个查，坚决清理不具备技术能力的"空壳"环评公司和存在"挂靠"等违规行为的环评工程师，以及诚信档案基础信息存在问题的单位和人员。组织开展环评和排污许可监管行动，发现环评与排污许可落实中的突出问题并督促解决。

下一步，将继续提高各级生态环境部门和行政审批部门的主动服务意识和能力水平，强化对基层和小微企业的环评帮扶，进一步加强事中事后监管，确保源头预防效力发挥。

三、持续推进生态环境分区管控落地应用

今年以来，围绕生态环境分区管控落地应用，指导各地边实践边完善，持续推进制度建设走深走实。

一是加强制度顶层设计。立足以高水平保护促进高质量发展，系统梳理地方实践经验，深化生态环境分区管控法规体系、技术体系、责任体系、应用体系、监管体系、保障体系研究，会同有关部门，共同研究推进生态环境分区管控制度建设。

二是大力推动落地应用。通过视频、现场调研、座谈研讨等方式，指导地方不断完善生态环境分区管控的管理机制、提升应用效能。多省（直辖市）发布了配套管理规定，细化本地区生态环境分区管控成果管理、落地应用、更新调整要求。地方立法由26部增加到34部，覆盖全国19省（自治区、直辖市）。各地普遍将生态环境分区管控成果应用在重大规划编制、产业布局优化和转型升级、区域生态空间保护、生态环境管理和环评保障等方面，服务国家和地方重大发展战略实施，支撑重大政策科学决策、重大规划编制，指导重大项目选址、选线，助力经济高质量发展。

三是积极提升信息化水平。加强国家和省级生态环境分区管控信息平台对接，作为成果数据管理、更新调整、应用实施、跟踪评估的基础支撑。坚持数字赋能，不断推进生态环境分区管控平台的智能化应用水平。

7月

下一步，将持续加强生态环境分区管控的制度建设，切实发挥生态环境分区管控在提升生态环境治理效能、支撑生态环境参与宏观综合决策、优化营商环境等方面的重要作用。

四、全面推行排污许可"一证式"管理

不断深化排污许可制改革，积极构建以排污许可制为核心的固定污染源监管制度体系，不断推动排污许可"一证式"管理。

一是全面落实《中华人民共和国排污许可管理条例》（以下简称《条例》）。不断完善排污许可制度体系，开展《排污许可管理办法》《固定污染源排污许可分类管理名录》和排污许可证（副本）等优化修订工作。推动排污许可全要素管理，编制发布工业固体废物排污许可技术规范，推进工业固体废物排污许可管理工作，将重污染天气应对等特殊时段要求纳入排污许可管理，为冬奥会空气质量保障助力。各级生态环境部门全面实施《条例》，据不完全统计，2021年全国查处各类违反《条例》的行政处罚案件3 500余件，罚款3亿余元。

二是强化"一证式"执法监管。印发《关于加强排污许可执法监管的指导意见》，提出以排污许可制为核心，构建持证排污、依证监管、社会监督的生态环境执法监管新格局。2022年上半年，各级生态环境部门开展排污许可现场执法检查26.7万次，发现问题1.9万个；开展非现场检查6.4万次，发现问题2 100余个；各地查办排污许可行政处罚案件6 600余件；依法减免处罚案件1 700余件。加大排污登记企业监管力度，发现涉嫌降级管理、无证排污和登记不规范的企业195家，目前正在督促整改。国家和地方加大违法行为处罚力度，持续曝光违法典型案例，起到强大的震慑作用。

三是狠抓排污许可质量。加强发证登记动态管理，目前已将335.68万个固定污染源纳入排污许可管理，其中发证35.98万张（重点管理9.78万张，简化管理26.2万张），排污登记299.23万家，限期整改0.47万家，管控水污染物排放口25.70万个、大气污染物排放口98.09万个。开展"双百任务"并纳入攻坚战考核。组织全国开展排污许可证质量和执行报告提交率"双百任务"，累计完成 20.7 万张排污许可证质量审核，占发证总数的 57.5%。2022 年已督促 32.96 万家排污单位提交年度执行报告，提交率达 99.02%，较去年同期提高约 72%，累计完成 14.2 万份执行报告审核。

下一步，将持续推动构建以排污许可制为核心的固定污染源监管制度体系，实施提质增效行动计划，建立较为完善的排污许可证质量管理机制和动态更新机制，推动建立基于排污许可证的"一证式"执法监管体系，全面实行"一证式"管理。

8月例行新闻发布会实录
——聚焦科技助力生态环境保护和高质量发展

2022 年 8 月 23 日

8月23日，生态环境部举行8月例行新闻发布会。生态环境部科技与财务司司长邹首民出席发布会，介绍科技助力生态环境保护和高质量发展相关情况。生态环境部新闻发言人刘友宾主持发布会，通报近期生态环境保护重点工作进展，并共同回答了记者的提问。

8月例行新闻发布会现场（1）

8月例行新闻发布会现场（2）

刘友宾：新闻界的朋友们，上午好！欢迎参加生态环境部 8 月例行新闻发布会。

今天新闻发布会的主题是科技助力生态环境保护和高质量发展。我们邀请到生态环境部科技与财务司司长邹首民先生介绍有关情况，并回答大家关心的问题。

下面，我先通报几项我部近期重点工作。

一、深入学习贯彻习近平生态文明思想

为深入学习贯彻习近平生态文明思想，按照党中央部署，中宣部、生态环境部组织编写《习近平生态文明思想学习纲要》（以下简称《学习纲要》），近日已由学习出版社、人民出版社联合出版发行。

《学习纲要》全面反映习近平新时代中国特色社会主义思想在生态文明领域的原创性贡献，系统阐释习近平生态文明思想的核心要义、精神实质、丰富内涵、实践要求，是深入学习领会习近平生态文明思想的权威辅助读物。

生态环境部把学习宣传贯彻《学习纲要》作为重要政治任务，高度重视、精心组织，迅速掀起学习宣传贯彻热潮，要求全国生态环境系统全面系统学、及时跟进学、深入思考学、联系实际学，自觉做习近平生态文明思想的坚定信仰者、积极传播者、模范践行者，不断开创新时代美丽中国建设的新局面。

二、积极推动气候投融资试点工作

为深入贯彻落实党中央、国务院关于碳达峰、碳中和的重大战略决策，引导和促进更多资金投向应对气候变化领域，根据生态环境部、国家发展改革委等九部门联合发布的《关于开展气候投融资试点工作的通知》精神，在综合考虑申报地方工作基础、实施意愿和推广示范效果等因素的基础上，确定了23个地方入选气候投融资试点。

这23个地方是北京市密云区、通州区，河北省保定市，山西省太原市、长治市，内蒙古自治区包头市，辽宁省阜新市、金普新区，上海市浦东新区，浙江省丽水市，安徽省滁州市，福建省三明市，山东省西海岸新区，河南省信阳市，湖北省武汉市武昌区，湖南省湘潭市，广东省南沙新区、深圳市福田区，广西壮族自治区柳州市，重庆市两江新区，四川省天府新区，陕西省西咸新区，甘肃省兰州市。

生态环境部将会同有关部门支持和指导试点地方建立各相关部门间的工作协调机制，积极培育具有显著气候效益的重点项目，加强对碳排放数据质量的监管，积极搭建国际交流与合作平台。同时定期组织对试点工作进展和成效进行总结评估，及时梳理试点工作的先进经验和好的做法，力争通过3～5年的努力，探索一批气候投融资发展模式，形成可复制、可推广的成功经验，助力实现碳达峰、碳中和目标。

三、制定《长江流域总磷污染控制方案编制指南》

生态环境部近日制定并将印发《长江流域总磷污染控制方案编

制指南》（以下简称《指南》），指导长江流域各省（自治区、直辖市）制订实施本行政区域总磷污染控制方案，科学有序推进总磷污染控制工作，持续提升长江流域水生态环境治理能力和水平。

《指南》要求各地在全面总结"十三五"总磷污染控制成效与经验的基础上，精准识别行政区域内总磷污染问题，系统分析问题成因，结合各地实际，科学确定总磷污染控制目标、主要任务和保障措施等。

同时，《指南》将围绕工业污染治理、生活污染治理、面源污染治理、流域生态保护及内源污染治理、入河排污口排查整治等方面，提供大量可供参考的污染控制路径，指导各地综合运用工程、政策、技术等措施，确保完成总磷污染控制目标任务。

刘友宾：下面，请邹首民先生介绍情况。

生态环境部科技与财务司司长邹首民

已在生态环境保护各方面实现一批关键技术突破

邹首民：各位媒体朋友，上午好！感谢大家长期以来对生态环境科技工作的支持，今天很高兴有机会与大家一起交流，共同探讨生态环境科技工作。

生态环境科技是国家科技创新体系的重要组成部分，是推动解决生态环境问题的利器。习近平总书记强调，要坚持精准治污、科学治污、依法治污，保持力度、延伸深度、拓宽广度，持续打好蓝天、碧水、净土保卫战。科技创新引领支撑是贯彻落实"三个治污"要求，以高水平保护推动高质量发展，建设人与自然和谐共生美丽中国的重要途径。

近年来，生态环境部认真贯彻落实党中央、国务院决策部署，以改善生态环境质量为核心，着力加强生态环境科技创新，努力提升生态环境科技服务能力。借此机会，我先向大家简要通报一些主要的工作进展。

一是夯实科学基础，支撑生态环境保护工作。坚持面向生态环境科技前沿，聚焦影响环境质量关键科学问题，加强基础科学研究，在重污染天气成因定量化和精准预报、天地一体化水环境监控预警、水气污染物控制、大宗工业固体废物资源化利用等方面实现一批关键技术突破，为我国生态环境保护发生历史性、转折性、全局性变化提供了科技支撑。

二是深化科技帮扶，推动绿色低碳高质量发展。坚持面向经济主战场，聚焦行业企业治污需求和地方管理需要，创建国家生态环境科技成果转化综合服务平台，组织开展百城千县万名专家生态环境科技帮扶行动，通过"一市一策""一题一训"等多种方式，大力推动科技成果转化落地应用，促进科技创新和经济发展的深度融合。

三是整合科技资源，凝聚污染防治攻坚合力。坚持面向生态文明建设国家重大需求，创新组织方式，联合不同领域500多家优势科研单位、近万名科研人员，组建国家大气污染防治攻关联合中心、长江生态环境保护修复联合研究中心、黄河流域生态保护和高质量发展联合研究中心等科技创新平台，构建协同攻关模式，为强化多污染物协同控制和区域协同治理，统筹水资源、水环境、水生态治理等贡献科技力量。

四是加强科普宣传，构建全民参与治理体系。坚持把全民生态环境科学素质提升作为践行习近平生态文明思想、推动形成绿色生产生活方式的重要抓手，坚持面向直接影响人民生命健康的新污染物防治等重点领域，创新科普方式方法，主动回应社会关切，推动形成人人参与、支持生态环境保护工作的良好氛围。

下一步，我们将坚持以科技创新为驱动，充分发挥科技利器作用，协同推进降碳、减污、扩绿、增长，推动形成绿色发展方式和生活方式，以生态环境科技创新助力美丽中国建设。

我就简要通报这些，非常愿意回答各位媒体朋友关心的问题。

刘友宾：下面，请大家提问。

加强生态环境应用基础研究，提升污染防治攻坚的科学性和精准性

《科技日报》记者：深入打好污染防治攻坚战要坚持精准治污、科学治污、依法治污，其中科学是基础。请问生态环境部在科技前沿布局方面有哪些考虑？

邹首民：谢谢您的提问。您所说的科技前沿布局方面我们的理解是应用基础研究。基础研究是整个科技创新体系的源头，是所有技术问题的"总开关"。加强生态环境应用基础研究，有助于深化对污染成因机理和演变规律的认识，能够促进提升污染防治攻坚的科学性和精准性。

"十四五"期间，随着污染防治攻坚战的深入推进，一些新问题逐渐凸显，迫切需要在基础应用研究方面进行前瞻性布局。我们主要考虑以下四个方面：

一是围绕建设宜居地球环境，探索气候变化和人类活动扰动下的岩石圈、生物圈、大气圈地球环境系统科学理论，揭示污染物形成、迁移、转化的能量流动和元素循环过程，为人与自然和谐共生提供基础理论。

二是围绕生态环境质量改善，开展新形势下 $PM_{2.5}$ 和 O_3 复合污染的化学和传输机制，复杂条件下流域水环境、水生态退化成因及修复机制，土壤及地下水污染成因与污染过程解析、分配扩散，危险废物代谢转化过程中的微结构调控机理和循环利用机制，近岸海

域氮磷营养盐在河口—近海的归趋变化机制及关键生物过程等研究，为切实提高环境治理的精准性和有效性提供科学基础。

三是围绕生态保护与修复，研究区域生态安全格局的形成机理和演变机制，关键生态系统和珍稀濒危物种对区域环境变化的响应与适应机制，生物多样性分布格局及维持演化机理、典型外来物种入侵机制等，预测未来区域生态安全格局发展变化趋势，提出区域生态产业布局、生态安全格局设计的技术途径和调控机制。

四是围绕环境健康风险防范，开展新污染物毒性测试、危害机理、计算毒理、暴露预测、环境归趋、追踪溯源、监测检测以及对健康影响等研究；开展以计算毒理学为基础的高通量虚拟筛选技术原理、体外高通量和高内涵靶向测试方法原理研究，支撑环境基准的科学制定。

下一步，我们将积极协调国家科技部门，形成合力，推动相关研究。谢谢大家。

强化科学研究，探明 O_3 污染形成机理

《南方周末》记者：刚才提到我们在加强 $PM_{2.5}$ 和 O_3 协同控制研究，今年上半年 O_3 浓度有所反弹，请问近年来在科技支撑 O_3 污染和 $PM_{2.5}$ 协同防控方面开展了哪些工作？有哪些成果？下一步有哪些打算？

邹首民：谢谢您的提问。O_3 浓度受 $VOCs$、NO_x 等前体物排放以

及气温、辐射强度、湿度、风速等气象条件的共同影响，特别是晴天辐射强度高的情况下 O_3 污染形成的概率非常高。研究表明，O_3 浓度与 VOCs 和 NO_x 排放呈现显著的非线性关系，O_3 污染防治具有复杂性、动态性、区域性和长期性等特点，迫切需要科技支撑。为有效科技支撑 O_3 污染防治攻坚行动，我们主要开展了以下三方面工作。

一是强化科学研究，夯实科学治污基础。研究制订了 $PM_{2.5}$ 和 O_3 污染协同防控科技攻关方案，通过 38 个预研课题的研究，以及在京津冀及周边地区组织开展的综合立体观测实验，逐步探明了 O_3 污染形成的机理，进一步深化了对 O_3 污染成因及其影响因素的认识，提出了 $PM_{2.5}$ 和 O_3 污染协同防控思路和污染减排策略，这些都为 O_3 污染科学治理奠定了坚实基础。

二是坚持科技先导，完善精准防控体系。在预测预警方面，我们逐步形成了天地空一体化的 O_3 及其前体物综合立体监测体系，基本实现了短期精准预报和中长期趋势预报。在重点行业前体物减排方面，突出重点防治，针对不同行业的 O_3 主要前体物排放情况，开展精准管控和协同减排。在监督帮扶方面，充分运用现代科技手段，有效融合卫星遥感、自动监控等多源监管数据，通过大数据的协同分析，大幅提升了问题线索识别的精准度，实现了任务清单的在线推送和在线监督帮扶。

三是强化科技帮扶，助力地方科学决策和精准施策。组织实施 $PM_{2.5}$ 和 O_3 污染协同防控"一市一策"驻点跟踪研究，派驻 52 个专家团队深入京津冀及周边地区、汾渭平原、苏皖鲁豫交界等区域 54

个城市一线进行驻点跟踪研究和技术帮扶指导。各城市工作组强化 O_3 污染来源和成因分析，帮助地方精准识别在 O_3 污染防治中存在的主要问题，提出"一市一策""一行一策""一企一策"综合解决方案；建立会商机制，在区域 O_3 污染发生前组织开展 O_3 污染形势分析和污染过程专家会商，剖析污染成因并明确污染防治对策，加大区域联防联控力度；及时总结回顾，定期组织召开研讨会、培训会和交流会，凝练各城市污染防治的进展成效和存在的问题，助力驻点工作组不断提升科技帮扶能力；创新工作方式，通过城市间"互助式"技术帮扶、省级专家团队和各市专家团队点面结合等方式，提升驻点跟踪研究成效。"一市一策"驻点跟踪研究工作是边研究、边产出、边应用、边反馈、边完善的，帮助地方提升 $PM_{2.5}$ 和 O_3 污染协同防控的科学性、精准性和有效性。

总体来说，O_3 污染具有长期性和复杂性，下一步我们将会同科技主管部门，进一步研究 O_3 污染的成因及转化机理；加强科技帮扶行动，督促地方采取切实有效措施，使科研成果尽快落地，支撑地方 O_3 污染的精准治理。谢谢！

科技帮扶工作成效显著，系统解决具体污染防治问题

新黄河记者：我们关注到开展科技帮扶是生态环境部支持地方和企业精准治污、科学治污、依法治污的举措之一，请介绍一下这

方面工作的最新进展。

邹首民：谢谢您的提问。科技帮扶是生态环境部落实精准治污、科学治污、依法治污要求和促进环境治理体系和治理能力现代化的重要抓手。近年来，生态环境部高度重视科技帮扶工作，建立了国家生态环境科技成果转化综合服务平台，在重点区域流域组织开展了"一市一策"驻点跟踪研究等，并在此基础上不断总结经验、优化完善，与科技部联合印发《百城千县万名专家生态环境科技帮扶行动计划》（以下简称《行动计划》），旨在组织动员全国生态环境科技工作者积极投身生态环境保护事业，充分调动全社会科技资源投身污染防治攻坚战一线，通过"一市一策"驻点跟踪研究、"一事一议"科技咨询服务、"一题一训"技术培训等多种模式，为地方和企业深入打好污染防治攻坚战、协同推进经济社会高质量发展提供了有力的科技支撑引领。《行动计划》印发一年来，科技帮扶工作进展成效显著。

在"一市一策"驻点跟踪研究方面，围绕 $PM_{2.5}$ 和 O_3 污染协同防控，52 个团队深入 54 个城市一线开展科技帮扶行动，综合运用立体观测、智慧管控等科技手段，帮助地方精准识别其在大气污染治理和绿色低碳发展方面存在的主要问题，提出"一市一策"综合解决方案，目前共报送预警预报、成因分析、技术指南等专报 1 800 多份，为地方提供咨询建议 120 多份；围绕长江生态保护修复，启动驻点跟踪（二期）研究工作，向长江沿线 53 个城市派驻专家团队，从水生态评估与修复、重点水域水质改善、面源污染防治、智慧治理能力提升等方面开展驻点研究和技术指导。

在"一事一议"科技咨询方面，针对河南省及云南省西双版纳傣族自治州、山东省潍坊市、江苏省太仓市等科技需求，为相关地方和企业提供科技咨询服务200余次，帮助推动解决其在绿色发展中遇到的难点。

在"一题一训"科技培训与成果推介方面，围绕O_3污染防控、长江生态保护修复等举办30余期专题技术培训和专家会商，累计培训人数超过40万人次。

《行动计划》印发以来，各地积极响应，浙江、江苏、河南、安徽等地也组织了省一级的科技帮扶队伍，深入污染防治攻坚战一线，帮助系统解决具体的污染防治问题。谢谢。

国家长江生态环境保护修复联合研究中心科研成果得到广泛应用

澎湃新闻记者： 国家长江生态环境保护修复联合研究中心在长江水质改善特别是减磷方面有哪些科研成果？是否有具体案例？

邹首民： 谢谢您的提问。为贯彻落实习近平总书记关于长江大保护的指示精神和要求，更好推动精准治污、科学治污、依法治污，进一步强化科技创新和管理支撑的深度融合，2018年生态环境部成立国家长江生态环境保护修复联合研究中心，重点以支撑长江保护修复攻坚战为目标，以集成应用为导向，以水体污染控制与治理科技重大专项（以下简称水专项）等研究成果为基础，着力开展以磷为核心的流域水质目标管理、流域 58 个驻点城市（一期）"一市一策"和流域生态环境智慧决策平台等研究，取得了一系列科研成果，支撑了长江保护修复攻坚战。

一是系统诊断了长江流域总磷污染问题及成因。识别出总磷为流域断面首要超标（超过 III 类）因子，其占比达 57.3%；污染源中农业源占比最高，达 60% 左右，但工业源入河系数较高、对水体影响更加直接；四川盆地、洞庭湖流域、鄱阳湖流域和长三角地区是总磷污染突出区域。

二是绘制了长江磷污染流域分布"一张图"。形成了长江流域不同水文条件下主要控制单元磷污染空间分布数据库，核算了驻点城市及主要控制单元磷污染物的动态纳污能力。

三是形成了长江磷污染分区管控策略和方案。针对长江上、中、下游，分别完善基础设施、强化污水除磷、实施源分离等策略；针对岷沱江、乌江、洞庭湖、武汉城市群等"三磷"重点管控片区，实施源头治理和差异化治理等策略；形成了长江流域磷污染"来源解析—过程模拟—总量分配—污染治理—模式推广"的管控方案。

四是研发集成了长江磷污染治理系列技术。构建技术评估方法，进行技术筛选、研发和集成，形成了针对黄磷、磷矿、磷石膏、磷肥和含磷农药污染控制的 28 项技术。

以上成果在长江磷污染治理中已得到较为广泛的应用，这里我简单举两个例子。

一个例子是长江支流洋水河流域，贵阳驻点帮扶工作组对这个流域 10 余家涉磷企业进行减磷精准帮扶，经过两年多的治理，2019 年出境断面总磷浓度由 2018 年的 0.35 mg/L 降低并稳定在 0.2 mg/L 以下，这就是Ⅲ类标准，解决了六十年以来总磷超标的"老大难"问题。

另一个例子是浙江嘉兴南湖，嘉兴驻点工作组对南湖进行科技帮扶后，总磷浓度由 0.16 mg/L 降至 0.1 mg/L 以下，基本稳定达到Ⅳ类以下，最低达 0.05 mg/L，2020 年年底开始从Ⅴ类提升到Ⅲ类，并稳定至今。

欢迎大家有机会去南湖看看，目前水质改善效果非常显著。我就说这些，谢谢。

2022 年三项污染防治资金和农村环境整治资金共安排 621 亿元

封面新闻记者：近年来中央财政大力支持生态环境投入，2022 年度中央生态环境资金支持情况如何？生态环境部在引导资金方面开展了哪些相关工作？

邹首民：资金投入是深入打好污染防治攻坚战的重要基础性保障。生态环境部坚持"两手抓"，一方面积极争取财政资金的公益性支持，另一方面积极引导金融资金的市场化支持。

在争取中央财政资金支持方面，我部积极推进重大工程项目谋划和储备，目前已建成中央生态环境资金项目储备库，截至 7 月底，项目储备库共储备项目 1 万多个，总投资需求 6 500 多亿元。做好项目储备前期工作是落实中央财政"让项目等资金，不能让资金等项目"要求的重要举措。我部配合财政部管理的中央生态环境资金主要有四个方面，分别是大气、水、土壤三个污染防治资金和农村环境整治资金，在财政部的大力支持下，2022 年这四项资金共安排了 621 亿元，较 2021 年增加 49 亿元，增长了 8.6%。在疫情的影响下，中央财政对生态环境资金投入持续增加，实属不易，体现了中央对生态环境保护工作的高度重视和以人民为中心的发展理念。

在引导金融资金支持方面，充分发挥市场的资源配置作用。为拓宽生态环境保护投融资渠道，引导金融资金精准投入，2021 年下半年以来，我们分别与国家开发银行、中国农业发展银行、中国银行等 10 家金融机构建立合作机制，建立了生态环保金融支持项目储备库，印发《生态环保金融支持项目储备库入库指南（试行）》，支持大气、水、土壤污染防治等八大领域项目，引导金融机构提供更加精准的资金支持。我们通过征集地方需求，加强入库指导，筛选出具有良好环境效益和经济效益的项目，并将这些项目定期推送给这 10 家金融机构。今年 7 月，我们第一批共推送了 139 个项目，以后每两个月我们将定期向金融机构推送项目。

这两个项目储备库，一个是中央生态环境资金项目储备库，另一个是生态环保金融支持项目储备库，两者相互补充、互不重叠、错位发展，共同为深入打好污染防治攻坚战提供资金支持。下一步，我们坚持两手抓，两手都要硬。第一是积极争取中央财政的支持，第二是主动为金融机构提供好的项目。同时，把项目管理好，提高资金使用成效。

环保产业发展对生态环境质量改善贡献显著

《中国日报》记者：环保产业发展离不开技术的支撑，请问近年来环保产业的发展状况如何？环保技术支撑环保产业发展在打好污染防治攻坚战中发挥了怎样的作用？

邹首民：谢谢您的提问。环保产业是战略性新兴产业，是新的经济增长点。近年来我国环保产业取得了长足发展，为深入打好污染防治攻坚战提供了重要保障。

一是环保产业规模持续扩大，对国民经济的贡献逐步提升。据中国环境保护产业协会统计，2021年全国环保产业营业收入约2.18万亿元，较2020年增长11.8%。

二是新技术、新成果不断转化应用，有力支撑了污染防治攻坚战。火电厂超低排放、大型垃圾焚烧、燃煤烟气治理技术装备达到世界领先水平，中国已建成世界上最大的超低排放火电厂群。工业烟气多污染物协同深度治理技术、制浆造纸清洁生产与水污染全过程控制技术获得国家科技进步一等奖。我国环境监测仪器设备的自动化、成套化、智能化、立体化进步显著，我们现在使用的很多环境监测仪器设备基本上都能国产。

"十三五"以来，得益于技术的进步，我国燃煤电厂超低排放

8月

改造了 9.5 亿 kW，钢铁行业的超低排放改造产能达到 6.2 亿 t，完成了 2 800 余个城市黑臭水体治理，新建城市垃圾焚烧场 240 座，新增城市生活垃圾处理能力约 64 万 t/d，垃圾焚烧发电厂已成为环保设施向公众开放的重要场所之一。

三是环保产业体系和布局更加优化。我国形成了全链条的环保产业体系，涵盖了污染治理和生态修复技术研发、装备制造、设计施工、运行维护、投资运营、综合咨询等环节。为响应国家"双碳"战略，我国环保产业体系正在向低碳、绿色、循环发展等领域快速拓展。在产业布局上，东部地区的环保产业的发展进一步深化，中部地区迅速崛起，西部地区快速追赶，每个省都有环保产业的布局。

四是环保产业服务模式不断创新。污染第三方治理、环境绩效服务、环保管家、环境金融服务已呈快速发展态势，政府与社会资本合作模式逐步规范，大数据、云计算、物联网等新一代技术正加速向环保领域渗透融合，提升了精准治理效果。

可以说，环保产业的发展对生态环境质量的改善贡献显著，谢谢。

中方为 COP15 第二阶段会议筹备和"框架"谈判发挥领导力和协调作用

中央广播电视总台央视记者：请问 COP15 第二阶段会议目前筹备进展如何？对于会议成果有何预期？中方将如何发挥主席国作用？

刘友宾：COP15 第一阶段会议已于 2021 年 10 月在云南省昆明

市以线上、线下相结合的方式成功举行，其间召开了《生物多样性公约》缔约方大会历史上首次领导人峰会，习近平主席发表了重要讲话并宣布中国率先出资15亿元人民币设立昆明生物多样性基金等东道国举措，会议通过了《昆明宣言》，为全球保护生物多样性进程注入了强大的政治推动力。在这里，要特别感谢新闻界的朋友们，在去年会议期间积极开展生物多样性报道，为COP15第一阶段会议的成功举办发挥了重要作用。

COP15第二阶段会议将于12月7日至19日在《生物多样性公约》秘书处所在地加拿大蒙特利尔市举办，会议最重要的标志性预期成果就是通过"框架"。为了推动"框架"的谈判和全球生物多样性保护进程，中方作为主席国一直不遗余力地发挥领导力和协调作用。自COP15第一阶段会议以来，中方已经组织召开了34次主席团会议，为相关会议筹备和谈判进程提供组织安排和指导意见。今年7月，黄润秋部长作为COP15主席，应邀出席2022年联合国可持续发展高级别政治论坛部长级圆桌会，其间就推动COP15第二阶段会议成功召开、达成"框架"与各方广泛进行沟通协调。

从《昆明宣言》中反映出的共识来看，"到2030年扭转全球生物多样性丧失的趋势""到2050年实现人与自然和谐共生"的美好愿景是大家共同的期盼，也需要各方充分参与。在未来的几个月，中方作为主席国，将在现有阶段性共识和政治推动力的基础上，进一步发挥领导力、协调力、推动力，就重点议题和重要日程与各方进行协调，坚持公平、透明、缔约方驱动的原则，确保最广泛的参与，

8月

同时要充分借鉴和吸取"爱知目标"执行中的经验和教训，完善和强化保障机制，推动构建兼具雄心和务实平衡的 2020 年后全球生物多样性治理体系。

希望媒体朋友们继续关注生物多样性保护话题，关注 COP15 第二阶段会议的有关情况，积极参与第二阶段会议新闻报道，为会议的成功举办贡献力量。

国家生态环境科技成果转化综合服务平台积极为地方和企业提供科技服务

《每日经济新闻》记者：今年 4 月，国家生态环境科技成果转化综合服务平台理事会成立，请问目前平台汇集了哪些环保技术，在生态环境保护中发挥了怎样的作用？

邹首民：谢谢您的提问，感谢您对国家生态环境科技成果转化综合服务平台的关注。为支持深入打好污染防治攻坚战，推动构建新时代服务型生态科技创新体系，帮助地方解决在治污过程中"有想法、没办法"的问题，我部于 2019 年建立了国家生态环境科技成果转化综合服务平台。为提升平台的服务能力和权威性，今年 4 月成立了平台理事会，主要是为了汇集政府、科研院所、企业、社会团体等各方力量共同维护和服务好平台，为地方和企业提供服务。

这个平台上线以来服务功能不断完善、服务领域不断拓宽、服务效果不断提升，努力实现三个既定目标：

一是力争网尽天下环保好技术。目前，平台已汇聚各类优秀科技成果4 800多项，这些科技成果主要来自国家或省部级科技奖项、国家部委或省级发布的技术目录、国家科技重大专项以及通过评审的企业自荐技术，涵盖大气、水、土壤、固体废物、资源化利用、气候变化、生态保护等10余个领域，技术条目浏览总量超过220万次。

二是主动回应各方环保需求。面向污染防治攻坚战和疫情防控等热点问题，平台开设"无废城市""VOCs污染防治""应对疫情"等10余个专栏专区，为地方和企业送政策、送技术、送方案，快速响应各方面的迫切需求，针对园区污水处理厂重金属超标、恶臭气体处理、危险废物处置等技术难点，组织技术团队帮助解决。

三是坚持会聚环保专家做服务。目前，平台注册用户超1.6万人，总访问量突破153万人次。围绕长江"三磷"综合整治和夏季VOCs治理攻坚行动等专项行动和环保热点问题，组织开展35场线上专家直播讲座，累计60余万人观看并参与了互动，在一线环保工作中的反响比较积极。

同时，我们也积极开展线下活动，先后在成都、长沙、南京、广州、天津等地举办系列成果推介活动，累计推介生态环境治理技术近600项，为1 500余家企业提供了科技咨询服务。针对特定具体问题，为地方和企业提供科技咨询服务200余次。

总体来说，目前这个平台运行良好，希望各位媒体朋友多关心、多支持、多宣传，使这个平台能够更好为地方和企业提供科技服务，谢谢。

8月

强化新污染物治理的科技支撑

《南方都市报》记者： 新污染物治理起步较晚，工作基础比较薄弱，目前在治理新污染物方面采取了哪些科技手段？下一步科技支撑方面有什么重点考虑？

邹首民： 谢谢您的提问。今年5月，国务院办公厅印发了《新污染物治理行动方案》，对新污染物治理工作进行全面部署，提出了新污染物治理的主要目标任务和重要行动举措，其中，也强调要加大新污染治理的科技支撑力度。

目前，我国在有毒有害新污染物监测分析、风险评估、排放源溯源、污染物有效去除技术研发与评价等方面开展了一些工作，研究建立了"筛—评—控"逐级识别与分类管理的新污染物治理体系，形成了《化学物质环境风险评估技术方法框架性指南（试行）》等系列标准/技术规范，有效支撑了新污染治理工作。但总体来说，科技支撑的基础相对薄弱，下一步我们将积极加强与国家科技部门的协调联动，重点从以下两个方面强化科技支撑。

一是加强新污染物治理科技攻关。积极推动在国家科技计划中部署相关研究项目，加强新污染物毒性测试、危害机理、计算毒理、暴露预测、环境归趋、追踪溯源、监测检测等基础研究；大力研发新污染物绿色替代品、替代技术、减排技术和治理修复技术，加快新污染物环境风险管控技术推广，提升新污染认知和治理修复能力。

二是推动建设科技创新平台。在新污染领域推动创建全国重点实验室、国家工程研究中心，强化国家环境保护重点实验室、工程技术中心、科学观测研究站体系，打造新污染物领域的国家科技战略力量，切实提升新污染物治理的科技水平。

充分发挥科技解决环境问题的利器作用

凤凰卫视记者：随着污染防治攻坚战的推进，对生态环境的科技要求越来越高，需要科技破解难题。请问生态环境部如何利用科技这一利器支撑深入打好污染防治攻坚战以及推动经济社会的高质量发展？

邹首民：谢谢您的提问。创新是引领发展的第一动力，科技是解决环境问题的利器。党的十八大以来，我部充分发挥科技利器作用，为深入打好污染防治攻坚战和推动经济社会高质量发展提供了有力科技支撑。大家看到，近年来生态环境质量明显改善，人民群众在生态环境领域的获得感、幸福感和安全感显著增强，都有一份科技贡献的力量。

一是以科技项目为龙头，夯实科学治污基础。在国家科技部门的大力支持下，围绕污染防治攻坚战重点任务，组织实施大气、水、土壤等生态环境领域重点研发项目，突破了重污染天气成因定量化、精细化解析和精准预测预报、天地一体化水环境监控预警、水气污染控制、重金属污染地块安全处置等一批关键技术。这些技术的突破为科学治污提供了坚实的基础。

二是以科技成果转化为抓手，促进科技创新和污染防治深度融合。组织实施百城千县万名专家生态环境科技帮扶行动，通过"一市一策"驻点跟踪研究、"一题一训"技术培训、"一事一议"科技咨询服务等多种方式，大力推动科技成果转化落地应用，为地方和企业"送政策、送技术、送方案"。目前，在重点区域流域派驻105个专家团队，深入107个城市，为地方和行业企业"把脉问诊""开药方"。同时，刚才我也说到我们创建了国家生态环境科技成果转化综合服务平台，利用这个平台为地方和企业提供科技服务。

三是以创新组织方式为途径，凝聚污染防治攻坚合力。为服务好国家重大决策行动，我们充分发挥集中力量办大事的制度优势，创新组织方式，联合科研院所、高校、企业等500多家优势单位，会聚各领域近万名科研人员，组建了国家大气污染防治攻关联合中心、长江生态环境保护修复联合研究中心、黄河流域生态保护和高质量发展联合研究中心等科技创新平台，构建了"大兵团联合作战"的协同攻关模式，在多污染物协同控制和区域协同治理，统筹长江、黄河水资源、水环境、水生态治理等方面贡献科技力量。

总体来说，我们也希望科学家能够牢记"国之大者"，真正发挥科学家的集智和力量，把论文写在祖国大地上，为地方和企业深入打好污染防治攻坚战贡献科技力量。最后再次感谢各位媒体朋友对生态环境科技工作的支持，也希望大家继续多关心、多支持我们科技帮扶、成果转化等工作。再次谢谢大家。

刘友宾： 今天的发布会到此结束。谢谢大家。

8月例行新闻发布会背景材料

近年来，生态环境部坚持以习近平生态文明思想为指引，认真贯彻落实习近平总书记关于科技创新的重要论述精神，立足生态环境部门职责和特色，强化科技工作顶层设计，坚持问题、需求和结果导向，以重大科研项目推进和科技帮扶为抓手，创新工作方式、强化组织管理，在推动精准治污、科学治污、依法治污方面取得积极进展。

一、主要工作进展

（一）科学谋划生态环境科技工作

一是研究实施生态环境科技帮扶行动。认真贯彻落实中央科技体制改革精神和精准治污、科学治污、依法治污要求，2021年7月，联合科技部印发《百城千县万名专家生态环境科技帮扶行动计划》，组织动员全国生态环境科技工作者，汇聚全国生态环境科技资源投身污染防治攻坚战一线，通过"一市一策"驻点跟踪研究、"一事一议"科技咨询服务、"一题一训"科技培训与成果推介等模式，推动解决地方政府、企业在绿色低碳转型发展和深入打好污染防治攻坚战中遇到的难点和热点问题，提升科学决策和精准施策能力。

二是谋划设计支撑深入打好污染防治攻坚战科技攻关。认真贯彻落实习近平总书记关于$PM_{2.5}$和O_3协同防控的重要批示要求和国务院常务会精神，研究制订$PM_{2.5}$和O_3复合污染协同防控科技攻关方案，提升协同防控的科学性、有效性和精准性。深入贯彻习近平总书记关于推动长江经济带发展系列重要讲话精神，以水生态保护为核心，研究制订长江生态环境保护修复联合研究"十四五"项目方案，支撑深入打好长江保护修复攻坚战。贯彻落实习近平总书记关于黄河流域生态保护和高质量发展重要讲话和指示批示精神，研究编制黄河流域生态保护和高质量发展联合研究实施方案。

三是积极参与国家科技规划编制。组织专家研讨分析生态环境保护形势和科技发展趋势，在大气、水、气候变化、土壤地下水污染防治、固体废物等生态环境领域凝练形成一批重大研发任务需求建议，推动将其纳入国家中长期和"十四五"科技创新规划、环境领域专项规划。配合科技部开展与生态环境领域相关的 15 个国家重点研发计划、重点专项实施方案和指南编制工作等。

（二）加强重大科研项目组织管理

一是水体污染控制与治理科技重大专项圆满收官。水专项是根据《国家中长期科学和技术发展规划纲要（2006—2020 年）》设立的十六个重大科技专项之一，于 2007 年启动实施，旨在解决制约我国经济社会发展的水污染重大科技"瓶颈"问题。经过十五年的实施，水专项突破源头污染治理、河湖生态修复、监控预警、饮用水安全保障等关键技术难题，形成五大类、40 份技术成果报告，2021 年顺利通过科技部等部门验收。水专项成果全面带动了我国治污理念创新、科技创新和制度创新，有力支撑了水污染治理和水环境质量改善。

二是启动实施 $PM_{2.5}$ 和 O_3 污染协同防控科技攻关。通过预研究课题和综合立体观测实验，进一步深化了对 O_3 污染成因及其影响因素的认识，并从治理重点对象、重点行业和环节、重点区域、监测评估等方面提出了协同防控思路和污染减排策略，有效支撑了夏季 O_3 污染防治攻坚行动和"十四五"规划编制。制定印发《细颗粒物和臭氧污染协同防控"一市一策"驻点跟踪研究工作方案》，组织 52 个专家团队深入京津冀及周边、汾渭平原、苏皖鲁豫交界等重点区域 54 个城市开展驻点跟踪研究和技术帮扶指导，送科技解难题，有效提升各地 $PM_{2.5}$ 和 O_3 污染协同防控的科学性和精准性。

三是深入推进长江生态环境保护修复联合研究。形成长江流域主要生态环境问题及污染源清单，建立全过程的流域水质（磷）目标管理方法体系，构建多功能一体化的长江智慧决策平台。以水生态保护为重点，聚焦长江流域水生态完整性评估及应用示范、风险评估与防控、污染治理与生态修复技术、科技帮扶、智慧决策与监管等领域启动实施二期攻关研究，支撑深入打好长江保护修复攻坚战。

积极配合科技部做好国家重点研发计划"大气与土壤、地下水污染综合治理""长江黄河等重点流域水资源与水环境综合治理"等生态环境领域重点专项的项目申报和组织实施。这些项目的立项实施，为支撑深入打好污染防治攻坚战提供了坚实的科学基础。

（三）实施科技帮扶行动

一是完善国家生态环境科技成果转化综合服务平台。生态环境部于2019年建成国家生态环境科技成果转化综合服务平台，旨在网尽天下环保好技术、回应各方环保诸需求、会聚环保专家做服务。截至目前，已汇聚各类优秀科技成果4 800多项，技术条目浏览总量超过220万次；面向污染防治攻坚战和疫情防控等热点问题，开设10余个专栏专区，快速响应各方迫切需求，组织技术团队帮助地方和企业解决园区污水处理厂重金属超标、恶臭气体处理、危险废物处置等一批环保技术难题，推介"无废城市"和VOCs治理筛选技术上百项；围绕长江"三磷"综合整治、夏季VOCs治理攻坚行动等，组织开展35场线上专家直播讲座，培训人数超过60余万人，为精准科技支撑深入打好污染防治攻坚战发挥了积极作用。

二是组织实施百城千县万名专家生态环境科技帮扶行动。深入实施"一市一策"驻点跟踪研究，围绕$PM_{2.5}$和O_3污染协同防控，驻点团队深入城市一线开展科技帮扶行动，综合运用立体观测、智慧管控等科技手段，帮助地方精准识别在大气污染治理和绿色低碳发展方面存在的主要问题，提出"一市一策"综合解决方案，目前共报送预警预报、成因分析、技术指南等专报1 800多份，为地方提供咨询建议120多份；围绕长江生态保护修复，启动驻点跟踪（二期）研究工作，向长江沿线53个城市派驻专家团队，从水生态评估与修

8月

复、重点水域水质改善、面源污染防治、智慧治理能力提升等方面开展驻点研究和技术指导。扎实推进"一题一训"技术培训，围绕 O_3 污染防控、长江生态保护修复等举办 30 余期专题技术培训和专家会商，累计培训人数超过 40 万人次。强化"一事一议"科技咨询服务，针对河南省及云南省西双版纳傣族自治州、山东省潍坊市、江苏省太仓市等科技需求，为地方、企业提供科技咨询服务 200 余次。科技帮扶行动的组织实施有力推动了科技成果转化落地应用，为地方送技术、送政策、送方案，推动解决了地方在绿色发展中遇到的难点和问题。

三是环保产业取得长足发展。生态环保产业规模持续扩大，对国民经济贡献率逐步提升。据中国环境保护产业协会统计，2021 年全国生态环保产业营业收入约 2.18 万亿元，较 2020 年增长约 11.8%，比当年国内生产总值增速高 3.7 个百分点，对国民经济直接贡献率为 1.8%。生态环保产业服务模式不断创新，环境污染第三方治理、环境绩效服务、环境金融等服务业态呈快速发展态势，政府与社会资本合作（PPP）模式逐步规范；会同国家发展改革委、国家开发银行积极推进生态环境导向的开发（EOD）模式试点，同意两批共 94 个 EOD 项目开展试点，为有效吸引金融资金投入生态环境治理提供了新的路径。

（四）提升污染攻坚的源头创新能力

一是强化战略科技力量建设。充分发挥集中力量办大事的制度优势，强化协同攻关，按照"1+X"模式，以中国环境科学研究院为依托单位，联合科研院所、高校、企业等 500 多家优势单位，会聚各领域近万名科研人员，进一步加强国家大气污染防治攻关联合中心、长江生态环境保护修复联合研究中心、黄河流域生态保护与高质量发展联合研究中心等科研平台建设；积极推动创建全国重点实验室、国家工程研究中心等国家级创新平台，努力打造生态环境领域国家战略科技力量。

二是加强部级创新平台建设。截至目前，在水、土壤、大气、生态等 11 个领域已建成和正在建设的国家环境保护重点实验室 53 个、科学观测站 9 个、工程技术中心 45 个。拟在水生态、陆海统筹、减污降碳、新污染物治理等关键领域和薄弱环节，完善新建一批国家生态环境保护科技创新平台，力争形成层次分明、领域齐全、布局合理的创新平台体系，进一步促进提升源头和原始创新能力。

（五）深入推进生态环境科普宣传

习近平总书记指出，科技创新、科学普及是实现创新发展的两翼，要把科学普及放在与科技创新同等重要的位置。生态环境部不断完善科普工作体制机制，创新工作方式方法，在科普资源、科普基地、科普活动等方面全面发力，形成了全媒体、全手段、全内容、全方位、良性互动的生态环境科普工作体系。截至目前，建成国家生态环境科普基地 102 家，年服务人数上亿人次，形成各类科普产品 300 多项，持续推进"我是生态环境讲解员""大学生在行动"等特色科普活动，利用微信公众号等新媒体平台发布科普作品 1 200 多篇，累计阅读量超过 1.2 亿人次，促进了全社会环境意识和科学素养的整体提升，为提高全民生态环境科学素质，传播习近平生态文明思想和打好污染防治攻坚战营造了良好的社会氛围，发挥了积极的支撑作用。

二、下一步工作

当前，我国生态环境保护工作进入减污降碳协同治理的新阶段。生态环境科技工作将坚持以习近平新时代中国特色社会主义思想和习近平生态文明思想为指引，以人民为中心，以科技创新为驱动，以改善生态环境质量和防范生态环境风险为核心，以支撑深入打好污染防治攻坚战、服务经济高质量发展为目标，着力深化生态环境科技体制改革，加快完善新时代服务型生态环境科技创新体系，坚持精准治污、科学治污、依法治污，协同推进降碳、减污、扩绿、增长，推动形成绿色发展方式和生活方式，助力美丽中国建设。

8月

9月例行新闻发布会实录

——聚焦依法加强生态环境保护

2022 年 9 月 28 日

9月28日，生态环境部举行9月例行新闻发布会。生态环境部首席法律顾问、法规与标准司司长别涛，副司长赵柯、燕娥出席发布会，介绍依法加强生态环境保护工作情况。生态环境部新闻发言人刘友宾主持发布会，通报近期生态环境保护重点工作进展，并共同回答了大家关心的问题。

9_月

9月例行新闻发布会现场（1）

9月例行新闻发布会现场（2）

刘友宾：新闻界的朋友们，上午好！欢迎参加生态环境部9月例行新闻发布会。

今天发布会的主题是依法加强生态环境保护。我们邀请到生态环境部法规与标准司司长别涛先生、副司长赵柯先生、副司长燕娥女士，介绍我国生态环境保护法律法规和标准建设有关情况，并回答大家关心的问题。

下面，我先通报几项我部近期重点工作。

一、生态环境部部署推动长江、黄河生态环境保护工作

为贯彻落实党中央、国务院关于推动长江经济带发展及黄河流域生态保护和高质量发展国家重大战略，持续加强大江大河保护治理，生态环境部会同有关部门和单位，联合印发《深入打好长江保护修复攻坚战行动方案》《黄河生态保护治理攻坚战行动方案》，指导各地切实改善长江、黄河流域生态环境质量，保障流域生态系统安全。

《深入打好长江保护修复攻坚战行动方案》在总结"十三五"期间工作成果的基础上，聚焦突出问题与短板，提出了包括巩固提升饮用水安全保障水平等在内的28项具体工作，明确了长江水质、饮用水安全、重要河湖生态用水、生活污水垃圾集中收集处理、黑臭水体治理等目标指标，到2025年年底，长江流域总体水质保持优良，干流水质保持Ⅱ类；长江经济带县城生活垃圾无害化处理率达到97%以上，县级城市建成区黑臭水体基本消除，化肥、农药利用

率提高到 43% 以上，畜禽粪污综合利用率提高到 80% 以上，农膜回收率达到 85% 以上。

《黄河生态保护治理攻坚战行动方案》以维护黄河生态安全为目标，以改善生态环境质量为核心，实施河湖生态保护治理、减污降碳协同增效、城镇环境治理设施补短板、农业农村环境治理、生态保护修复五大重点攻坚行动，到 2025 年，黄河流域森林覆盖率达到 21.58%，水土保持率达到 67.74%，退化天然林修复 1 050 万亩，沙化土地综合治理 136 万 hm^2，地表水达到或优于 Ⅲ 类水体比例达到 81.9%，地表水劣 Ⅴ 类水体基本消除，黄河干流上中游（花园口以上）水质达到 Ⅱ 类，县级及以上城市集中式饮用水水源水质达到或优于 Ⅲ 类比例不低于 90%，县级城市建成区黑臭水体消除比例达到 90% 以上。

下一步，生态环境部将充分发挥统筹协调作用，与相关部委和单位加强协同联动，加强重点任务实施情况调度，确保按期完成目标任务。

二、推进长江入河排污口整治工作

生态环境部、国家发展改革委近日召开长江入河排污口整治工作推进会，指导长江经济带各省（直辖市）落实《长江入河排污口整治行动方案》。

长江入河排污口整治涉及长江经济带 11 个省（直辖市）的 63 个市（州），截至目前，相关地区已整治各类入河排污口 2 万余个，探索出大量可供参考的有效模式。但同时我们也看到，长江入河排污口整治工作还面临污水溢流直排多、基础建设欠账多、任务繁重挑战多的严峻形势。

长江入河排污口整治工作将以多部门协同整治为基础，通过落实建立整治工作台账、统一命名编码、全面开展监测、实施污水溯源、编制实施整治方案、完成竖标立牌、规范入河排污口设置、强化截污治污、严厉打击违规违法行为、打造整治样板 10 项任务，力争到 2022 年年底前，基本完成监测、溯源工作，并完成部分整治；2023 年年底前，完成 70% 左右的入河排污口整治；2025 年年底前，基本完成入河排污口整治，切实把长江保护修复的要求落到实处，见到实效。

刘友宾：下面，请别涛司长介绍情况。

生态环境部法规与标准司司长别涛

党的十八大以来的十年，是我国生态环境法治建设取得成效最为显著的十年

别涛：各位媒体记者朋友好！首先，我代表生态环境部法规与标准司，对各位媒体朋友长期以来对生态环境法治工作的关心和支持表示由衷的感谢。今天很高兴和我的同事赵柯副司长、燕娥副司长一道，就这十年来我国生态环境保护法规与标准工作情况和大家做个汇报交流。

今天，距离党的二十大召开仅有 18 天，这是个很难得的好时候。在这个重要时间，我们以生态环境法规与标准为主题召开新闻发布会，我深感荣幸。

党的十八大以来，习近平总书记亲力亲为抓顶层设计，全面部署生态文明建设和生态环境保护。生态环境部认真贯彻落实习近平法治思想和习近平生态文明思想，坚持精准治污、科学治污、依法治污，推动以最严格制度最严密法治保护生态环境。这十年来，生态环境保护法治建设，特别是在生态环保法律法规制（修）订、生态环保执法司法解释、法规标准制（修）订、生态环保法律执法检查以及生态环境损害赔偿制度改革等领域，得到了全国人民代表大会、最高人民法院、最高人民检察院、司法部等有关方面的大力支持。这十年，生态环境法律体系得到重构，生态环境制度体系得到重塑，是我国生态环境法治建设取得成效最为显著的十年。我刚才说的重构、重塑这句话，黄润秋部长在中宣部的新闻发布会上也有过表述。

这十年，在生态环境立法方面，一是通过加强环境立法落实中央生态文明改革的部署，使改革举措于法有据。推动多项生态文明和生态环境保护改革举措上升为法律制度，例如，河（湖）长制和排污许可制改革。在党中央提出排污许可制改革后，我们推动把过去固定点源生态环境管理的各项制度统一纳入排污许可制，并纳入《中华人民共和国环境保护法》《中华人民共和国水污染防治法》《中华人民共和国大气污染防治法》《中华人民共和国固体废物污染环境防治法》等重要专项法律。此外，还有正在推进的改革措施（包括生态保护红线、"三线一单"、生态环境分区管控等）也将陆续推动入法。

二是国家层面的生态环境保护法律，根据生态文明建设的总体要求，得到了全面的重构。我国现行有效法律293部，环境资源领域法律有30多部，其中，生态环境部门实施的现行有效的法律有16部。具体有：《中华人民共和国环境保护法》《中华人民共和国海洋环境保护法》《中华人民共和国水污染防治法》《中华人民共和国大气污染防治法》《中华人民共和国固体废物污染环境防治法》《中华人民共和国清洁生产促进法》《中华人民共和国环境影响评价法》《中华人民共和国放射性污染防治法》《中华人民共和国循环经济促进法》《中华人民共和国环境保护税法》《中华人民共和国核安全法》《中华人民共和国土壤污染防治法》《中华人民共和国生物安全法》《中华人民共和国长江保护法》《中华人民共和国噪声污染防治法》《中华人民共和国湿地保护法》。

9月

　　三是生态环境保护领域的党内法规建设十分活跃，成为我们国家法治体系的重要组成部分。生态环境保护领域的党内法规建设十分引人注目。中央生态环境保护督察、党政领导干部生态环境损害责任追究等一系列专项的党内法规相继出台。生态环境保护领域的党内法规与国家法律相辅相成、相互促进、相互保障的格局已经基本形成。

　　四是鼓励和引导地方先行先试，形成了一批体现地方特点、符合地方规律的地方立法成果。特别值得我们关注的是机动车和非道路移动机械排放污染防治条例，京津冀三省（直辖市）人民代表大会常务委员会同步制定、同步公布、同步实施，统一标准、统一监管；2021年河北省出台《白洋淀生态环境治理和保护条例》，2022年浙江省出台《浙江省生态环境保护条例》，以"小快灵"立法解决跨区域生态环境问题，助推区域高质量发展，值得特别肯定和推广借鉴。

　　五是通过强化与司法机关协调配合，推动出台一系列重要司法解释和政策，织密生态环境司法保护网。如污染环境犯罪的司法解释、环境公益诉讼规则、生态环境侵权的禁止令和惩罚性赔偿等20多件司法解释，这些司法解释文件具有普遍适用、反复适用的效力，是我国生态环境保护法律体系的重要组成部分。国家法律、行政法规、地方性法规、司法解释、党内法规都是我们生态环境保护法律体系的重要组成部分。

　　这十年，在生态环境标准、基准、健康方面，一是通过标准引领环境管理战略转型，倒逼产业结构优化升级，推进科学治污向纵深发展。十年来制（修）订的国家、地方两级生态环境标准总数，在十年前基数上分别增加 79% 和 331%。

环境质量标准引领生态环境保护和经济社会绿色转型的作用得到充分发挥，尤其是环境空气质量标准。这个标准在经过国务院常务会审议之后发布，随后为实施这一标准，国家采取了一系列有力措施，促进环境保护与经济发展相协调，有效推动了绿色发展。污染物排放标准作为环境准入门槛，有力促进了行业技术经济进步。目前，支撑污染防治攻坚战的生态环境标准体系已基本建成。今后，还要在此基础上进一步完善。

二是推动健康风险防控融入生态环境管理的主阵地，夯实精准治污的基础。生态环境部制订并组织实施国家环境保护环境与健康工作办法、3 个环境健康相关五年规划，印发了现场调查、暴露评估和风险评估等 14 项技术规范。积极开展环境健康调查研究和地方试点，推动将高环境健康风险行业和有毒有害污染物纳入环保重点管控范围。

三是通过加快构建环境基准管理和技术体系，强化能力建设，实现基准零突破。《中华人民共和国环境保护法》（2014 年 4 月修订）明确规定国家鼓励环境基准研究。基准是标准的基础，这是非常重要的技术性、基础性工作。我们印发了国家环境基准管理办法，以及 4 项基准推导技术指南，成立了首届国家生态环境基准专家委员会，已经发布了镉、氨氮、苯酚 3 部淡水生物水质基准和中东部湖区湖泊营养物基准。

9月

这十年，在法治政府建设、生态环境损害赔偿制度改革、普法方面，一是通过推进党内法规建设和严格规范公正文明执法，压实生态文明建设和生态环境保护政治责任。二是通过筑牢损害追责制度之笼，丰富环境违法追责形式。环境违法的责任形式，包括行政责任，如行政罚款等，还有污染企业造成第三方民事主体的损害赔偿，结果严重的，触犯了刑法，则应承担刑事责任。在传统行政责任、民事责任和刑事责任之外，现在创设形成了"生态环境损害修复与赔偿"的责任形式。因为环境污染、破坏生态行为，除了这些责任之外，还对水体等公共环境资源、公共利益造成了损害。对这部分利益既得者应该承担责任，能修复的修复，不能修复的赔偿，这是中央部署推动的改革举措。生态环境损害赔偿责任制度在五六年时间内从无到有，按照"环境有价、损害担责"原则，在全国范围初步构建。三是通过责任清单，推动落实普法责任。出台《关于落实"谁执法谁普法"普法责任制的实施意见》及普法责任清单，明确普法责任制主要任务，建立考核评价机制。

我很高兴，也很荣幸作为亲历者为大家介绍这一段历程。下面，我愿意和我的同事一起回答大家关心的问题。谢谢大家。

刘友宾：下面，请大家提问。

生态环境部新闻发言人刘友宾

《中华人民共和国环境保护法》（2014年4月修订）（以下简称环境保护法）实施以来，污染防治力度不断加大，生态环境质量明显改善

《法治日报》记者：今年9月，第十三届全国人大常委会第三十六次会议就环境保护法执法检查报告进行了专题询问，请问在生态环境领域立法实施，尤其是环境保护法的深入实施上，生态环境部将开展哪些重点工作？

别涛：很高兴《法治日报》记者关心环境保护法实施的问题，《法治日报》一直为环境保护法的制定、修订和实施鼓与呼，我代表生态环境部法规与标准司对《法治日报》，包括您和其他同事，表示感谢。

9月

435

环境保护法作为生态环境保护领域基础性、综合性的法律，在生态环境保护法律体系中处于核心地位。过去我们自己系统内部人认为环境保护法是环境保护领域的"母法"，因为有了"母法"，才有了其他专项法。2014 年，全国人大常委会对环境保护法做了全面的修订。环境保护法在创新环保理念、强化政府责任、完善监管制度、加大惩处力度方面取得突破性进展，被喻为是"史上最严""长了牙齿"的环境保护法。环境保护法实施以来，污染防治力度不断加大，生态环境质量明显改善。

根据全国人大常委会 2022 年度的监督工作计划，全国人大常委会对环境保护法的实施组织了执法检查。栗战书委员长亲自担任检查组组长，多位副委员长带队检查，体现了全国人大及其常委会对生态环境工作和生态环境保护法治的高度重视。

今年 3—6 月，栗战书委员长和三位副委员长分别带队赴黑龙江等 7 个省（自治区）现场检查。8 月 30 日，栗战书委员长做了环境保护法执法检查的报告，9 月 1 日，全国人大常委会举行了联组会议，就环境保护法执法检查进行专题询问。国务院领导同志带领多个部门的领导出席了联组会议并回答了问题。

我们也参与、配合了相关工作，并认真学习研究了执法检查报告。这个报告肯定了各地方、各部门认真贯彻实施环境保护法取得的良好的成效，同时也指出了法律贯彻实施方面存在的六大问题。我们认为这六大问题是客观、真实的，也是准确的，我在这里跟大家回顾一下，包括法律责任有待进一步落实，部分法律制度措施执行不到位，污染防治还存在短板、弱项，生态保护和修复亟待加强，生态环境的执法监管还有待强化，生态环境保护的法治体系有待进一步完善，我们很认同这六个方面的问题。这次执法检查发现的问题，以及在六大问题基础上提出的针对性的六点建议，将对我们贯彻执行环境保护法起到重要的指导和促进作用。

下一步，生态环境部作为牵头部门，将认真研究整改这些问题。特别是针对企业的法律责任落实、部分法律制度措施执行不到位、污染防治存在的短板、弱项和生态保护和修复亟待加强、生态环境保护的法治体系有待完善的问题，我们作为牵头部门，一定按照全国人大和国务院的要求，会同有关部门认真研究执法报告和全国人大常委会审议过程中提出的意见，提出整改方案，加快推动落实，不折不扣地抓好问题整改和建议落实，同时也将按照规定向全国人大常委会报告整改落实情况。全国人大的报告和审议意见反馈部门后，部门需要再报告落实情况。这些按照《中华人民共和国宪法》《中华人民共和国全国人民代表大会组织法》都是要公开的，欢迎大家持续跟踪监督。谢谢。

严格依法依规开展规范性文件的合法性审核

《南方都市报》记者：近年来生态环境部废止修改了部分法规，请问废止了哪些法规，存在什么问题？此番法规清理为生态环境保护管理带来了哪些好处？未来将如何进一步健全生态环境领域法规清理和规范性文件合法性审核机制？谢谢。

别涛：非常感谢《南方都市报》记者关注生态环境保护法规清理工作。法规清理是维护国家法制统一的一项重要举措，这也是《中华人民共和国宪法》和《中华人民共和国立法法》的要求。我想大家应该记得，2016年前后，中央环境保护督察在祁连山国家级保护区内发现了诸多违法建设的开发行为，这是违反国家法律法规的。2017年中央进一步调查之后向社会发布了通报，通报祁连山自然保护区的违法违规问题，其中一个原因是当地的祁连山自然保护区管理条例对自然保护区内禁止性行为的规定缩小了国家行政法规规定的十类禁止行为，当时地方条例仅有三类禁止行为，十类禁止行为中有七类行为被排除在禁止范围之外。中央通报指出，地方在立法上"放水"，在执行上放松，所以才导致祁连山国家级保护区内违法违规建设行为。这是一个很深刻的教训，我们都记忆犹新。

近年来，按照全国人大常委会、国务院和司法部有关法律法规清理的要求，生态环境部先后开展多轮规章和规范性文件清理工作。我们清理自己的规章和文件，也协助上级立法机关清理法律法规，提出建议供全国人大和国务院研究处理。开展生态环境保护法律法规的清理，怎么考虑，清理的标准是什么，清理的重点是什么，我们一般基于以下几点考虑：

第一，不符合上位法的规定或者上位法已经做了调整修改，部门规章和规范性文件还没有及时调整。

第二，不符合机构改革的精神和部门的"三定"职责规定。我们机构职责在变，名称在变，但在我们过去一些文件中，执法主体名称都还没有改，这样表现出不适应。

第三，不符合国家"放管服"改革精神。如不适当地创设了一些许可审批事项、收费事项或者证明事项等，这不符合"放管服"改革精神，要做调整。

第四，不符合优化营商环境和市场公平竞争要求。

第五，已经被新印发的文件所替代，实际上不再执行的。

第六，其他不适应全面深化改革要求和不适应经济社会发展需要的。

2018年以来，经过清理之后，我部先后集中发布了四批废止和修改部分生态环境保护规章和规范性文件的决定。举个例子，2016年全国人大常委会制定了《中华人民共和国环境保护税法》，之前执行的是排污收费制度，排污费改为环境保护税，过去关于排污收费一系列规章文件、规则程序，当然要清理、要废止。总理也讲过要证明"我爸是我爸"，这种事情我们听着是笑话，但在实际中是存在的。根据优化营商环境、做好证明事项清理工作的要求，我们修改了相关规范性文件。对要求企业提供相关证明的条款，我们也根据中央精神做了调整和废止。

生态环境部网站上公告了废止、修改规章和规范性文件的决定，欢迎大家监督。我和我的同事汇总了四次公布修改和废止规章及规范性文件的决定，《南方都市报》记者如果感兴趣，我可以提供清单给你。

目前，生态环境部实有规章80余部、行政规范性文件600余份。

下一步，我们将严格依法依规开展规范性文件的合法性审核，继续做好清理、废止和修改工作。我们也会注重源头建设，加强制（修）订环节的合法合规审查，确保符合上位法的规定。适时开展清理，对于不符合、不衔接、不适应法律法规以及中央精神和改革发展要求的，要及时废止、修改，保障政令统一、法制统一。谢谢。

为我国生态环境法典的编纂打好基础、做好配合和服务

新华社记者：生态环境法典的编纂深受社会关注，您能否介绍一下目前的进展如何？有哪些特色和亮点？谢谢。

别涛：很感谢新华社记者关注这个法律问题。生态环境法典的编纂是近几年来表现非常特殊、成效比较明显、备受关注的立法形式。

2020年10月，在中央全面依法治国工作会议上，习近平总书记的讲话中提到，要总结编纂民法典的经验，适时推动条件成熟的立法领域法典编纂工作。中央印发的《法治中国建设规划（2020—2025年）》也提出，对某一领域有多部法律的，条件成熟时进行法典编纂。这是习近平总书记的讲话和中央文件的要求。

全国人大常委会领导最近两三年多次提出，要适时研究启动法典编纂工作。去年4月，全国人大常委会2021年度立法工作计划提出研究启动生态环境法典、教育法典、行政基本法典等条件成熟的行政立法领域的法典编纂工作。

中央提出条件成熟的领域，我们反观这个要求，自认为如果对标对表，生态环境保护符合这个条件，适合开展法典编纂工作。编纂法典是对现行的生态环境保护法律法规进行系统的整合、编订、撰修，有利于消除矛盾和冲突，构建科学合理的生态环境保护法律体系和制度体系。所以作为生态环境部门，我们积极支持并配合推动这项编纂工作。

现在通常提到的法典就是指《中华人民共和国民法典》。在《中华人民共和国民法典》之外，还有一部法典没有叫这个名字，就是现行的《中华人民共和国刑法》。《中华人民共和国刑法》是1979年制定的，之后有二十几个修改决定，然后在1997年合并而成。它没有叫法典，但事实上是一部法典。在生态环境保护领域，像前面说的环境资源法律有30多部，生态环境部门主管的有10多部，目前我们这个领域是有条件和基础的。

作为生态环境部，我们支持并将积极配合。目前，我们做的工作是做基础工作和提供服务。生态环境部将根据工作职责，组织前期的基础研究工作，例如正在做的系统整理现行生态环境保护法律法规，肯定有不协调的地方，在编纂中是要整合的。对制度措施和规范进行分析研究，收集汇总专家学者、理论界等对环境法典编纂的需求、意见和建议等。收集、分析了解国外生态环境法典编纂的立法先例和实例，为我国生态环境法典的编纂打好基础、做好配合和服务。这是我们的态度：积极支持、配合做好工作。我们期待生态环境法典编纂能早日走上正轨，能够早日研究出台，我们共同期待。谢谢。

进一步持续优化完善生态环境标准体系

《每日经济新闻》记者：近年来生态环境部在不断拓展标准覆盖领域，提升生态环境保护的标准水平，请问"十四五"时期将重点调整哪些生态环境标准？

生态环境部法规与标准司副司长燕娥

燕娥：感谢《每日经济新闻》记者的提问，也感谢您对生态环境标准工作的关心。生态环境标准是生态环境保护工作中需要统一的各项技术要求，由生态环境部和省级地方人民政府制定。生态环境标准是落实环境法律法规的重要手段，也是推进精准治污、科学治污、依法治污的重要技术支撑。

　　自我国第一个生态环境标准，即工业"三废"排放试行标准于1973年颁布以来，生态环境标准已走过近五十年的发展历程。党的十八大以来，生态环境标准的制（修）订工作取得显著进展。刚才别司长也介绍了，支撑污染防治攻坚战的生态环境标准体系已基本建成。"十四五"时期，我们要适应改善生态环境质量、推进生态文明建设和建设美丽中国的需求，进一步持续优化完善生态环境标准体系，为深入打好污染防治攻坚战提供有力支撑和保障。主要从以下两个方面开展工作。

　　第一，在国家层面，补齐短板弱项，持续优化完善国家环境标准体系。适应环境管理的新职能、新任务、新领域需求，我们要加快建立完善碳排放核算和相关温室气体排放控制、生态保护监管以及新污染物治理等领域的标准规范。适应强化 NO_x 和 VOCs 协同控制，加强水环境风险管控等需求，继续制（修）订一批重点行业的排放标准，包括印刷（VOCs 排放重点行业）、玻璃（NO_x 排放重点行业）、矿物棉、农药、淀粉和酵母等重点行业的污染物排放标准，进一步完善有关污染物排放管控项目和管控要求。

　　第二，在地方层面，我们要大力推动地方标准发展，进一步提升地方精准治污水平。我国各地的经济社会发展水平不一，资源环境条件各异，区域环境问题和环境质量改善需求也各不相同。环境保护法等多部生态环境保护法律都授予省级地方政府制定地方标准的权限：对国家标准中没有规定的项目，地方可以补充制定地方标准；对国家标准中已做规定的项目，地方可以制定更严格的标准。

9月

2020 年出台的《中华人民共和国长江保护法》对长江流域各省级人民政府制定地方标准的责任也做出了明确规定。

"十四五"期间，我们将从以下两个方面指导和推动各地继续积极开展地方标准制（修）订工作，以适应地方差异化环境管理需求，推进精准治污。

一是补充制定地方标准。对没有国家标准的地方特色产业或特有污染物，可以补充制定地方标准。比如水产养殖行业，区域差异比较大，就适合制定地方标准。

二是制定更严格的地方标准。对产业密集、环境问题突出、执行国家标准不能满足当地环境质量改善需求的，可以制定更严格的地方标准。比如长江流域一些地区化工行业密集，相关省（直辖市）可以研究制定化工行业的地方污染物排放标准。谢谢。

碳排放权交易管理条例值得期待

《21 世纪经济报道》记者：近期国务院 2022 年度立法工作计划通知明确了今年要制（修）订 16 部行政法规，其中包括起草碳排放权交易管理条例，请问这个条例是不是今年能够出台？这个条例的出台会对碳排放权交易市场产生哪些影响？

别涛：我来回答这个问题。感谢 21 世纪经济报道记者关注这个热点话题。建设好高质量的全国碳排放权交易市场，是实现习近平总书记提出的"双碳"目标的重要政策工具和法律手段，有利于以较低成本来控制温室气体的排放，推动"双碳"目标实现。

全国碳排放权交易市场去年7月16日正式启动，今年我们做了回顾，发布了相关信息，总体运行是平稳的、效果是良好的。

党中央、国务院高度重视全国碳排放权交易市场的建设，去年国务院将碳排放权交易管理暂行条例列入了立法工作计划，今年再次列入计划。生态环境部作为主管部门，结合全国碳排放权交易市场的建设运营情况，在总结地方试点经验，并借鉴国外立法的基础上，经过征求公众意见，于去年年初向国务院报送了碳排放权交易管理暂行条例的草案。

草案贯彻落实党中央、国务院关于加快建设全国碳排放权交易市场、推动实现"双碳"目标的重大决策部署，着力于构建科学、规范、有序的碳排放权交易管理制度体系。去年，我们报了草案，您的问题是条例何时出台，我愿意借这个机会做出回应。

目前条例的状态是待审未定。对大家关注的问题，根据生态环境部研究起草的主要思路，我对碳排放权交易管理立法需要回应和解决的主要问题，借这个机会简要介绍一下。

一是建立碳排放权交易管理的基本制度，包括明确碳排放权交易覆盖的温室气体的种类和行业范围，现在是二氧化碳，今后是否有其他行业领域，这需要明确。

二是需要明确重点排放单位的条件和公布调整的程序，哪些单位要进入交易机制。

三是明确碳排放权配额分配的原则、程序。要健全碳排放权配额制度，一年下来够还是不够，不够怎么解决，出售还是购买。要建立温室气体排放的报告和核查制度，明确配额清缴的时限要求。

四是要规范碳排放权交易运行机制，包括明确碳交易的产品，明确交易主体，目前主要是重点排放单位，尤其是 2 000 多家企业。明确交易形式和平台、防范操纵或者扰乱市场，建立交易的风险防控和信息披露以及监督机制，同时衔接好全国的碳排放权交易市场和地方试点碳排放权交易市场的关系。

五是强化对相关技术服务机构的监督管理，包括加强碳排放权交易市场的数据质量保障。碳交易第一个履约周期出现了诸多数据造假的问题，对数据造假的检验检测机构、报告编制机构、核查机构，要进行严控、严查、严防，这是中央要求。对此，我们设定没收违法所得、高额罚款，对情节严重的实行从业禁止、信用约束和联合惩戒等监管措施。

关于条例出台的时机，这是一项重大立法决策。考虑目前的经济形势，需要在综合考虑和审慎评估的基础上稳步推进。但我很乐观，我觉得为期不远。我们市场第一个履约期已经启动了，第二个履约期在即，我们需要有足够效力的法规文件支撑它。

现在支撑交易机制的文件就是生态环境部的部门规章，我们认为它效力层级过低。相信这个条例的出台是值得期待的，出台之后必将对碳排放权交易市场的覆盖范围、重点排放单位的确定、配额的分配、碳排放数据质量的监管、配额的清缴以及交易运行等机制做出统一规定，并进一步完善协同监管制度，更好防范市场运行的风险，从而促进全国碳排放权交易市场规范有序运行和健康持续发展，为我国"双碳"目标的实现提供有力的法律保障。

我还是要强调一下，我介绍的是在研究过程中我们认为需要回答的问题。由于条例还待审未定，我说的这些是介绍研究思路，一切以出台公布的条例为准。我很感谢您的关心，也期待您继续关注，条例出台之后帮我们宣传解读，谢谢。

环境健康工作取得积极成效

界面新闻记者：建立健全环境健康管理制度、强化环境健康管理对于提升环境风险管理能力具有重要意义。请问生态环境部在这方面做了哪些工作？取得了哪些进展？

别涛：感谢您关注环境健康这个话题。生态环境好不好，直接关系公众的身体健康。我前面说到，保障公众健康是环境保护的目标，是环境保护法的立法宗旨。环境健康是建设美丽中国和健康中国的纽带。为了深入贯彻党中央、国务院的部署要求，将健康风险防控融入生态环境管理，2005 年以来我们始终坚持预防为主、风险管理的原则，持续推动环境健康工作，并取得积极成效。我们具体做了以下工作：

一是探索构建环境健康管理制度体系。贯彻落实环境保护法，制订并实施《国家环境保护环境与健康工作办法（试行）》和 3 个环境健康工作五年规划，并将环境健康标准纳入国家生态环境标准体系，发布了现场调查、暴露评估和风险评估等 14 项技术规范。

二是进一步摸清环境健康底数。通过监测、调查、研究和环境综合治理效果评价，初步掌握了重点地区、重点流域和重点行业主要环境问题及其对人群健康影响的变化趋势，筛选出了一批具有较高环境健康风险的有毒有害污染物。

三是积极开展环境健康管理试点。机构改革以来，生态环境部已在上海市、四川省成都市、江苏省连云港市、浙江省云和县、山东省五莲县、湖北省十堰市武当山特区 6 个地区开展国家环境健康管理试点工作，在环境风险分区分级、环境影响评价、生态环境监测等领域，探索环境健康风险管理制度。

四是初步形成公众参与的良好氛围。我部于 2013 年首次提出了"环境健康素养"概念。2018 年组织完成了首次居民环境健康素养调查，将"居民环境健康素养水平"评价指标纳入健康中国行动目标。2020 年发布了《中国公民生态环境与健康素养》，加强科普宣传，普及环境健康知识。

环境健康问题非常复杂，在科学层面还存在很多不确定性。"十一五"以来，我们连续多年实施重点地区环境健康调查和监测，积累了一批基础数据，可用于识别高环境健康风险地区、行业及污染物，以及预测环境污染影响人群健康的发展趋势，实施环境健康风险管理。利用好这些研究成果，建立健全以维护公众健康为核心的精细化生态环境管理制度体系，是"十四五"时期环境健康工作需要重点推进的方向。

为了系统推进环境健康管理制度建设，近日，生态环境部印发了《"十四五"环境健康工作规划》，提出加强环境健康风险监测评估、大力提升居民环境健康素养、持续探索环境健康管理对策、增强环境健康技术支撑能力、打造环境健康专业人才队伍等任务。这里有几项我具体介绍一下。

从支撑防范环境风险、改善环境质量的现实需要出发，鼓励各地开展环境健康管理试点、参与儿童友好城市建设，总结提炼经过实践检验且行之有效的创新经验，探索将健康风险防控融入环境管理工作。

从提升环境管理的科学性和精准性、推动地方生态环境部门加强监管需要出发，加强对环境健康相关调查和监测数据的深入分析和应用，开展识别环境健康风险分布状况、监测风险发展趋势以及丰富风险评估参数等工作。

从推动公众参与出发，将提升公民环境健康素养作为一项重要任务，旨在通过提升公民环境健康素养，使人们认识到生态环境的价值及其对健康的影响，了解生态环境保护与健康风险防范的必要知识，践行绿色健康的生活方式，并具备一定保护生态环境、维护自身健康的行动能力。

良好的生态环境是人类健康生存和发展的基础。如何在经济社会发展过程中把环境健康风险控制在可接受范围内，需要在实践中不断努力探索。下一步，我们将着力实施《"十四五"环境健康工作规划》，并加强与卫生健康、科技等相关部门的沟通协作，持续深化环境健康管理试点工作，加快推进环境健康管理制度建设。

实施积极应对气候变化国家战略

中央广播电视总台（央视财经）记者：近日，生态环境部印发了《省级适应气候变化行动方案编制指南》，提出尽快启动省级适应气候变化行动方案编制工作。适应作为应对气候变化的一个重要方面，目前开展了哪些工作？取得了哪些进展？还存在哪些挑战？下一步还有何打算？

刘友宾：减缓和适应是应对气候变化的两大对策。适应不是无所作为，而是指通过加强对自然生态系统和经济社会系统的风险识别与管理，以减轻气候变化产生的不利影响。我国一贯坚持减缓和适应并重，实施积极应对气候变化国家战略。

为统筹推进适应气候变化工作，我国先后出台《国家适应气候变化战略》《城市适应气候变化行动方案》《国家适应气候变化战略 2035》等文件，为开展适应气候变化工作提供指导和依据。同时，在全国范围内确定了 28 个城市开展气候适应型城市建设试点工作，探索可复制、可推广的试点经验。

我国还积极开展适应气候变化国际合作。2018 年，中国和荷兰等国共同发起成立全球适应委员会；2019 年，全球适应中心第一个区域办公室——中国办公室在京成立，展现了中方重视和推动适应气候变化国际合作的决心。

当前和未来一段时期我国适应气候变化工作仍面临诸多挑战。一是基础性工作相对薄弱，全社会适应气候变化的意识有待增强。

二是治理体系有待完善，尚未形成气候系统观测—影响风险识别—采取适应行动—行动效果评估的工作体系。三是现有行动力度不足，重点领域、区域适应气候变化能力有待提升。

生态环境部将围绕国家战略部署，坚持主动适应、科学适应、系统适应、协同适应，会同有关部门进一步加强统筹指导和沟通协调，推动地方编制实施省级适应气候变化行动方案。同时积极拓展适应气候变化国际合作，充分借鉴国际经验，提高我国适应气候变化能力。力争到2025年，适应气候变化政策体系和体制机制基本形成，气候变化不利影响和风险评估水平有效提升；到2030年，适应气候变化技术体系和标准体系基本形成，各领域和区域适应气候变化行动全面开展；到2035年，全社会适应气候变化能力显著提升，气候适应型社会基本建成。

积极配合推动黄河保护法早日出台

封面新闻记者：今年6月，黄河保护法草案二审稿提交全国人大常委会第三十五次会议审议，生态环境部在配合黄河保护法立法方面做了哪些工作？黄河保护法对黄河流域生态环境保护起到怎样的作用？长江保护法为此次黄河保护立法积累了哪些经验？

9月

生态环境部法规与标准司副司长赵柯

赵柯：这个问题我来回答。谢谢您的提问。长江、黄河在我们中国人乃至在华人心中分量都是很重的，有一句歌词叫"长江长城，黄山黄河，在我心中重千斤"。长江、黄河都是中华民族的母亲河，事关中华民族的伟大复兴和永续发展。刚才刘司长介绍了长江、黄河攻坚战的进展情况，我们制订了攻坚战工作方案，如果有法律来保障，攻坚战无疑进展会更顺，效果会更好。

黄河保护立法是继长江保护法之后，最高立法机关组织开展的又一项重要的流域性立法，目的就是贯彻落实习近平生态文明思想，落实党中央、国务院对黄河流域生态保护和高质量发展的一系列决策部署。同时这个立法也是国家生态环境保护法律体系的一个重要而特殊的组成部分。

黄河保护法列入了全国人大 2021 年立法计划。国务院常务会在去年 10 月审议通过了黄河保护法草案。全国人大常委会在去年 12 月和今年 6 月两次审议了草案。

在这期间，生态环境部也承担了重要的工作任务，我们全程参与了立法调研和文本的起草，积极配合推动立法工作。根据立法工作的安排，我们进行了一系列的专题研究，比如流域规划体系研究、流域生态环境监管体制研究、生态保护修复制度研究、我们"老本行"污染防治制度的研究。在专题研究的基础上，我们提供了一系列的立法建议，推动黄河保护法形成科学有效的制度体系。

我们还积极贯彻落实党中央、国务院有关文件精神，推动将入河入海排污口监管、新污染物治理等一些改革措施上升为法律制度。我们还充分借鉴了长江保护法立法经验，在黄河保护法草案中进一步完善了流域统筹协调机制、生态环境分区管控、地方水污染物排放标准、生态流量、排污口排查整治等一些重要制度。

如果要归纳一下，分一下类，我们重点推动确立了三类制度：

第一，规划与管控制度，重点是加强"三线一单"生态环境分区管控，规定流域内的省级政府要根据生态环境和资源的利用状况，按照生态保护红线、环境质量底线、资源利用上限要求，制订生态环境分区管控方案和生态环境准入清单。

第二，山水林田湖草沙冰一体化的保护与修复制度，特别是黄河和长江有一些不同，长江主要是水污染问题，黄河还有自身独特的特点，就是水资源较为短缺，生态比较脆弱。针对黄河流域的特

9月

殊问题，我们要求加强生态流量管控，确定黄河干流、重要支流控制断面生态流量管控指标，以及重要湖泊生态水位的管控指标。

第三，污染防治制度。在黄河保护法草案中有一个专章规定污染防治，涵盖了环境标准、总量控制、重点河湖整治、地下水污染防治、排污口排查整治、农业面源污染防治等重要领域，特别是专门规定了有毒有害化学物质环境风险的评估与管控，以及新污染物的管控治理。这是第一次在法律层面对新污染物管控做出明确要求，这是法律制度的重大突破和创新。

下一步，生态环境部将按照全国人大立法工作的安排，继续积极配合推动黄河保护法早日出台。现在是 9 月，10 月下旬全国人大常委会将对黄河保护法草案进行第三次审议，让我们共同关注审议结果。谢谢。

生态环境损害赔偿制度改革取得显著成效

新黄河记者：作为生态文明制度体系的重要组成部分，生态环境损害赔偿制度改革试点、试行以来取得了哪些成效？今年以来有哪些典型案例？谢谢。

别涛：我来回答这个问题。感谢您关心这项生态改革制度，前面我说了，改革制度同时也是法律的创新。

生态环境损害赔偿制度是中央部署的一项改革任务，是生态文明制度改革体系的组成部分。2015 年，中共中央办公厅、国务院办公厅印发了《生态环境损害赔偿制度改革试点方案》，组织在全国7个省（直辖市）做部分试点。2017年年底，又印发了《生态环境损害赔偿制度改革方案》，2018年开始在全国试行。

各地方、各部门认真贯彻落实中央改革部署，现在经过六七年的试点、试行工作，初步构建起生态环境损害赔偿责任明确、途径畅通、技术规范、保障有力、赔偿到位、修复有效的制度体系。在推动国家和地方立法、规范磋商诉讼的规则、完善技术和资金保障、开展案例实践、推动修复受损的生态环境方面取得了明显成效，阶段性的改革任务也全面完成，主要有以下几个表现：

一是纳入国家法律和地方立法。截至去年年底，《中华人民共和国民法典》和《中华人民共和国固体废物污染环境防治法》等多部法律明确规定生态环境损害赔偿的内容和责任形式。另外，据不完全了解，福建、四川等21个省级行政区在地方立法中规定了生态环境损害赔偿制度，这是立法方面。

二是研究制定生态环境损害赔偿的规范性文件。经过中央全面深化改革委员会审议，生态环境部联合最高人民法院、最高人民检察院、司法部、公安部等部门共14家单位，于今年4月印发了《生态环境损害赔偿管理规定》。这项管理规定是生态环境损害赔偿的综合性和基础性制度依据和载体，某种意义上带有法规性文件的效力。

最高人民法院、最高人民检察院、财政部、司法部等有关部门、有关方面，分别印发了案件审理、公益诉讼、赔偿资金管理、司法鉴定等方面的指导性文件。

9月

三是持续探索地方配套制度，在这方面地方进展也很快。截至去年年底，我们了解到各地方共印发了有关生态环境损害赔偿磋商、赔偿的资金管理、修复以及生态修复效果的评估等方面的配套文件402份。

四是强化督察考核，2021年、2022年这两年，生态环境损害赔偿制度两次被纳入中央生态环境保护督察和中央对省级党委、政府的污染防治攻坚战考核。纳入督察和考核，有力增强了地方党委和政府牵头实施生态环境损害赔偿改革的动力。

天津等29个省级行政区将生态环境损害赔偿制度纳入地方考核，吉林等22个省级行政区将生态环境损害赔偿制度纳入了地方督察范围。

五是强化调度和督导，生态环境部作为牵头部门，2020年以来先后连续印发了3批案件线索清单，并将其转交移送地方核查之后按程序办理。生态环境部也直接调度了一批典型和有重要影响的案件，例如，宁夏美利纸业跨省污染案，由生态环境部指导协调推动。又如，2020年3月黑龙江伊春鹿鸣矿业尾矿泄漏污染重大案件。

同时，我们研究制订了生态环境损害鉴定评估推荐方法等10余份技术文件，联合国家市场监管总局印发了生态环境损害鉴定评估总纲等6项标准，推动组织生态环境损害鉴定与修复的国家重点实验室的建设。

这是我们做的主要工作。截至2021年年底，全国累计办理生态环境损害赔偿案件1.13万件，涉及的赔偿金额超过117亿元。推动修复土壤超过 3 700 万 m³，地下水 166 万 m³，地表水 3.7 亿 m³，林地 6 000 万 m²，农田 213 万 m²，清理固体废物 9 000 万 t。

下面我介绍 4 个典型案例。

第一个案例是黑龙江伊春鹿鸣矿业尾矿泄漏的生态环境损害赔偿案，这是一起典型的由突发环境事件导致的案件。2020 年 3 月 28 日，鹿鸣矿业的矿井井架倒塌，发生砂浆泄漏，造成当地河流污染，污染物钼浓度超标。经过鉴定评估，这次突发事件应赔偿的损害总金额是 9 326 万元。这起案件中，生态环境损害赔偿范围涉及两个地级市，因此当地的做法是由省级政府作为赔偿权利人和责任方进行磋商，通过磋商之后达成赔偿协议，由鹿鸣矿业承担赔偿责任，目前已履行到位。在应急处置过程中，当地同步启动了生态环境损害赔偿的前期工作，及时收集、固定证据，制订磋商方案。应急处置和损害赔偿形成有效联动，这个案子的磋商程序过程清晰完整，鉴定评估科学全面，在磋商协议中还确定了中长期生态环境监测和修复效果的评估机制，保证修复得到有效落实。

第二个案例是山东南四湖的污染损害赔偿系列案件。这起案件是由检察机关移交线索形成的。我这里表示赞赏，最高人民检察院在办理南四湖公益诉讼专案时，发现部分企业存在高盐废水治理措施不落实、超标排放含盐废水等违法行为，因此把这些违法线索移交到了山东省生态环境厅。山东省生态环境厅针对 33 家废水排放量大而且超标的煤矿企业，启动了生态环境损害索赔机制。这是全国首起针对硫酸盐、全盐量超标排放提起的生态环境损害赔偿系列案件。目前已经与 13 家企业签订协议，赔偿金额是 7.59 亿元，与其他企业的磋商工作正在进行中。当地还通过采取高盐废水项目的提标改造替代、生态环境修复等多种方式的结合，统筹推进南四湖流域生态环境修复。截至 2022 年 8 月，33 家企业已全部实现达标排放。

第三个案例是江西吉安的一个产业园相关企业违法排污案。这起案件是由中央生态环境保护督察发现的线索。去年 4 月，中央第四生态环境保护督察组发现江西吉安产业园内部分企业污染严重，园区企业涉嫌长期违法排污，周边群众反映强烈，经过调查监测评估确定，园区企业在生产过程中对周边大气、地表水造成了生态环境损害，共涉及金额达 3 861 万元。今年 8 月 18 日，吉安市生态环境局在江西省、市、县三级检察机关的共同见证下，与承担责任的 3 家公司签订了协议，由 3 家公司共同承担 3 861 万元。这个赔偿协议已经经过法院司法确认，并开展了园区的 3 000 多亩耕地以及周边 200 多亩耕地的管控和植物修复，后续还将进一步实施河塘沟渠的清理以及修复工程。

第四个案例是江苏南通明鑫化工有限公司生态环境损害赔偿案，金额不大但比较特殊，是全国首个探索实行惩罚性赔偿和替代性修复相结合的生态环境损害赔偿磋商成功案例。2021 年 12 月 3 日，南通明鑫化工有限公司在装卸化工燃料过程中发生了泄漏，处置过程中部分废水流入了当地的河流。经过鉴定评估，造成的损害不到 28 万元。到今年 3 月，南通市海安生态环境局在海安市检察院的见证下，与责任企业开展磋商、索赔达成一致意见。3 月 16 日签订了磋商赔偿协议，协议金额是 33.36 万元，其中惩罚性赔偿费用是 5.77 万元。总金额不大，但赔偿金额有 1/6 是惩罚性的赔偿费用，用于开展替代性的修复。当地开展增殖放流替代性修复，共购买了 60 多万尾鱼苗，在当地环保公益组织和居民的共同见证下向河流投放，改善当地的水生生态环境。本案引入了惩罚性赔偿和增殖放流替代修复，都是很好的探索。

刘友宾：今天的发布会到此结束。谢谢大家！

9月

9 月例行新闻发布会背景材料

十年来，在习近平生态文明思想和习近平法治思想的科学指引下，生态环境法治建设取得全方位、开创性、历史性成就。

一、生态环境法规方面

十年来，生态环境立法实现了从量到质的全面提升，务实管用、严格严密的生态环境保护法律法规体系已基本形成。最大的亮点：生态环境法律体系得到重构。

一是完善生态环境"基本法"。2014 年，全面修改生态环境领域的基础性、综合性法律——环境保护法。环境保护法在创新环保理念、强化政府责任、完善监管制度、加大惩治力度、推动信息公开、引入公益诉讼等方面取得了重大突破，确立了按日连续罚款等处罚规则，被誉为"史上最严"的环保法。

二是完善生态环境单项法。聚焦人民群众感受最深刻、要求最迫切的突出环境问题，配合全国人大常委会制（修）订了大气、水、土壤、固体废物、噪声、放射性等一批污染防治领域的专门法律和湿地保护、生物安全等生态要素方面的法律，用法治手段捍卫蓝天、碧水、净土。

三是创新流域、区域生态环境立法。配合全国人大常委会制定长江保护法、黑土地保护法，推动黄河保护法和青藏高原生态保护立法，全面提升绿水青山的"生态颜值"。支持京津冀、长三角、白洋淀流域等协同立法，通过"小快灵"立法解决跨区域生态环境问题，助推区域高质量发展。

四是构建更为科学合理的生态环境监管制度。推动建立以排污许可制度为核心的固定污染源管理制度体系。完善环境影响评价、总量控制、环境标准、环境监测、执法监管等基本制度。建立严惩重罚的法律责任追究机制。

五是加快推进党内法规建设，压实党委、政府责任。配合制定并实施中央生态环境保护督察、党政领导干部生态环境损害责任追究等专项党内法规，强化中央对地方党委、政府生态环境保护工作的督察问责，推动落实生态环境保护"党政同责""一岗双责"。

二、生态环境标准、基准、健康方面

（一）生态环境标准工作实现了"三个前所未有"

一是标准体系的发展速度前所未有。党的十八大以来不到十年时间（2012年11月8日—2022年9月9日），国家发布各类生态环境标准1 217项，占五十年生态环境标准累计总数的44%；省级人民政府依法备案地方环境质量标准和污染物排放标准265项，占五十年累计总数的77%。

二是环境质量标准的引领作用前所未有。首先，现行生态环境质量标准在制定过程中，综合考虑了当时我国经济社会和生态环境的实际状况和发展趋势，并与发达国家和国际组织标准比较、衔接，明确了较长时间的生态环境保护目标，具有一定超前性，能够引领和推动环境质量改善和经济社会发展绿色转型。其次，十年来，环境质量标准的实施情况发生了根本性、转折性变化。尽管1988年《中华人民共和国标准化法》和1990年《中华人民共和国标准化法实施条例》已明确将环境质量标准列为强制性标准，但如何保障其强制力是长期没有解决的难题。从2013年在重点区域74个城市实施《环境空气质量标准》（GB 3095—2012）开始，从监测评价到信息公开，从目标责任到考核督察，采取了一系列有力措施，使环境质量标准真正发挥了引领和促进作用，办成了这件事关长远的大事要事。

三是污染物排放标准的倒逼作用前所未有。首先，十年来污染物排放标准的排放要求逐步与国际接轨。举一个例子，现行水污染物排放标准规定的污染物项目共计158项，与美国同类标准的规定大体一致，但就排放限值而言，工业常规污染物和重金属排放限值与发达国家基本相当。其次，大气、水等污

9月

染防治法全面强化"超标即违法"原则，增加按日计罚、单位和个人双罚等超标处罚方式，加大处罚力度。上述这些污染物排放标准的制定与实施，既大幅降低了主要污染物排放量，也倒逼国内重点行业达到甚至超过发达国家同类行业的技术水平，推动了行业技术经济进步和产业结构优化升级。

（二）环境健康工作取得长足进步

一是制度探索步入新阶段。制定实施《国家环境保护环境与健康工作办法（试行）》和3个环境健康工作五年规划，将环境健康标准纳入国家生态环境标准体系，印发了现场调查、暴露评估和风险评估等14项技术规范。积极开展环境健康管理试点工作，探索将保障公众健康的理念融入生态环境治理和生态文明建设中去。

二是调查研究取得新进展。组织实施环境健康调查和监测，初步掌握了我国重点地区、重点流域和重点行业主要环境问题及其对人群健康影响的变化趋势。推动将调查发现的高环境健康风险行业和有毒有害污染物纳入重点管控范围，为生态环境管理决策提供重要依据。2项研究成果获得国家科技进步二等奖，3项研究成果获得省部级奖。

三是全民共建开创新局面。2013年首次提出"环境与健康素养"概念。2018年组织完成首次居民环境与健康素养调查，将"居民生态环境与健康素养水平"评价指标纳入健康中国行动目标。2020年发布《中国公民生态环境与健康素养》，建立素养监测工作网络，开发传播产品，举办宣传科普活动，持续激发全民参与热情。

（三）生态环境基准工作逐步加强

一是管理框架初步形成。印发《国家环境基准管理办法（试行）》《国家生态环境基准专家委员会章程（试行）》和4项水生态环境基准推导技术指南。

二是能力建设步伐加快。成立了国家生态环境基准专家委员会。建成了环境基准与风险评估国家重点实验室。启动了国家生态环境基准数据库建设工作。

三是基准实现零的突破。大气、水、土壤生态环境基准体系研究逐步深入，水生生物、营养盐、沉积物、感官和陆生生态等生态环境基准推导方法学研究全面展开，首批发布了4项国家水生态环境基准。

三、生态环境损害赔偿制度改革方面

（一）改革打破"无法可依"局面。抓住《中华人民共和国民法典》编纂机遇，在"侵权责任编"中专设"第七章 环境污染和生态破坏责任"，集中规定生态环境损害赔偿责任，将改革成果上升为国家基本法律内容，正式确立了生态环境损害赔偿责任制度。《中华人民共和国固体废物污染环境防治法》《中华人民共和国土壤污染防治法》等法律规定了生态环境损害赔偿内容。福建、四川等21个省级行政区将生态环境损害赔偿制度在地方条例中予以明确规定。

（二）制度体系建设呈现"井喷式"增长。会同有关国家机关，制定并联合印发《生态环境损害赔偿管理规定》《关于推进生态环境损害赔偿制度改革若干具体问题的意见》《〈生态环境损害赔偿制度改革方案〉有关部门重点任务分工》《生态环境损害赔偿资金管理办法（试行）》等制度文件。印发生态环境损害鉴定评估推荐方法等技术文件，会同国家市场监管总局印发6项生态环境损害鉴定评估国家标准，初步覆盖了全环境要素。各地制订并印发了赔偿案件办理中涉及的线索筛查、鉴定评估、磋商程序、资金管理等方面的402份配套文件，有效提高了制度实施的可操作性。

（三）受损生态环境得到有效修复。截至2021年年底，全国已累计办理生态环境损害赔偿案件约1.13万件，涉及赔偿金额超过117亿元，推动修复土壤超过3 700万 m^3、林地6 000万 m^2、农田213万 m^2、地表水3.7亿 m^3、地下水166万 m^3、清理固体废物9 000万 t。

四、生态环境法治政府建设与普法方面

（一）贯彻落实习近平法治思想。印发《环境保护部落实〈法治政府建设实施纲要（2015—2020年）〉实施方案》《关于深化生态环境领域依法行政 持续强化依法治污的指导意见》等文件，全面部署和推动全国生态环境系统学习贯彻习近平生态文明思想、习近平法治思想，坚持依法治污，用法律武器治理环境污染，用法治力量保护生态环境。

（二）扎实推进法治政府建设。十年来，按照党中央、国务院部署，制订行政规范性文件和管理办法，完善合法性审核与公平竞争审查联动机制，先后结合《中华人民共和国民法典》《中华人民共和国行政处罚法》《中华人民共和国长江保护法》等持续开展规范性文件清理，提高发文质量，确保生态环境"红头文件"守法合规。坚持复议为民原则，加大对违法行政行为的纠错力度，严格依法办理行政复议与行政应诉案件 1 464 件，做出撤销、确认违法、责令履责等纠错类行政复议决定 105 件，十年来平均纠错率为 9.2%（全国各级行政复议机构同期纠错率为 13.6%），切实保障当事人合法权益。扎实推进重大执法决定法制审核和法律顾问制度。印发《生态环境部重大执法决定法制审核实施办法（试行）》，保障重大执法决定的合法性。组织起草《生态环境部行政许可标准化指南（2019 版）》，进一步规范行政许可活动，优化行政许可事项服务流程。加强生态环境部法律顾问队伍建设，设置首席法律顾问，确保部重大决策部署依法依规。

（三）认真落实普法责任制。印发《关于开展环境法制宣传教育的第六个五年规划》《环境法治宣传教育第七个五年规划（2016—2020 年）》《关于落实"谁执法谁普法"普法责任制的实施意见》等文件，统筹部署生态环境普法工作。开展形式丰富的普法宣传，十年连续在生态环境部例行新闻发布会上系统介绍生态环境法规与标准工作进展和成效；开展生态环境法律法规释义和学习读本等图书的编撰；举办"环保系统公务员学法用法征文"活动；充分利用中宣部、司法部、全国普法办推荐全国先进典型评选契机，在全国生态环境系统树立生态环境保护法治典型，并通过主流媒体宣传，在全社会营造良好的生态环境法治氛围。

五、下一步展望

一是持续深入学习宣传贯彻习近平法治思想。全面实施依法治污意见。

运用法治思维和法治方式统筹推进污染治理、生态保护、应对气候变化。

二是推进生态环境保护法律法规体系建设。配合全国人大及其常委会对现有生态环境保护法律进行梳理,推动解决法律实施中存在的不适应、不协调、不一致问题,使生态环保法律体系更加科学完备、协调统一。

三是继续完善国家标准体系,全面推进各领域生态环境标准发展。尤其是加快制(修)订生态保护监管、新污染物治理、碳排放核算和交易等方面标准规范,并梳理研究现行标准共性技术内容,增强标准体系协调性。

四是进一步加强生态环境损害赔偿制度建设。推动改革在法治的轨道上,向常态化、规范化、科学化转变。

9月

10 月例行新闻发布会实录
——聚焦应对气候变化

2022 年 10 月 27 日

10 月 27 日，生态环境部举行 10 月例行新闻发布会。生态环境部应对气候变化司司长李高出席发布会，发布《中国应对气候变化的政策与行动 2022 年度报告》，介绍我国应对气候变化工作有关情况。生态环境部新闻发言人刘友宾主持发布会，通报近期生态环境保护重点工作进展，并共同回答了记者的提问。

10_月

10 月例行新闻发布会现场（1）

10 月例行新闻发布会现场（2）

刘友宾：新闻界的朋友们，上午好！欢迎参加生态环境部 10 月例行新闻发布会。

党的二十大刚刚胜利闭幕，学习宣传贯彻党的二十大精神，是当前和今后一段时期首要的政治任务。党的二十大报告指出，积极稳妥推进碳达峰、碳中和，积极参与应对气候变化全球治理。党的二十大报告对应对气候变化工作提出要求，做出部署，我们将认真抓好贯彻落实。

今天我们邀请到应对气候变化司司长李高先生，发布《中国应对气候变化的政策与行动 2022 年度报告》，介绍我国应对气候变化工作有关情况，并回答大家关心的问题。

下面，我先通报我部近期重点工作。

生态环境部认真学习贯彻党的二十大精神

10 月 16—22 日，中国共产党第二十次全国代表大会在北京胜利召开，这是党和国家政治生活中的一件大事，在党和国家历史上具有重要里程碑意义。

生态环境部把学习宣传贯彻党的二十大精神作为部系统的首要政治任务，迅速组织召开部党组会议、部系统干部大会，兴起学习宣传贯彻热潮。

生态环境部深入领会习近平总书记提出的"五个牢牢把握"。一是在牢牢把握过去五年工作和新时代十年伟大变革的重大意义中，进一步增强忠诚拥护"两个维护"的思想自觉、政治自觉、行动自觉。

10月

二是在牢牢把握新时代中国特色社会主义思想的世界观和方法论中，更加自觉用党的创新理论武装头脑、指导实践、推动工作。三是在牢牢把握以中国式现代化推进中华民族伟大复兴的使命任务中，更加奋发有为建设人与自然和谐共生的美丽中国。四是在牢牢把握以伟大自我革命引领伟大社会革命的重要要求中，更加深入推进全面从严治党。五是在牢牢把握团结奋斗的时代要求中，更加坚定当好生态环境卫士。

当前和今后一段时期，生态环境部将全力推动党的二十大精神在部系统落地落实，奋力开创生态环境保护工作新局面。

一是谋划组织好部系统学习宣传贯彻活动。引导广大党员干部深入领会蕴含其中的重要思想、重要观点、重大战略、重大举措，切实把思想和行动统一到党的二十大精神上来。

二是深入研究党的二十大对生态环境保护的新部署、新要求。加快发展方式绿色转型，深入推进环境污染防治，提升生态系统的多样性、稳定性、持续性，积极稳妥推进碳达峰、碳中和。

三是认真落实党的二十大关于全面从严治党的决策部署。始终把政治建设摆在首位，始终注重思想建党、理论强党，始终着力夯实组织基础，始终强化赓续精神血脉，始终抓好政治担当和责任落实，始终坚持制度治党、依规治党。

四是做好岁末年初各项工作。紧盯污染防治攻坚战重点领域和重点问题精准发力、持续发力，积极服务经济社会发展大局，开好《生物多样性公约》第十五次缔约方大会及《联合国气候变化框架公约》

第二十七次缔约方会议，慎终如始做好疫情防控生态环境保护工作。

刘友宾：下面，请李高司长介绍情况。

生态环境部应对气候变化司司长李高

《中国应对气候变化的政策与行动 2022 年度报告》发布

李高：各位媒体朋友，大家上午好！

非常高兴向大家介绍我国应对气候变化工作的进展并发布《中国应对气候变化的政策与行动 2022 年度报告》（以下简称《年度报告》）。这个小册子在会前已经发给大家。借此机会对各位媒体朋友长期以来对应对气候变化工作的关心和支持表示衷心的感谢！

10月

气候变化是全人类面临的严峻挑战。中国始终高度重视应对气候变化，党的十八大以来，我们以习近平生态文明思想为指导，坚定实施积极应对气候变化国家战略，应对气候变化工作取得积极进展，单位国内生产总值二氧化碳排放显著下降，扭转了二氧化碳排放快速增长的态势，能源、产业结构持续优化，低碳发展体制机制不断完善，全国碳排放权交易市场建设扎实推进，森林碳汇持续增长，适应气候变化能力不断提升。同时，我们坚持多边主义，坚持共同但有区别的责任等原则，积极建设性参与应对气候变化全球治理，深入开展气候变化"南南合作"，逐步成为全球生态文明建设的重要参与者、贡献者和引领者。

习近平总书记在党的二十大报告中提出，要统筹产业结构调整、污染治理、生态保护、应对气候变化，协同推进降碳、减污、扩绿、增长；要加快发展方式绿色转型，推动形成绿色低碳的生产、生活方式；积极稳妥推进碳达峰、碳中和工作，立足我国能源资源禀赋，坚持先立后破，有计划分步骤实施碳达峰行动；积极参与应对气候变化全球治理，为我们做好下一步应对气候变化工作指明了方向。

今年，我部按惯例编制《年度报告》，内容包括中国应对气候变化新部署、积极减缓气候变化、主动适应气候变化、完善政策体系和支撑保障、积极参与应对气候变化全球治理五个方面。《年度报告》全面总结了2021年以来我国应对气候变化工作的新进展和新成效，以及为推动应对气候变化全球治理所做出的贡献。《年度报告》还阐述了中方关于《联合国气候变化框架公约》第二十七次缔约方大会（COP27）的基本立场和主张。

COP27 即将在埃及沙姆沙伊赫召开，这是气候多边进程中的一次重要会议，中方愿意发挥积极建设性作用，与各方一道按照公开透明、广泛参与、缔约方驱动、协商一致的原则，将 COP27 打造成以"落实"为主题、以"适应和资金"为成果亮点的大会。

下一步，我们将坚决贯彻落实党的二十大报告有关部署，全力做好新形势下应对气候变化工作，并愿与国际社会一道，推动《巴黎协定》全面、平衡、有效实施，共建公平合理、合作共赢的应对气候变化全球治理体系。

下面，我愿意回答记者朋友们的提问。谢谢大家！

刘友宾：下面，请大家提问。

中国始终高度重视应对气候变化

《21世纪经济报道》记者：党的二十大报告提出，积极稳妥推进碳达峰、碳中和工作，立足我国能源资源禀赋，坚持先立后破，有计划分步骤实施碳达峰行动，推动能源革命，加强煤炭清洁高效利用，加快规划建设新型能源体系，积极参与应对气候变化全球治理。下一步生态环境部将如何实施党的二十大提出的有关要求？

李高：谢谢您的提问。我国始终高度重视应对气候变化工作，把应对气候变化作为推进生态文明建设、实现高质量发展的重要抓手，持续实施积极应对气候变化国家战略。我们采取调整产业结构、优化能源结构、提高节能能效、建立市场机制等一系列政策措施，取得了突出成效。经初步核算，2021年中国单位国内生产总值二氧化碳排放比2005年下降了50.8%，非化石能源占能源消费比重达到16.6%，我们成功启动了全球覆盖温室气体排放量最大的碳排放权交易市场，扭转了二氧化碳排放快速增长的态势，这是非常了不起的成绩。我国积极推动《巴黎协定》的达成生效和全面有效实施，持续开展应对气候变化的"南南合作"。经过不懈努力，实现了经济发展与减污降碳的双赢，绿色日益成为经济社会高质量发展的鲜明底色。从国际层面，我们为推动构建公平合理、合作共赢的应对气候变化全球治理体系做出了突出的中国贡献。

今天发布的《年度报告》，从应对气候变化的新部署、减缓和适应气候变化、政策体系和政策保障、积极参与应对气候变化全球治理等方面全面展示了2021年以来我国应对气候变化工作的新进展。

未来五年是全面建设社会主义现代化国家开局起步的关键时期，我国生态文明建设已经进入了以降碳为重点战略方向、推动减污降碳协同增效、促进经济社会发展全面绿色转型、实现生态环境质量改善由量变到质变的关键时期。党的二十大报告为我国进一步做好应对气候变化工作指明了方向。下一步，我们要继续实施积极应对气候变化国家战略，围绕落实好党的二十大报告有关部署，坚持统筹产业结构调整、污染治理、生态保护、应对气候变化，协同推进降碳、减污、扩绿、增长，坚持系统观念，处理好发展和减排、整体和局部、长远目标和短期目标、政府和市场的关系，推动应对气候变化工作不断取得新的进展。

一是坚持把减污降碳协同增效作为促进经济社会发展全面绿色转型的总抓手，强化源头治理、系统治理、综合治理，落实"十四五"碳强度下降的目标任务，加快建立统一规范的碳排放统计核算体系，推动能耗"双控"向碳排放强度和总量"双控"转变。

二是积极稳妥推进"双碳"工作，落实好碳达峰、碳中和的"1+N"政策体系，加快推动重点领域绿色低碳转型，在降碳的同时确保能源安全、产业链供应链安全、粮食安全，确保群众的正常生活。

三是稳妥有序地推进全国碳排放交易市场建设，牢牢把握碳排放权交易市场作为控制温室气体排放工具的政策定位，加快推进新的履约周期相关工作，持续健全法律法规和政策体系，建立健全数据质量管理长效机制，逐步扩大全国碳排放权交易市场行业覆盖范围，进一步丰富交易主体、交易品种和交易方式，同时要在进一步完善制度设计的基础上，启动温室气体自愿减排交易机制。

四是开展全方位深层次、多角度的应对气候变化宣传普及，倡导形成绿色低碳的生产生活方式和消费方式，持续开展应对气候变化的能力建设。

五是推动落实《国家适应气候变化战略2035》，加快气候变化监测预警和风险管理，完善气候变化观测网络，加强气候变化影响和风险评估，推进重点领域适应工作，全面提升适应能力。

六是积极参与应对气候变化全球治理，坚持可持续发展，坚持多边主义，坚持共同但有区别的责任原则，坚持合作共赢，坚持言出必行。积极建设性参与气候变化多边进程，实施《联合国气候变化框架公约》及其《巴黎协定》，支持发展中国家的合理诉求，维护发展中国家的整体利益，深入开展气候变化"南南合作"，为推动构建公平合理、合作共赢的应对气候变化全球治理体系不断贡献中国智慧、中国力量和中国方案。谢谢。

进一步提升气候变化监测预警和风险管理

中国新闻社记者：近年来全球极端天气频发，这给我国气候变化治理工作带来了哪些挑战？我们注意到今年我国发布了《国家适应气候变化战略2035》，针对今年夏季部分地区的极端天气将有哪些应对措施，下一步预计将如何加强气候变化的监测预警和风险管理？谢谢。

李高：谢谢您的提问。我国气候条件复杂，生态环境整体脆弱，是最容易受到气候变化不利影响的国家之一。今年夏天，我国部分地区极端天气多发、频发，给人们的生产、生活带来严重影响。总体来看，近年来在全球气候变化的大背景下，我国也呈现出极端气候事件增多、增强的趋势。暴雨、洪涝、高温、干旱、低温等出现了极端性强、区域阶段性明显，异常情况多发、频发的特点，影响范围和造成的损失也进一步加大，对我们增强适应气候变化的能力提出了更高要求。

今年，我们印发了《国家适应气候变化战略2035》，对标美丽中国建设，统筹谋划我国到 2035 年的适应气候变化工作，围绕落实《国家适应气候变化战略 2035》，生态环境部将积极推动以下几项工作。

一是指导地方编制省级适应气候变化行动方案，推动地方开展适应气候变化工作。我们印发了《省级适应气候变化行动方案编制指南》，还将面向地方开展专项培训，加强对地方适应气候变化工作的指导。

二是深化气候适应型城市建设试点。在前期试点的基础上，进一步探索气候适应型城市建设的机制和模式，总结推广可复制的经验和做法，不断提升城市气候韧性。

三是加强适应气候变化的能力建设，加强科普宣传和公众教育，推动部际资源、信息、数据等交流共享，加强适应气候变化工作队伍和能力建设。

四是积极拓展适应气候变化的国际合作，认真学习借鉴国际先进经验，同时也宣传介绍中国在适应气候变化领域好的做法和实践经验。

同时，我们还将与有关部门加强沟通协调，在完善气候变化观测网络、强化气候变化监测预测预警、加强气候变化影响和风险评估，强化综合减灾防灾等方面进一步形成合力，提升我国气候变化监测预警和风险管理能力、水平。谢谢。

10月

全国碳排放权交易市场框架制度基本建立

封面新闻记者：一年来全国碳排放权交易市场运行情况如何？怎么评价一年来碳排放权交易市场发挥的作用？下一步还有什么计划？

李高：谢谢您的提问。2018 年以来，我部在碳排放权交易试点探索和前期工作的基础上，从制度体系、基础设施、数据管理和能力建设等方面入手，扎实推进全国碳排放权交易市场建设各项工作。2021 年 7 月，全国碳排放权交易市场正式启动上线交易。总体来看，经过第一个履约周期的建设和运行，全国碳排放权交易市场已经建立起基本的框架制度，打通了各关键流程环节，初步发挥了碳价发现机制作用，有效提升了企业减排温室气体和加快绿色低碳转型的意识和能力，实现了预期目标。

截至 2022 年 10 月 21 日，碳排放配额累计成交量 1.96 亿 t，累计成交额 85.8 亿元，市场运行总体平稳有序。针对碳排放权交易市场运行初期的数据质量问题，我们向社会公开 4 家机构碳排放报告弄虚作假的典型案例，开展专项监督帮扶，严厉查处各类数据造假行为，产生了强大的震慑作用。在全面总结第一个履约周期实践经验的基础上，我们正在抓紧推动新履约周期的各项准备工作，相关配额分配方案将于近期公开征求意见。

下一步，我们将落实党的二十大报告要求，重点围绕以下几个方面扎实推进全国碳排放权交易市场建设。一是健全全国碳排放权交易市场法律法规和政策体系。特别要积极推动碳排放权交易管理暂行条例的出台，同时要完善相关的配套制度和相关的技术规范。二是强化数据质量管理。数据质量是全国碳排放权交易市场的生命线，我部将一手抓严控、严查、严罚，保持对碳排放数据造假"零容忍"的高压态势，切实提升数据质量；另一手抓政策制度体系的完善，建立健全碳排放数据质量管理长效机制，持续完善核算报告与核查相关技术规范，建立健全数据质量的日常监管机制，加强技术服务机构的监督管理，完善全国碳排放权交易市场监管平台的服务功能，建立健全信息公开和征信惩戒的管理机制，加大对违法违规行为的惩处力度。三是进一步强化市场功能。在碳排放权交易市场平稳运行的基础上，逐步扩大全国碳排放权交易市场的行业覆盖范围，丰富交易主体、交易品种和交易方式。四是进一步完善国家自愿减排交易机制，研究制订相关的交易管理办法和配套制度规范。五是加强市场主体能力建设，围绕碳排放权交易市场法律法规、技术规范等重要文件，对市场主体进一步开展系统培训，进一步提升市场主体的综合能力。通过更好地发挥碳排放权交易市场的激励约束机制作用，助力碳达峰、碳中和。谢谢大家。

中方支持埃及举办一届成功的气候变化大会

《人民日报》记者：COP27 临近召开，中国有何诉求和期待？中国将在 COP27 上发挥什么样的作用？如何敦促发达国家落实每年 1 000 亿美元气候援助的承诺？

10月

479

李高：谢谢您的提问。COP27 即将在埃及沙姆沙伊赫举行，受到了国际社会的高度关注。这次会议在发展中国家召开，应当切实回应发展中国家的关切，反映发展中国家的诉求。中方支持埃及举办一届成功的缔约方大会。我们中国代表团已经组成，部分代表将于本周末出发。我们期待与各方一道将 COP27 打造成为以"落实"为主题，以发展中国家最为关心的"适应和资金"为成果亮点的大会。

《联合国气候变化框架公约》是国际社会应对气候变化的法律基础。今年是《联合国气候变化框架公约》达成三十周年，各方应当以此为契机，坚持《联合国气候变化框架公约》的主渠道地位，坚持《巴黎协定》"加强《联合国气候变化框架公约》实施"的定位，全面准确落实《联合国气候变化框架公约》及其《巴黎协定》的目标原则，特别是共同但有区别的责任等原则和国家自主贡献的制度安排，坚持"2℃以内、争取 1.5℃"的全球温控目标，共建公平合理、合作共赢的应对气候变化全球治理体系。

目前，大多数缔约方已提出了各自的国家自主贡献目标。提出目标是重要的，但同样重要甚至更加重要的是切实将目标落实到行动上，这是有效应对全球气候变化的根本出路。COP27 应当倡导各方将已经提出的国家自主贡献目标转化为有效的政策、扎实的行动、具体的项目，而不是现有的目标还没有落实又急于提出新的目标。我们认为空喊口号不是雄心，落实目标才能展现真正的雄心，这也是 COP27 将"落实"作为主题的意义所在。

适应是发展中国家的核心关切，长期以来在多边进程中没有得到应有的重视。COP27应着力推动"格拉斯哥—沙姆沙伊赫全球适应目标工作方案"取得实质成果，为明年在COP28达成有力度、可操作的全球适应目标奠定坚实基础。中方支持联合国秘书长古特雷斯关于建立全球早期预警系统的倡议。发达国家要加大对发展中国家适应行动的资金支持力度，提出适应资金翻倍的路线图。

在资金问题上，发达国家在2009年做出到2020年每年提供1 000亿美元资金支持的承诺，但迄今尚未兑现。这不仅对发展中国家开展气候行动造成了严重影响和阻碍，还严重损害了发达国家和发展中国家之间的政治互信。我们敦促发达国家尽快兑现每年1 000亿美元的资金支持承诺，而不是仅仅在COP27期间提交一份给迟迟没有兑现资金承诺找原因、找借口的报告。目前，很多发展中国家的自主贡献都提出了对发达国家资金支持的要求，发达国家应当根据发展中国家的需求，以1 000亿美元为起点制订更富雄心的2021—2025年气候资金路线图以及2025年后发达国家新的集体量化资金目标，以增进南北互信和行动合力。

中方愿意发挥积极的建设性作用，与各方一道按照公开透明、广泛参与、缔约方驱动、协商一致的原则，共同推动COP27取得反映发展中国家关切、符合发展中国家利益的积极成果。

在这里我还要强调，气候变化事关人类未来，只有各方通力合作才能有效应对。我们要坚持真正的多边主义，摒弃任何形式的单边措施和把气候问题政治化的"小圈子"，反对以任何理由搞逆全球化的脱钩断链。近年来，中国可再生能源特别是光伏产业快速发展，

10月

生产了全球80%的光伏组件并出口到全世界，大大降低了全球光伏产品的价格，为应对全球气候变化做出了重要贡献。而某些发达国家却罔顾事实、编造理由，极力打压中国的光伏企业，不仅损害了中国企业的利益，也损害了这些国家的利益，更损害了全球应对气候变化的集体努力，损害了全人类的共同利益。我们希望有关国家认真履行应对气候变化的历史责任和应尽的国际义务，回到合作应对气候变化的正确轨道上来。谢谢。

加强与太平洋岛国应对气候变化合作

《环球时报》记者：我们关注中国和太平洋岛国气候合作，今年4月，中国—太平洋岛国应对气候变化合作中心开始运行，9月，我们与部分岛国进行了气候变化对话交流，中国和太平洋岛国在气候合作方面有什么进展和计划？

李高：谢谢您的提问。我国长期开展应对气候变化的"南南合作"，尽己所能帮助其他发展中国家提升应对气候变化的能力。太平洋岛国是我们开展应对气候变化"南南合作"的重点之一。目前，我国已经与汤加、萨摩亚、斐济、基里巴斯4个太平洋岛国签署了5份应对气候变化"南南合作"物资援助的项目文件，并且举办了4期面向南太岛国能力建设的培训班，为这些国家累计培训了近百名应对气候变化的专业人员。

今年4月，中国—太平洋岛国应对气候变化合作中心正式启动，对加强中国与太平洋岛国之间应对气候变化交流，推动开展务实合作具有重要意义。9月，中国—太平洋岛国应对气候变化对话交流会召开，中国气候变化事务特使解振华与汤加、斐济、密克罗尼西亚、所罗门群岛、基里巴斯、萨摩亚、瓦努阿图7个太平洋岛国的驻华使节就应对气候变化政策行动、COP27成果预期、气候变化"南南合作"需求交换了意见。今年12月，我们将举办第五期面向南太平洋岛国的应对气候变化"南南合作"能力建设培训班，通过拓展合作领域，创新设计合作项目，持续开展能力建设培训等方式，帮助南太平洋岛国提升应对气候变化的能力，同时在应对气候变化多边进程中我们也将加强与南太平洋岛国的沟通交流，进一步协调立场，共同维护发展中国家的共同利益。

中国正加快推进全国统一的自愿减排交易市场建设

《中国日报》记者：中国今年是否会考虑重启CCER，以满足碳排放权交易市场运行过程中对CCER的需求？

李高：谢谢您的提问。温室气体自愿减排交易市场是全国碳排放权交易市场的一个有益补充，全国碳排放权交易市场包括一个强制的市场和一个自愿的市场。启动自愿减排交易市场有利于充分调动全社会力量共同参与应对气候变化工作，也为社会和企业参与这项工作提供了一个新的平台，有助于推动实现"双碳"目标。

10月

目前，我部正在按照党中央、国务院《关于加快建设全国统一大市场的意见》要求，从以下三个方面来加快推进全国统一的自愿减排交易市场建设。一是做好顶层制度设计。以服务"双碳"目标为根本出发点，组织修订《温室气体自愿减排交易管理暂行办法》，确立自愿减排交易市场的基本管理制度和参与各方权责，统筹碳排放权交易市场和自愿减排交易市场。二是开展配套制度规范的制（修）订工作。同步推进项目开发指南、审定与核查规则、注册登记和交易规则、方法学等重要配套管理制度和技术规范研究，力争构建起规范高效、公平公开的市场监管体系和严谨科学的数据质量控制体系。三是稳步推进市场基础设施建设。我们组织开展自愿减排注册登记系统和交易系统建设，为市场稳定启动和运行搭建可靠的公共基础设施。

下一步，我们将加快推动温室气体自愿减排交易市场建设的各项工作取得实效，力争尽早启动符合中国国情、体现中国特色的温室气体自愿减排交易市场，同时要切实维护市场的诚信、公平、透明，强化社会监督，发挥好自愿减排交易市场的作用。

积极探索开展碳足迹评价工作

《南方周末》记者：碳壁垒已经成为国际贸易中的新技术壁垒，电池、光伏等产业面临出口产品的碳足迹合规风险，请问我国如何建立这些行业的碳足迹评价标准并开展认证？谢谢。

李高：谢谢您的提问。欧盟制订的碳边境调节机制实际上是设置了新的准入门槛，会导致我国相关产品出口难度增加。我们反对以气候变化为名设立任何形式的贸易和技术壁垒，这是一种单边措施，在道义上站不住脚，在实践上也不利于应对全球气候变化的挑战。

同时，我们从国内落实"双碳"目标的工作需求来看，也有必要开展碳足迹评价，推动建立碳标签制度等一系列工作，这也有利于强化企业控制温室气体排放的主体责任，提升品牌价值，增强公众积极应对气候变化的意识，营造绿色低碳发展的良好氛围，同时也有利于推动我国的重点产品出口和提升相关产业国际市场竞争力。

我们在碳足迹和碳标识领域开展了一些探索，已指导有关行业协会，发布了包括 LED 照明、电视机、微型计算机等产品碳足迹评价的团体标准。2021 年 10 月，国务院印发的《2030 年前碳达峰行动方案》明确提出建立重点企业碳排放核算、报告、核查等标准，探索建立重点产品全生命周期碳足迹标准，在这个方面，我们还有大量的工作要做。初步考虑我们会从以下几个方面展开。

一是建立健全重点产品碳排放核算的方法，研究产品碳排放核算通则和重点行业产品碳排放的核算细则。会同行业主管部门推进重点行业产品碳排放核算细则方法研究和发布。二是推动建立产品全生命周期的碳排放基础数据库。三是会同有关部门开展我国产品碳足迹、碳标签的制度研究，推动相关制度的建立。四是配合有关部门探索建立更加适应国际贸易新形势、新规则的认证体系，开展灵活务实的多双边合格评定的互认合作。谢谢。

10月

积极安排部署秋冬季大气污染防治和清洁取暖工作

中央广播电视总台央视记者： 前段时间，北京等地出现了空气污染过程。请问今年秋冬季的大气环境形势怎么样？生态环境部有何部署？在推进清洁取暖过程中，今年有什么考虑？

刘友宾： 近年来，在党中央、国务院的坚强领导下，各地区、各部门紧密协作，社会各界积极参与，我国空气质量持续改善，人民群众的蓝天获得感越来越强。同时我们也非常清醒地认识到，我国空气质量的改善是一个长期过程，不可能一蹴而就，一些重点区域大气污染物排放总量仍然偏高，特别是在秋冬季，一旦遇到不利气象条件，环境容量降低，空气质量还会出现波动。

10月正处于秋冬季节转换期，气温、湿度昼夜变化大，京津冀及周边地区在低压、高湿、强逆温等不利气象条件影响下，容易出现污染过程。北京市近期出现的污染过程，均受到类似不利气象条件影响。

根据预测，今年秋冬季，亚洲中高纬地区以纬向环流为主，我国东部地区气温偏高、降水偏少的可能性较大；京津冀及周边地区、汾渭平原、长三角等重点地区大气污染气象条件较为不利。

生态环境部将密切关注空气质量变化态势，统筹做好疫情防控、经济社会发展和生态环境保护工作，突出精准治污、科学治污、依法治污，积极安排部署秋冬季大气污染防治工作。

一是持续推进大气污染治理重点任务。高质量推进钢铁超低排放改造，加强 VOCs 治理以及工业炉窑、燃煤锅炉综合整治，稳妥推进北方地区清洁取暖，有序实施散煤治理、移动源污染防治、秸秆禁烧等工作。

二是强化区域联防联控，有效应对重污染天气。一旦预测到重污染过程，将指导各地落实应急预案，持续深化企业绩效分级分类管控，依法严肃查处恶意排污等行为，切实降低污染程度。

三是继续组织开展大气污染防治监督帮扶。以线上、线下相结合的方式实施监督帮扶，突出标本兼治，发挥科技支撑作用，强化协同作战，推动各项治理措施落地见效。

当前，北方地区正在陆续进入取暖季。推进北方地区冬季清洁取暖是一项民生工程，是改善大气环境质量的重大举措，意义重大。2022 年，生态环境部将继续配合相关部门做好清洁取暖工作，坚持先立后破、不立不破，对于进入供暖季后未完成改造的，仍继续沿用原供暖方式；今年新改造尚不具备安全稳定通气条件的、尚未经过一年实际运行检验的，不拆除原有燃煤取暖设施；山区等暂不具备改造条件的地区，可以使用洁净煤等方式采暖，确保群众温暖过冬。

同时，加大政策支持力度，积极配合国家发展改革委等部门加快推进天然气产供储销体系建设，坚持合同化保供，优化天然气使用方向，强化居民用气保障力度。配合财政部安排清洁取暖运营补贴，2021 年 10 月底，已下达 2022 年清洁取暖运营补贴 53.5 亿元，重点向农村低收入人群和困难群众倾斜。

生态环境部将加强调度抽查，重点关注是否存在未立先破等影响群众温暖过冬的突出问题，对涉及清洁取暖的投诉，及时调度地方政府相关部门现场核实，督促第一时间解决问题，切实让人民群众清洁取暖、温暖过冬。

积极推动气候投融资工作

《南方都市报》记者： 此前，生态环境部等九部门联合发布《关于开展气候投融资试点工作的通知》。我国气候投融资目前的发展情况如何？在推进气候投融资发展方面，生态环境部采取了哪些举措？

李高： 谢谢您的提问。实施积极应对气候变化国家战略和实现"双碳"目标，离不开大量、有效的资金支持。我们推动开展气候投融资工作，目的就是引导和促进更多社会资金投向应对气候变化减缓和适应的领域，这是应对气候变化工作的重要组成部分，也是推动实现"双碳"目标的有力抓手，同时也是创新性很强的工作。

最近几年，生态环境部会同有关部门积极推动气候投融资工作，逐步形成了以顶层设计、试点示范、人才队伍建设为核心，多部门、多行业、多领域、中央和地方协同发力的工作格局。2019 年 8 月，生态环境部会同有关部门，推动成立了中国环境科学学会气候投融资专业委员会，为气候投融资领域的信息交流、政策标准研究、产融对接和国际合作搭建了平台。2020 年 10 月，生态环境部会同国家发展改革委、中国人民银行、中国银保监会、中国证监会联合印发了《关于促进应对气候变化投融资的指导意见》，对这项工作进行了系统部署。2021年12月，生态环境部牵头九部委联合印发了《关于开展气候投融资试点工作的通知》，正式启动气候投融资试点工作，这项工作的目标是推动探索形成可复制、可推广的气候投融资先进经验和优秀实践。今年8月，九部委联合公布了气候投融资试点名单，确定了第一批23个地方入选气候投融资试点。

下一步，我们将会同有关部门围绕开展气候投融资试点，从以下五个方面进一步深化气候投融资工作。

一是引导试点地方搭建"政银企"信息对接平台。指导试点地方积极挖掘和培育气候项目，推动地方建立本区域的气候投融资项目库，建立并规范项目的入库标准，确保入库项目的质量，打造气候项目和资金有效对接的平台。

二是指导地方加强相关项目的碳核算和信息披露。指导地方对相关投资项目碳减排的效果开展核算，同时不断提高数据质量，鼓励和引导企业主动披露气候相关信息，加强碳排放信息的政府监管和社会监督。

三是鼓励试点地方加快培育气候友好型金融机构。同时加大与金融机构的战略合作，加强对投资者的教育和引导，支持第三方机构开展气候友好型金融机构评价，鼓励金融机构推出基于碳减排量的创新投融资工具和服务模式，发挥社会和市场力量。

四是支持试点地方强化企业和金融机构能力建设。我们将会同有关部门为试点地方提供技术支撑和指导。以制定气候投融资相关标准为抓手，将气候投融资项目的发展路径、技术指标、产业特点、商业模式、风险防范、排放测算等因素纳入企业和金融机构的战略决策与投融资活动。

五是鼓励试点地方积极开拓气候投融资国际合作。加强与国际组织、投资机构和资本市场的对接，引导更多的国际资金投入到我国应对气候变化项目上来。谢谢。

加快建立国家统一规范的碳排放统计核算体系

红星新闻记者：日前，生态环境部等三部委公布《关于加快建立统一规范的碳排放统计核算体系实施方案》，方案出台有什么考虑，其中有什么亮点，能解决目前存在的什么问题？

李高：谢谢您的提问。做好应对气候变化和"双碳"工作需要坚实的数据基础，碳排放统计核算体系发挥着为"双碳"工作提供数据支撑和基础保障的作用，这是基础性工作，非常重要。同时碳排放统计核算涉及社会生产、生活各领域很多行业、很多技术产品，门类非常多，核算方法也多种多样。在这种情况下我们亟须建立完善统一规范的统计核算体系。

今年4月，国家发展改革委、国家统计局和生态环境部印发了《关于加快建立统一规范的碳排放统计核算体系实施方案》，这个方案部署了建立全国和地方的碳排放统计核算制度、完善行业企业碳排放核算机制、建立健全重点产品碳排放核算方法、完善国家温室气体清单编制机制这 4 项重点任务。

这个方案还提出要夯实统计基础、建立排放因子库、应用先进技术、开展方法学研究、完善支持政策 5 项保障措施。这个方案包括 4 项重点任务、5 项保障措施，并且对组织协调、数据管理和成果应用提出了要求。下一步，生态环境部将按照党的二十大报告要求，与各部门合作推动方案落实，重点做好行业企业和重点产品碳排放核算相关工作，推进温室气体清单编制，做好相关的支撑保障工作，和有关部门一道共同推动建立统一规范的碳排放统计核算体系。

刘友宾：今天的发布会到此结束。谢谢大家！

11 月例行新闻发布会实录
——聚焦生物多样性保护成效与国际合作

2022 年 11 月 28 日

11 月 28 日，生态环境部举行 11 月例行新闻发布会。生态环境部自然生态保护司司长崔书红、生态环境部国际合作司司长周国梅，介绍《生物多样性公约》第十五次缔约方大会（COP15）第二阶段会议筹备，以及我国生物多样性保护成效和国际合作方面的情况。生态环境部新闻发言人刘友宾主持发布会，通报近期生态环境保护重点工作进展，并共同回答了记者的提问。

11月例行新闻发布会现场（1）

11月例行新闻发布会现场（2）

刘友宾：新闻界的朋友们，上午好！欢迎参加生态环境部 11 月例行新闻发布会。

12 月 7 日，《生物多样性公约》第十五次缔约方大会（COP15）第二阶段会议将在《生物多样性公约》秘书处所在地加拿大蒙特利尔市举办。大会主题（生态文明：共建地球生命共同体）不变，标识不变，中国将继续作为大会主席国，领导大会实质性和政治性事务。

今天的发布会，我们邀请到生态环境部自然生态保护司司长崔书红先生、生态环境部国际合作司司长周国梅女士，介绍 COP15 第二阶段会议筹备进展，以及我国生物多样性保护成效和国际合作情况，并回答大家关心的问题。根据疫情防控工作要求，今天的发布会以视频连线方式举行。

下面，我先通报几项我部近期重点工作。

一、部署蓝天保卫战三大标志性战役

为贯彻落实《关于深入打好污染防治攻坚战的意见》有关要求，深入打好蓝天保卫战，生态环境部会同国家发展改革委等 14 个部门联合印发《深入打好重污染天气消除、臭氧污染防治和柴油货车污染治理攻坚战行动方案》（以下简称《行动方案》），部署蓝天保卫战三大标志性战役，推动全国空气质量持续改善。

《行动方案》包括 1 份总体文件和 3 个攻坚战行动方案，总体文件明确开展攻坚战的总体要求、重点工作和保障措施；3 个攻坚战行动方案对三大标志性战役的攻坚目标、思路和具体任务措施进行部署。

11月

《重污染天气消除攻坚行动方案》聚焦$PM_{2.5}$污染，以秋冬季（10月至次年3月）为重点时段，以京津冀及周边地区、汾渭平原以及东北地区、天山北坡城市群为重点地区，针对区域不同污染特征，聚焦主要矛盾和关键问题，提出针对性攻坚措施，同时强化区域协作机制，精准有效应对重污染天气。到2025年，基本消除重度及以上污染天气，全国重度及以上污染天数比例控制在1%以内，70%以上的地级及以上城市全面消除重污染天气；京津冀及周边地区、汾渭平原、东北地区、天山北坡城市群人为因素导致的重度及以上污染天数减少30%以上。

《臭氧污染防治攻坚行动方案》以京津冀及周边地区、长三角地区、汾渭平原为国家臭氧污染防治攻坚的重点地区，以5—9月为重点时段，加大VOCs和NO_x减排力度，开展五项攻坚行动，包括含VOCs原辅材料源头替代行动、VOCs污染治理达标行动、NO_x污染治理提升行动、O_3精准防控体系构建行动以及污染源监管能力提升行动。到2025年，O_3浓度增长趋势得到有效遏制，全国空气质量优良天数比例达到87.5%，VOCs、NO_x排放总量比2020年分别下降10%以上。

《柴油货车污染治理攻坚行动方案》以京津冀及周边地区、长三角地区、汾渭平原相关省（市）以及内蒙古自治区中西部城市为重点，强化部门、区域协同防控，开展五项攻坚行动，包括推进"公转铁""公转水"行动、柴油货车清洁化行动、非道路移动源综合治理行动、重点用车企业强化监管行动以及柴油货车联合执法行动。

到 2025 年，运输结构、车船结构清洁低碳程度明显提高，燃油质量持续改善，机动车船、工程机械及重点区域铁路内燃机车超标冒黑烟现象基本消除，全国柴油货车排放检测合格率超过 90%，全国柴油货车 NO_x 排放量下降 12%，新能源和国六排放标准货车保有量占比力争超过 40%，铁路货运量占比提升 0.5 个百分点。

生态环境部将定期调度各地重点任务进展情况，通报空气质量改善状况，推动将标志性战役年度和终期有关目标完成情况作为深入打好污染防治攻坚战成效考核的重要内容。对未完成目标任务的地区依法依规实行通报批评和约谈问责，有关落实情况纳入中央生态环境保护督察。

二、第三届中国生态文明奖颁发

近期，生态环境部会同相关部门评选出了第三届中国生态文明奖 40 个先进集体、60 位先进个人，10 位"2020—2021 绿色中国年度人物"，106 个第六批生态文明建设示范区、8 个生态文明建设示范区（生态工业园区）、51 个第六批"绿水青山就是金山银山"实践创新基地。以上受表彰的地方、单位和个人，在 11 月 19—20 日召开的中国生态文明论坛南昌年会上接受了命名表彰及授牌。

截至目前，生态环境部共表彰了中国生态文明奖 94 个先进集体、147 位先进个人，95 位"绿色中国年度人物"，命名了 468 个生态文明建设示范区、73 个生态文明建设示范区（生态工业园区）、187 个"绿水青山就是金山银山"实践创新基地。这些受表彰的地方、单位和个人，是生态文明理念的积极传播者和模范践行者，生动彰显了新时代坚持人与自然和谐共生、推动环境保护与经济发展协同共进的先锋形象。

生态环境部将深入学习贯彻党的二十大精神，聚焦美丽中国建设，切实发挥先进典型的样板和示范作用，引导各地加快发展方式绿色转型、深入打好污染防治攻坚战，动员全社会共同构建生态环境治理全民行动体系，激励更多的地区和各界力量投入到生态文明和美丽中国建设中来。

三、制订《美丽河湖保护与建设参考指标（试行）》

为深入贯彻党的二十大精神，扎实推进山水林田湖草沙一体化保护和系统治理，生态环境部组织制订了《美丽河湖保护与建设参考指标（试行）》（以下简称《参考指标》），科学引导各地推进美丽河湖保护与建设。

《参考指标》明确了美丽河湖的内涵，美丽河湖在水资源、水环境、水生态等方面应具备的基本条件，依据科学性、引导性、针对性、可行性原则，共制订 6 项参考指标，包括生态用水保障、自然岸线率、水生植物保护、水生动物保护、湖库营养状态及水华情况、地表水环境质量等指标，每项指标都有相应的计算方法，实现可监测、可统计、可评估。

"十四五"时期是推动水生态环境保护由污染防治为主向水资源、水环境、水生态等要素系统治理、统筹推进转变的关键时期，推进美丽河湖保护与建设是重要的工作抓手。美丽河湖保护与建设以国控、省控断面所在河湖为对象，以断面责任地市为主体，力争在"有河有水、有鱼有草、人水和谐"方面取得突破，到 2025 年，建成一批具有全国示范价值的美丽河湖。

2021 年，我部首次开展美丽河湖优秀案例征集活动，共筛选出18 个美丽河湖案例。近期，我部将组织筛选 2022 年美丽河湖优秀案例，总结提炼优秀案例的好经验、好做法，不断将美丽河湖保护与建设引向深入。

刘友宾：下面，请崔书红司长介绍情况。

生态环境部自然生态保护司司长崔书红

中国将继续作为 COP15 主席国，领导大会实质性和政治性事务

崔书红：谢谢主持人！新闻界的朋友们，大家好！

很高兴再次与大家见面，这是第二次和大家在云端相见，也是我第七年出席部里的例行新闻发布会。

去年 10 月，《生物多样性公约》第十五次缔约方大会（COP15）第一阶段会议成功在中国昆明举办，来自 150 多个缔约方国家和 30 多个国际机构和组织的代表共 5 000 余人参会，中国国家主席习近平视频出席领导人峰会并发表主旨讲话，宣布中国率先出资成立昆明生物多样性基金，正式设立第一批国家公园等一系列务实有力的东道国举措。会议通过《昆明宣言》，为全球生物多样性治理进程注入强大政治推动力。

为加快推进全球生物多样性进程，综合考虑国内外疫情防控形势，经中国政府、联合国《生物多样性公约》秘书处、加拿大政府协商，并经 COP15 主席团决定，COP15 第二阶段会议将于 2022 年 12 月 7—19 日在《生物多样性公约》秘书处所在地加拿大蒙特利尔举行。中国将继续作为 COP15 主席国，领导大会实质性和政治性事务。"生态文明：共建地球生命共同体"的主题和会标等大会主要元素保持不变。我们期待 COP15 第二阶段会议能够顺利通过国际社会期待已久的、兼具雄心和务实平衡的"框架"，为未来全球生物多样性保护设定目标、明确路径，擘画蓝图。

中国政府将派出由生态环境部、云南省人民政府、外交部、财政部、自然资源部、农业农村部、水利部、国家林业和草原局、中国科学院、香港特别行政区政府等多个部门和单位组成的中国代表团赴蒙特利尔参会。目前，会议各项准备工作基本就绪。

在此，感谢大家对生物多样性保护以及COP15大会的关注和支持，期待下个月与各位记者朋友共同见证具有里程碑意义的COP15大会成功召开，共同见证政治性、纲领性文件——"框架"达成，共同谱写全球生物多样性保护的崭新篇章，共同推动实现人与自然和谐共生的美好愿景，共建地球生命共同体，共建清洁美丽的世界！

刘友宾：下面，请大家提问。

我国生物多样性保护主流化迈出新步伐

中国新闻社记者：请问作为COP15主席国，中国自昆明第一阶段会议结束后，开展了哪些工作？取得了哪些成果？是否符合预期？谢谢。

崔书红：感谢您的提问。过去一年，我国生物多样性保护主流化迈出了新的步伐。刚刚闭幕的党的二十大提出尊重自然、顺应自然、保护自然是全面建设社会主义现代化国家的内在要求，要求站在人与自然和谐的高度谋划发展，将强化生物安全保障体系建设作为健全国家安全体系的重要组成部分，强调实施生物多样性保护重大工程，提升生态系统的多样性、稳定性、持续性。目前《中华人民共和国生物安全法》《中华人民共和国长江保护法》《中华人民共和国湿地保护法》已深入实施，并颁布了《中华人民共和国畜牧法》《中华人民共和国种子法》，印发《全国国土空间规划纲要》，更新《国家野生动植物保护目录》。第一批国家公园正式设立，涵盖近30%的陆域国家重点保护野生动植物种类。北京、广州国家植物园挂牌并向公众开放，拉开了国家植物园体系建设的序幕。

过去一年，我们还多角度、多维度、全方位发挥主席国推动力和协调作用，切实履行主席国责任，取得了积极进展。一方面加大高层推动。我们充分把握联合国可持续发展高级别政治论坛、二十国集团环境与气候部长联席会议、第七十七届联合国大会高级别周、COP27等重要场合和时机，与各国高级别代表就推动COP15第二阶段会议成功召开进行沟通协调，有效提振了全球的政治势头。另一方面主持召开了近40次《生物多样性公约》主席团会议，出席在瑞士日内瓦和肯尼亚内罗毕召开的"框架"不限成员名额工作组会议，与各缔约方共同就"框架"相关议题开展讨论，开展更加深入的交流，凝聚更加广泛的共识，为"框架"的最终达成奠定了至关重要的基础。

过去一年，是我和我的同事工作最忙碌、过得最快的一年，也是非常充实的一年。COP15第一阶段会议仿佛就是昨天的事，目前距离COP15第二阶段会议的正式召开仅剩下10天时间，会议的各项准备工作也进入了最后冲刺阶段。我相信在各方共同努力和通力配合下，定能将此次会议办成一届圆满成功、具有里程碑意义的缔约方大会，推动开启全球生物多样性治理的新征程。谢谢！

中国认真落实"爱知目标",明确各项任务和责任,目标执行取得积极成效

《人民日报》记者: 据了解,"爱知目标"提出的 20 个目标没有一个完全实现,也仅有 6 个目标部分实现,进展没有达到预期,请问您认为主要原因在哪里?中国的完成情况如何?下一步中国将如何发挥自己的作用推动下一个十年的全球生物多样性保护?谢谢。

崔书红: 谢谢您的提问。COP15 会议将制订"框架",明确新的全球生物多样性保护目标,推动全球生物多样性治理转型变革。在制订新的全球目标时,应充分吸取"爱知目标"执行过程中的经验和教训,既要提振全球生物多样性保护的雄心和信心,更要脚踏实地、实事求是,充分考虑目标的可达性、可操作性以及各国的发展差异,提出切实可行的实现路径。同时,"框架"还应坚持公正、透明、缔约方驱动原则,完善执行机制和保障条件,特别是要重视发展中国家能力建设的不足,加强资源调动、科学技术转让和能力建设,在资金、技术和人才方面切实提升发展中国家的履约能力和水平,努力推动构建公平合理、合作共赢的全球生物多样性治理体系。

作为世界上生物多样性最丰富的国家之一,中国认真落实"爱知目标",明确各项任务和责任,目标执行取得积极成效。第五版《全球生物多样性展望》中也多次提到中国在生物多样性保护方面的宝贵经验。一是生物多样性主流化成效显著,探索形成"政府引导、企业担当、公众参与"的生物多样性治理模式。二是生物多样性保

11月

护和恢复力度持续加大，协同应对生物多样性丧失、气候变化等突出环境问题。三是绿色发展方式和生活方式逐步形成，公众生物多样性保护意识显著提升，"生态优先，绿色发展"成为社会共识。

下一步，我们将深入实施《关于进一步加强生物多样性保护的意见》，更新修订《中国生物多样性保护战略与行动计划》，持续深入实施生物多样性保护重大工程，健全外来入侵物种的预警和监测体系，全面提升生物多样性治理能力和水平，为全球生物多样性治理提供更多的中国实践，贡献更多的中国智慧。谢谢。

发挥主席国的领导力和协调力，积极推动"框架"磋商谈判进程

《光明日报》记者：COP15 第二阶段会议将致力于达成怎样的目标，取得哪些重要的成果？作为主席国中国在其中将发挥怎样的作用？谢谢。

生态环境部国际合作司司长周国梅

周国梅：记者朋友们，早上好！首先谢谢您的提问！COP15 第二阶段会议最重要的标志性预期成果就是达成"框架"，正在谈判中的"框架"是为 2030 年前乃至更长一段时间全球生物多样性治理谋定方向的总体性、战略性纲领文件，"框架"着眼于"与自然和谐共生"的 2050 年愿景，以"2030 年使生物多样性走向恢复之路"为方向，在总结以往生物多样性全球目标制订和执行经验的基础上，凝聚各缔约方和利益攸关方的合力，为全球生物多样性治理提供新的政治引领，扭转全球生物多样性下降的趋势，以全面实现《生物多样性公约》的目标。简言之，"框架"的目标就是要扭转全球生物多样性丧失的局面，实现人与自然和谐，共建地球生命共同体，国际社会对此高度期盼。

中国自担任 COP15 主席国以来，全面履职尽责，多角度、多维

11月

505

度、多层次沟通协调，发挥主席国的领导力和协调力，积极推动"框架"磋商谈判的进程。主要有以下几个方面：

一是高层推动，政治引领。在COP15第一阶段会议上，中方在高级别会议期间首次设置并成功举办了领导人峰会，九位国家政要和联合国秘书长出席峰会，进一步凝聚了全球生物多样性治理的合力，会上习近平主席提出了务实有力的一系列举措，充分展现了中国作为主席国的引领作用。第一阶段会议还通过了《昆明宣言》，提出了当前一段时间全球生物多样性治理"一揽子"行动方案，呼吁各方为制订通过和实施一个有效的"框架"贡献最大的力量。这也充分体现了各方采取行动共建地球生命共同体的政治决心，为全球生物多样性治理进程提供了政治推动力。

二是凝聚共识，保持势头。自COP15第一阶段会议结束以来，作为主席国，大会主席黄润秋部长利用联合国可持续发展高级别政治论坛、二十国集团环境与气候部长联席会议、第七十七届联合国大会高级别周、COP27等重要场合和时机，组织召开了COP15重要议题交流会、高级别圆桌会、吹风会等，与各国就推动COP15第二阶段会议成功召开进行沟通协调，凝聚各方的共识，有效保持了COP15的政治势头。

三是大力协调，推进磋商。积极引领推动"框架"的磋商谈判进程，截至目前，中方作为主席国，已组织召开了38次COP15的主席团会议，并与《生物多样性公约》秘书处一道，先后在日内瓦、内罗毕等地主持召开了4次"框架"工作组会议，为推动"框架"

的磋商做出重要努力。从会议的频次特别是主席团会议的频次来看，这在环境领域多边谈判进程中也是不多见的，推动协调的力度是很大的。

四是多级联动，广泛沟通。围绕推进 COP15 第二阶段会议和"框架"磋商的进程，大会主席黄润秋部长密集地与东道国加拿大，二十国集团主席国印度尼西亚，以及欧盟、英国、挪威、新西兰、德国、法国等多个缔约方部长级代表和《生物多样性公约》秘书处、主席团成员、国际机构组织等利益攸关方开展了广泛的沟通和协调。另外，中方作为主席国也在不同的层级与哥伦比亚、巴西以及非洲国家等保持了密切的沟通和协调，各方都非常肯定中方作为主席国协调各方立场的努力，也表示愿意和中方一道，共同推进达成兼具雄心和务实平衡的"框架"。谢谢大家！

深入推进水生态系统保护修复，持续推进长江流域珍稀、濒危物种保护

新华社记者：长江江豚、白鲟等都是长江中特有的大型水生生物，是长江生态系统的晴雨表，今年7月，长江白鲟被正式宣布灭绝，长江江豚也成为濒危物种，这是否意味着长江禁渔未能发挥出恢复长江生态系统的作用，如何看待长江面临的生物多样性危机，后续还将采取哪些重要措施？谢谢。

崔书红：感谢您的提问。物种濒危、灭绝是当前全球面临的突

出的普遍性问题,越发凸显了全球采取共同行动、扭转生物多样性丧失被动局面的重要性和紧迫性。2019年5月,生物多样性和生态系统服务政府间科学政策平台(IPBES)发布的全球评估报告指出,人类活动已经改变了75%的陆地环境,66%的海洋环境受到影响,超过85%的湿地已经丧失,全球1/4的物种正遭受灭绝的威胁,1/3的海洋鱼群被过度捕捞,近1/5地球表面面临动植物入侵风险。2020年世界自然保护联盟(IUCN)的评估结果显示,全球有41%的两栖类、26%的哺乳类动物和14%的鸟类处于受威胁状态,全球生物多样性普遍受威胁的形势还在持续恶化。

党和国家高度重视长江生物多样性保护。习近平总书记多次深入沿江省(直辖市)调研和主持召开座谈会,强调要把修复长江生态环境摆在压倒性位置,"共抓大保护、不搞大开发"。各地方和各部门认真落实,取得了显著成效。自2020年1月1日起,长江流域332个自然保护区和水产种质资源保护区全面禁捕,自2021年1月1日起,长江流域重点水域实行十年禁捕。2020年12月,我国第一部流域法律《中华人民共和国长江保护法》颁布,为长江生物多样性保护提供了重要的法治保障,长江野生物种生境得到极大改善。长江流域已建立保护长江江豚相关的自然保护区13处,覆盖了40%长江江豚的分布水域,保护近80%的种群。调查显示,2017年赤水河率先试点全面禁捕后,赤水河鱼类资源量增加了近1倍,特有鱼类早期资源种数由禁捕前的32种上升至37种,资源量达到禁捕前的1.95倍。2020年和2021年,鄱阳湖刀鲚的资源量增加了数倍,已溯河洄游至历史上限洞庭湖水域，多年未见的鳡鱼在长江中游再次出现。在南京、武汉等长江干流江段，"微笑天使"长江江豚出现频率显著增加，部分水域单个聚集群体达到60多头，它们自由欢快地逐浪长江。

总体来看，实施长江重点流域禁渔是落实长江经济带共抓大保护的关键之举。下一步，我们将落实《中华人民共和国长江保护法》，落实好长江十年禁渔，深入推进水生态系统保护修复，持续推进长江流域珍稀、濒危物种保护。谢谢。

"绿盾"专项行动集中解决了一批"老大难"问题

海报新闻记者：我国自2017年开展"绿盾"专项行动，请问今年是否会开展类似的行动，这些年的实施效果如何？谢谢。

崔书红：谢谢您的提问。生态环境部高度重视自然保护地生态环境监管工作。自2017年起，持续开展"绿盾"专项行动，严肃查处侵占和破坏自然保护地生态环境的违法违规行为，持续督促问题整改和生态修复。截至2021年年底，国家级自然保护区重点生态环境问题的整改完成率达94.7%，其中，17个省级行政区的整改完成率高于95%。

通过"绿盾"专项行动，我们集中解决了一批"老大难"问题，一些地方不再敢随意侵占自然保护区，对"国之大者"有了敬畏之心。国家级自然保护区新增人类活动问题总数和面积实现了明显"双

11月

下降"，基本扭转了侵占破坏自然保护地生态环境的趋势。"绿盾"专项行动已成为落实习近平生态文明思想的具体实践和生态环境强化监督的品牌，有力推动形成"不敢、不能、不想"违规侵占自然保护地的政治环境和社会氛围。

今年，生态环境部联合相关部门继续开展"绿盾2022"专项行动，组织开展自然保护地人类活动卫星遥感监测，向地方推送了涉及国家级自然保护区、国家级风景名胜区重点人类活动问题线索，组织各地开展实地核查，严肃查处破坏自然保护地生态环境的违法违规问题，推动问题整改和生态修复。

生态环境部将继续完善自然保护地生态环境监管制度，组织好"绿盾"专项行动等监管工作，切实维护自然保护地生态安全，推动美丽中国建设。谢谢！

"框架"取得积极进展

《南华早报》记者：我想问一下目前"框架"的谈判进展如何？谈判最大的难点和各方最大的分歧点是什么？中国作为主席国怎么样促进目标的达成？谢谢。

周国梅：谢谢您的提问。自2019年开始，"框架"已经召开了4轮不限名额工作组会议进行线下磋商谈判，中方作为主席国，一直发挥着领导力和协调作用，推动全球生物多样性保护的进程，为下一阶段全球生物多样性治理设定了目标和路径。过去两年时间，也以线上、线下多种形式组织了多个层面的技术交流机制，通过频繁交流沟通，从政策和技术多层面推动各方对重点关切议题的理解和共识。

经过 4 轮工作组会议的谈判磋商，"框架"目前取得了积极的进展，"框架"结构及核心表述已经基本成型。谈判磋商期间各方求同存异，相向而行，对议题有了充分的交流和认识。对仍存在挑战性议题的下一步走向也进行了充分的交流，为最终形成能为各方接受的解决方案奠定了良好的基础。

《生物多样性公约》确立了三大目标——保护生物多样性、可持续利用生物多样性及公正合理分享由利用遗传资源所产生的惠益。"框架"谈判紧紧围绕《生物多样性公约》设立的这三大目标，努力在确保具备雄心的同时，也能够务实平衡、可行可达。国际社会的共识是，这三大目标应当全面平衡落实，而不是过于强调其中的某一方面。当然，对于 196 个缔约方参与的多边谈判进程而言，"框架"谈判也不是一帆风顺的，各方在一些具体议题方面也还存在分歧。"框架"如何把握和体现这三大目标的平衡，还需要进一步的沟通和努力。同时，"框架"的通过和实施最终有赖于它的实施机制。对于广大发展中国家而言，很大程度上取决于资源调动和资金支持，这是"框架"谈判议题的一个重点，也是难点。

虽然磋商还存在不少困难和分歧，但各方都向中方表达了对谈判进程和中方作为主席国的坚定政治支持和弥足珍贵的信心。在此，我们要感谢《生物多样性公约》秘书处和主席团、各缔约方以及利

11月

益攸关方一直以来给予中方作为主席国的支持和协助。我们相信国际社会一定会呼应并践行本届大会的主题——"生态文明：共建地球生命共同体"所体现的共同体精神，展现出化解这些困难与分歧的智慧和勇气，对此我们充满信心。

当前，COP15第二阶段会议召开已经进入倒计时，在COP15第二阶段会议的举办过程中，中方也将继续发挥主席国的作用，在《生物多样性公约》秘书处、主席团、东道国以及各相关方的支持下，与各缔约方和其他利益攸关方一道，不遗余力地推进谈判进程，保持第一阶段会议以来所营造的全球生物多样性治理的政治势头，凝聚国际社会最广泛的共识，推动"框架"的达成，确保在蒙特利尔举办的COP15第二阶段会议与在昆明举办的第一阶段会议一样，取得圆满成功。谢谢。

生态保护红线生态环境监督工作取得积极进展

《北京青年报》记者：我们注意到，中国创造性设立了生态保护红线制度，得到了国际上的广泛认可。请问生态保护红线制度都取得了怎样的成效？在监管过程中遇到了哪些问题？积累了怎样的经验？谢谢。

崔书红：谢谢您的提问。生态保护红线是我国生态环境保护的一项重要制度创新，是新时期、新形势下生态文明建设做出的一项重大决策部署。党的十八大以来，30余部（份）国家法律法规和政策文件均对"划定并严守生态保护红线"做出规定部署。根据党中央、国务院部署，生态环境部协同有关部门，立足生态保护红线监督性监管职责，不断强化生态保护红线生态环境监督工作，取得积极进展。

一是完成了生态保护红线划定。生态环境部协同自然资源部积极指导31个省（自治区、直辖市）完成生态保护红线划定工作，陆域生态保护红线面积约占陆地面积的30%以上，覆盖了所有全国生物多样性保护生态功能区、生态脆弱区和生物多样性分布关键区，90%的重要生态系统类型和74%的野生动植物得到了保护。

二是构建生态保护红线监管体系。联合有关部门编制印发《关于加强生态保护红线管理的通知（试行）》。聚焦"确保生态功能不降低、面积不减少、性质不改变"的监管目标，生态环境部制订了《生态保护红线生态环境监督办法（试行）》，印发《生态保护红线监管指标体系（试行）》，出台《生态保护红线监管技术规范 保护成效评估（试行）》等七项标准规范。同时，自2020年起，生态环境部组织天津、河北、江苏、四川、宁夏等省（自治区、直辖市）开展生态保护红线生态破坏问题监管试点工作，探索建立生态保护红线生态破坏问题监管流程，在实践中逐步完善制度。

三是建设国家生态保护红线监管平台。目前，国家生态保护红线监管平台已经在生态环境部"生态环境综合管理信息化平台"上线试运行，并初步建立了生态保护红线监管数据库。平台正式运行后，可以及时将监测结果推送给管理人员，发挥"天—空—地"一体化立体监测作用，成为生态环境部履行监管职能的"千里眼""顺风耳""预警机"。

下一步，生态环境部将持续推动生态保护红线工作，以国家生态保护红线监管平台为依托，建立生态保护红线生态破坏问题监管流程，及时发现生态破坏问题并监督整改落实，保障生态保护红线持续提供优质生态产品，维护国家和区域生态安全。谢谢。

为发展中国家保护生物多样性提供支持

《中国日报》记者：生物多样性保护工作也是一些发展中国家的关注重点，中国在生物多样性保护领域"南南合作"方面开展了哪些工作？在对外投资合作活动中如何推动生物多样性保护？谢谢。

周国梅：谢谢您的提问。正如党的二十大报告中提出的，中国践行"绿水青山就是金山银山"理念，推动绿色发展，促进人与自然和谐共生。同时，中国作为一个发展中国家，在生物多样性保护的进程中，也尽己所能，和其他发展中国家一起合作，共同努力，推动生态保护和生物多样性保护工作。

一是坚持绿色驱动，支持发展中国家生物多样性保护。中国在"南南合作"框架下，为发展中国家提供支持，我们建立了澜沧江—湄公河环境合作中心，定期举办环境合作圆桌对话，围绕生态系统管理、生物多样性保护等议题进行交流。依托中国—东盟环境保护合作中心，与东盟国家合作开发和实施"生物多样性与生态系统保护合作计划""大湄公河次区域核心环境项目与生物多样性保护走廊计划"

等项目，在生物多样性保护、廊道规划及管理以及社区生计改善等方面都取得了丰硕的成果。中国、老挝跨境生物多样性联合保护区面积已经达到了 20 万 hm^2，为有效保护亚洲象等珍稀濒危物种及其栖息地提供了很好的机制。建立中非环境合作中心，促进环境技术等方面的合作，共享绿色发展的经验和机遇。中国科学院中非联合研究中心已经在生物多样性保护与利用领域培养了 200 余名非洲研究生，为非洲国家建立起了本土生物多样性保护的人才队伍。

二是加强政策引领，强化对外投资活动的环境管理。中国政府始终鼓励和引导企业在对外投资合作当中秉持绿色发展的理念，生态环境部和相关部门联合印发实施了《关于推进共建"一带一路"绿色发展的意见》《对外投资合作建设项目生态环境保护指南》等政策文件，对项目实施的环境保护提出了明确要求，中国企业在承建和设计对外投资合作建设项目时也都严格遵循东道国生态环境法规标准，引入先进的绿色低碳环保理念。比如，肯尼亚的蒙内铁路，从蒙巴萨到内罗毕，全线设置了大型动物通道、桥梁路和涵洞，以保障野生动物的自由迁徙。再如，在加纳集装箱码头工程项目建设期间，还专门建立了"海龟孕育中心"，放生小海龟。这些项目既推动了当地经济发展，也保护了生物多样性，受到了广泛的好评。

三是依托合作平台，加强国际交流和能力建设。我们发起成立"一带一路"绿色发展国际联盟，在生物多样性、全球气候变化治理和绿色转型等方面开展了有效的、积极的合作。还建立了"一带一路"生态环保大数据服务平台，收集了 100 多个国家生物多样性

11月

相关数据，以开展相关研究。实施了绿色丝路使者计划，与发展中国家共同加强包括生物多样性在内的环保能力建设。中国科学院还专门建立了东南亚生物多样性研究中心，开展联合科学考察、重大科学研究、政策咨询及人才培养等方面的工作。

未来，中国愿意继续借助"一带一路""南南合作"等多边合作机制，为发展中国家保护生物多样性提供支持，也为构建人与自然和谐的地球生命共同体提供中国智慧和中国方案。谢谢。

中国为 COP27 取得的积极成果做出了重要贡献

《环球时报》记者：COP27 日前已在埃及沙姆沙伊赫闭幕。请问大会取得了哪些重要成果？中方在谈判过程中起到了怎样的积极作用？谢谢。

刘友宾：COP27 在加时 39 小时后闭幕，会议通过了数十项决议，围绕减缓、适应、损失和损害、支持等议题达成了相对平衡的"一揽子"成果。其中，1 号决议"沙姆沙伊赫实施计划"重申坚持多边主义和共同但有区别的责任等原则，强调各方应合作应对紧迫的气候挑战，为推动《巴黎协定》全面有效落实注入了积极动力。

本次大会以"共同落实"为主题，发展中国家高度关切的适应、资金及损失和损害问题取得了阶段性进展。其中，建立损失和损害基金成为一大亮点，大会也决定启动建立全球适应目标框架，有力回应了发展中国家的迫切诉求。然而，我们也遗憾地看到，发达国家依然没有充分正视自身的历史责任，在向发展中国家提供资金和技术支持等问题上态度消极，发达国家承诺的每年 1 000 亿美元资金支持仍未兑现，也没有就适应资金做出明确的出资安排。

中方高度重视本次大会，全力支持主席国埃及成功办会。习近平主席特别代表、中国气候变化事务特使解振华出席领导人"沙姆沙伊赫气候履行峰会"并担任中国代表团顾问，生态环境部副部长赵英民任团长，生态环境部会同外交部、国家发展改革委等多个部门和研究单位组成的中国代表团参会。中方全面深入参与近百项议题的谈判磋商，坚定维护发展中国家的共同利益，为会议取得"一揽子"积极成果做出了重要贡献。中方在大会期间向《联合国气候变化框架公约》秘书处正式提交了《中国落实国家自主贡献目标进展报告（2022）》，体现了中国推动绿色低碳发展、积极应对全球气候变化的决心和成果。中国代表团在大会期间成功举办"中国角"，分享了中国智慧和中国方案。在此次大会上，中国代表团副团长兼秘书长、生态环境部应对气候变化司司长李高当选为缔约方大会主席团副主席。

中方将一如既往地维护多边主义，继续积极参与应对气候变化全球治理，在力所能及范围内与其他发展中国家持续深化应对气候变化"南南合作"，在公平、共同但有区别的责任和各自能力原则指导下，与国际社会一道推动《巴黎协定》全面平衡有效地落实，推动构建公平合理、合作共赢的全球气候治理体系，共建人与自然生命共同体。谢谢。

11月

我国生态文明示范建设工作成效显著

《每日经济新闻》记者：我的问题是，近些年中国大力推行生态文明示范创建和"绿水青山就是金山银山"实践创新基地创建工作，请问现在进展情况如何？取得了怎样的成效？谢谢。

崔书红：谢谢您的提问。生态文明示范建设是贯彻落实习近平生态文明思想的重要举措，是统筹推进"五位一体"总体布局、践行"绿水青山就是金山银山"理念、促进人与自然和谐共生现代化的先行先试的重要载体和平台。在刚刚举办的中国生态文明论坛南昌年会上，我们对第六批生态文明建设示范区和"绿水青山就是金山银山"实践创新基地进行了命名。截至目前，生态环境部共命名6批468个生态文明建设示范区和187个"绿水青山就是金山银山"实践创新基地，在提高区域生态环境质量、推动生态产品价值实现、支撑国家重大战略、提升生态文明建设水平等方面发挥了重要作用，起到标杆引领作用。

一是"示范引领"成效显著。创建地区在绿色发展水平、生态文明制度创新、繁荣生态文化、培育生态生活等方面走在前、做表率，不仅生态环境"颜值高"，而且绿色发展有"内涵"。空气环境质量、水环境质量、单位国内生产总值能耗水平处在国家或所在省（市）领先水平，圆满完成水、大气、土壤等污染防治攻坚战目标任务，推动解决了一批人民群众关心的突出环境问题。

二是"集群效应"作用凸显。示范建设正不断由个体示范向区域整体推进。截至目前，长江经济带、黄河流域、青藏高原地区分别有 305 个、187 个、47 个地方获得生态文明建设示范区和"绿水青山就是金山银山"实践创新基地命名。全国有 70 个地级行政区成功创建，示范建设正逐步成为区域统筹推进"五位一体"总体布局的重要抓手。

三是"绿水青山就是金山银山"转化模式和机制丰富多样。各地积极探索"绿水青山就是金山银山"转化路径，形成了"生态修复""生态农业""生态旅游""生态工业""生态＋复合产业""生态市场""生态金融""生态补偿"等多种实践模式，为全国"绿水青山就是金山银山"实践提供了经验借鉴和参考样本，在推动生态惠民方面取得实实在在的进展。

四是显著提升全社会生态文明意识和参与水平。生态文明建设示范区党政领导干部积极参加生态文明培训，公众生态文明建设的参与度和满意度均达到 80% 以上，政府绿色采购比例超 80%，新建绿色建筑、公共交通出行等均达 50% 以上，全社会生态文明意识和参与水平显著提升。

生态文明建设是一项系统性、长期性工程。生态环境部将以习近平生态文明思想为指引，不断深化生态文明示范建设体系，健全动态管理机制，从严把控，系统提炼典型案例与模式，积极利用 COP15 等国内、国际场合加强宣传推广，为全球生态文明建设提供中国智慧、中国案例和中国方案。谢谢。

11月

支持全社会参与生物多样性保护

封面新闻记者： 维护生物多样性需要全社会的参与，中国政府在支持非政府组织、企业以及公众维护生物多样性方面有何新的进展？下一步有哪些安排？谢谢。

崔书红： 感谢您的提问。非政府组织（NGO）、企业和公众在生物多样性保护方面都扮演着必不可少的重要角色。

2018年，在埃及召开的 COP14 大会上，由中国政府、埃及政府、《生物多样性公约》秘书处共同发起"沙姆沙伊赫到昆明"人与自然行动议程倡议，以在线平台的形式，收集并展示包括地方政府、科研机构、企业、社会组织和地方社区等不同领域的非国家利益攸关方在生物多样性方面所做出的具体承诺和贡献。截至目前，有超过10%的承诺和贡献是中国 NGO、企业等利益攸关方做出的。其中10家中国 NGO 和企业承诺在未来10年投资25.5亿元促进10万 km^2 保护地提高保护效率并鼓励和引导100多家机构参与承诺行动。

截至2022年7月，36家中资银行业金融机构、24家外资银行及国际组织发布了支持生物多样性保护的共同倡议，已经有来自19个国家的103家金融机构积极响应并签署生物多样性融资承诺，这是生物多样性在金融领域主流化方面迈出的重要一步，对调动更多的社会资源推动和落实"框架"做出重要贡献。

今年5月国际生物多样性日期间，我们正式发起成立了中国"工商业生物多样性保护联盟"，旨在推动形成工商业参与生物多样性治理新格局,探索创新型解决方案。目前,联盟成员单位已有近50家,不仅涵盖了供应链上、中、下游的企业,还有来自能源、互联网等领域的新技术企业。为打通绿水青山与金山银山之间的转化通道,实现保护与发展的双赢提供了新机遇。

过去一年,各类科普宣传活动在全国各地广泛开展,我们在公交车、地铁站、机场等公共区域经常可以见到关于生物多样性保护的宣传。社交媒体上,关于生物多样性的科普视频也在悄然兴起,河马刷牙、熊猫吃笋、朱鹮睡觉……吸引上千万网友观看,动物们的饮食起居意外开启社交媒体上新的"流量密码"。公众也通过对动物习性的观察,丰富了自己的生活,激发了对生物多样性保护的积极性。

公众参与贵在行动。下一步,我们将进一步发挥企业、公民力量,使其主动承担相应的社会责任,推动生产方式和生活方式的绿色化升级,营造全社会参与生物多样性保护的绿色新风尚。谢谢。

刘友宾:今天的发布会到此结束。谢谢大家!

11月

11 月例行新闻发布会背景材料

一、COP15 第二阶段会议筹备进展

COP15 第一阶段会议于 2021 年 10 月成功在中国昆明举办，中国国家主席习近平等 9 位缔约方国家领导人以及联合国秘书长出席领导人峰会并发表视频讲话。习近平主席宣布中国将率先出资成立昆明生物多样性基金。在会上各方协调一致，通过了《昆明宣言》，针对人类共同面临的全球性挑战，提出了当前一段时间全球生物多样性治理的"一揽子"行动纲领，呼吁各方为制订、通过和实施一个有效的"框架"贡献最大力量。上述举措都是中方作为主席国，推动各方一道取得的丰硕成果，为全球生物多样性保护注入了强大的政治动力和指引，形成了良好的政治势头，为 COP15 第二阶段会议的召开奠定了坚实基础，有关后续谈判正基于此稳步推进。

COP15 第二阶段会议最重要的标志性预期成果就是通过"框架"，谈判中的"框架"是为 2030 年前全球生物多样性治理锚定方向的总体性、原则性纲领文件，将总结以往生物多样性全球目标制订和执行的经验，凝聚各缔约方和利益攸关方合力，为全球生物多样性治理提供新的政治引领。"框架"着眼于"与自然和谐共生"的 2050 愿景，以"到 2030 年使生物多样性走上恢复之路"为方向，将为下一阶段至 2030 年全球生物多样性治理明确目标、方向与路径，凝聚国际社会生物多样性合力，扭转生物多样性下降趋势。

中方作为主席国一直不遗余力地发挥领导力和协调作用，推动全球生物多样性保护进程。自 COP15 第一阶段会议以来，中方已经组织召开了 37 次《生物多样性公约》主席团会议，为《生物多样性公约》重要会议筹备和谈判进程提供组织安排和指导意见。在日内瓦、内罗毕先后召开"框架"工作组会中，中方作为主席国积极协调各方，推动各方为达成"框架"相向而行。

在会议准备方面，综合考虑国内外疫情防控形势和国际社会对年内召开第二阶段会议的强烈愿望，为加快推进全球生物多样性进程，经中国政府、《生物多样性公约》秘书处、加拿大政府协商，COP15主席团决定，COP15第二阶段会议将移址秘书处所在地加拿大蒙特利尔举行，会期为12月7—19日，会前将召开"框架"工作组第5次会议。中国将继续担任会议COP15主席国，领导和推动所有实质性和政治性事务，"生态文明：共建地球生命共同体"的主题和会标等大会主要元素保持不变。

一是积极推进高级别会议筹备。12月15—17日，中国政府将举办COP15第二阶段高级别会议。高级别会议为部长级会议，是整个大会期间级别最高、政治性最强的环节之一。目前，中方已向195个缔约方、2个观察员国部长级代表以及132个国际组织机构负责人发出参会邀请。高级别会议将为大会营造缔约方积极行动、利益攸关方大力支持的政治氛围，将主要围绕"框架"达成进行部长级发言，发出呼吁、谋求共识，提高高层的政治意愿。同时呼吁更多的利益攸关方参与生物多样性保护承诺，以实际行动参与到共建地球生命共同体的行动中来。截至11月15日，123个缔约方、1个观察员国（美国）的部长以及61个国际组织和机构负责人反馈确认参会。

二是积极参与平行论坛。12月11—13日，中方将继续参与COP15第二阶段城市、自然文化、商业、科学4个平行论坛的举办。中方将通过论坛总结展示中国各地城市和乡村、政府和企业及社会各界的生物多样性保护优秀案例和做法，展示中国生态文明建设成就，展示中国生物和文化多样性，展示中国企业生物多样性保护的典型做法，分享中国学术界在推动"框架"中发挥的作用。

三是统筹协调边会、中国角等活动安排。会议期间，大会会场利用中国角、边会等多种平台，宣传习近平生态文明思想，展示我国生态文明建设和生物多

11月

样性保护成就，促进生物多样性保护国际交流与合作，用国际化语言对外讲好中国故事，发出中国声音，为全球生物多样性保护贡献中国智慧与中国方案。

四是有序推进三方沟通协调，做好后勤会务准备。在黄润秋部长与加拿大环境与气候变化部史蒂文·吉尔博部长良好会谈以及中国—加拿大—《生物多样性公约》秘书处三方友好合作的基础上，中、加、秘形成常态沟通机制，目前已举行7次三方沟通会，及时解决相关问题，顺利推进了出国团组、人员签证、交通住宿、会场规划、健康防疫等各项准备工作。

二、2022年自然生态保护工作进展

一是深入推动生态保护监管工作。编制印发《"十四五"生态保护监管规划》。召开生态保护监管视频研讨会、2022年全国自然生态保护工作会议，深入学习贯彻习近平生态文明思想，部署推进"十四五"和2022年自然生态保护重点任务。

二是推进生态文明示范建设。评选表彰第三届"中国生态文明奖"和"2020—2021绿色中国年度人物"。遴选命名第六批生态文明建设示范区、"绿水青山就是金山银山"实践创新基地，培育了一批践行习近平生态文明思想的示范样本，形成了典型引领、示范带动、整体提升的良好局面。

三是加强生态保护红线生态环境监管。制定《生态保护红线生态环境监督办法（试行）》；指导天津、河北、江苏、四川、宁夏5个省（自治区、直辖市）生态保护红线生态破坏问题监管试点地区疑似生态破坏问题的监管工作。为摸清我国2015—2020年生态系统变化状况，加强生态保护修复监管，正在组织开展全国2015—2020年生态状况变化遥感调查评估。

四是开展"绿盾"专项行动。2022年，我部联合相关部门继续开展"绿盾"专项行动，定期组织开展自然保护地人类活动遥感监测，分三批向地方移交国家公园、国家级和省级自然保护区、国家级风景名胜区的疑似重点问题线索，要求地方开展实地核实，并及时上报核实结果；将风景名胜区纳入监督检查范围，派出16批次工作组对43个自然保护地开展核实调研；将"绿盾"专项行动纳入深入打好污染防治攻坚战考核，不断提升自然保护地监管要求。

五是开展生物多样性保护重大工程。推动制定《生物多样性保护重大工程十年规划（2021—2030年）》，修改完善《中国生物多样性保护战略行动计划（2011—2030年）》；开展部分重点生物多样性保护优先区域本底调查、传粉昆虫多样性调查、繁殖期鸟类生物多样性观测及外来入侵物种调查，发现2个昆虫新种和2个大型真菌新种。

六是组织开展2022年国际生物多样性日系列宣传活动。通过系列宣传活动，公众大大增强了对生物多样性保护的认知度和参与度，提高了公众生物多样性保护意识，为COP15第二阶段的成功举办营造了良好的氛围。

11月

图书在版编目（CIP）数据

生态环境部新闻发布会实录. 2022 / 生态环境部编. -- 北京：中国环境出版集团, 2023.3
ISBN 978-7-5111-5437-8

Ⅰ.①生… Ⅱ.①生… Ⅲ.①生态环境保护－新闻公报－中国－2022 Ⅳ.①X321.2

中国国家版本馆CIP数据核字(2023)第017310号

出 版 人　武德凯
责任编辑　王　琳
图片摄影　邓　佳　王亚京　曾　震　徐　想
装帧设计　彭　杉

出版发行　中国环境出版集团
　　　　　（100062 北京市东城区广渠门内大街16号）
　　　　　网　　　址：http://www.cesp.com.cn
　　　　　电子邮箱：bjgl@cesp.com.cn
　　　　　联系电话：010-67112765（编辑管理部）
　　　　　发行热线：010-67125803 010-67113405（传真）
印　　刷　廊坊市博林印务有限公司
经　　销　各地新华书店
版　　次　2023年3月第1版
印　　次　2023年3月第1次印刷
开　　本　787×960 1/16
印　　张　33.5
字　　数　372千字
定　　价　142.00元